从入门到实战·微课视频

ASP.NET MVC 网站开发

从入门到实战

微课视频版

◎ 陶永鹏 郭鹏 刘建鑫 主编

清华大学出版社

北京

内 容 简 介

本书讲述了 ASP.NET MVC 网站设计中模型、视图、控制器等核心知识点,完整设计实现了美妆网和图书借阅管理系统两个实例。本书注重实用性和可读性,以 Visul Studio 2017 为开发平台,以 SQL Server 2012 为数据库管理系统,以 C♯为程序设计语言,以 Razor 为视图引擎。本书内容上深入浅出、通俗易懂、易于自学;结构上按功能分类,细化每个模块的属性、事件等基本功能讲解;实例选择上分布合理、趣味性强;讲解顺序上侧重实战性,从开发环境构建、业务流程等知识点逐一展开,便于读者对 ASP.NET MVC 网站设计的理解和提高。

本书可作为计算机相关专业"ASP.NET MVC 网站设计"课程的教材,也可作为希望掌握 ASP.NET MVC 网站开发的爱好者的自学参考书。

图书在版编目(CIP)数据

ASP.NET MVC 网站开发从入门到实战:微课视频版/陶永鹏,郭鹏,刘建鑫主编. —北京:清华大学出版社,2022.1(2023.8重印)

(从入门到实战 · 微课视频)

ISBN 978-7-302-58288-5

Ⅰ.①A… Ⅱ.①陶… ②郭… ③刘… Ⅲ.①网页制作工具-程序设计 Ⅳ.①TP393.092.2

中国版本图书馆 CIP 数据核字(2021)第 105895 号

策划编辑:魏江江
责任编辑:王冰飞
封面设计:刘 键
责任校对:郝美丽
责任印制:杨 艳

出版发行:清华大学出版社
  网 址:http://www.tup.com.cn,http://www.wqbook.com
  地 址:北京清华大学学研大厦 A 座   邮 编:100084
  社 总 机:010-83470000   邮 购:010-62786544
  投稿与读者服务:010-62776969,c-service@tup.tsinghua.edu.cn
  质量反馈:010-62772015,zhiliang@tup.tsinghua.edu.cn
  课件下载:http://www.tup.com.cn,010-83470236
印 装 者:三河市铭诚印务有限公司
经 销:全国新华书店
开 本:185mm×260mm   印 张:25.75   字 数:627 千字
版 次:2022 年 1 月第 1 版   印 次:2023 年 8 月第 3 次印刷
印 数:2501～3500
定 价:69.80 元

产品编号:083957-01

前　言

党的二十大报告中指出：教育、科技、人才是全面建设社会主义现代化国家的基础性、战略性支撑。必须坚持科技是第一生产力、人才是第一资源、创新是第一动力，深入实施科教兴国战略、人才强国战略、创新驱动发展战略，这三大战略共同服务于创新型国家的建设。高等教育与经济社会发展紧密相连，对促进就业创业、助力经济社会发展、增进人民福祉具有重要意义。

ASP.NET MVC是微软公司力推的Web开发编程技术，也是当今最热门的Web开发编程技术之一。为了方便广大读者学习，编者通过多年一线教学经验的积累，以实用为原则，将教学中的案例加以整理提升，精心编写了本书。本书以Visual Studio 2017为开发平台，以C♯为程序设计语言，以Razor为视图引擎，使用SQL Server 2012作为后台数据库进行实例讲解。

本书讲述了ASP.NET MVC网站设计中模型、视图、控制器等核心知识点，完整设计实现了美妆网和图书借阅管理系统两个实例。本书注重实用性和可读性，以Visul Studio 2017为开发平台，以SQL Server 2012为数据库管理系统，以C♯为程序设计语言，以Razor为视图引擎。

本书在结构设计方面侧重实用性，按功能模块进行分类，细化讲解每个模块的属性、事件等基本功能，使读者熟练地掌握每一个基本控件；在实例选取方面侧重启发性，具有趣味性强、分布合理、通俗易懂等特点，读者能够快速掌握ASP.NET MVC网站设计的基础知识与编程技能；在讲解顺序方面侧重实战性，从开发环境构建、业务流程、路由配置、数据绑定、文件上传下载、输入校验等知识点逐一展开，使读者对ASP.NET MVC网站设计有比较全面的理解，掌握开发的主要技能。

本书共包括10章内容。

第1章主要介绍ASP.NET MVC基础和.NET平台的历史以及发展，讲解开发环境的使用及如何高效地开发Web应用程序。

第2章主要介绍LINQ数据模型，对LINQ的基本概念、隐式类型、Lambda表达式等进行讲解，并介绍如何使用LINQ to SQL进行数据的基本操作。

第3章主要介绍Entity Framework模型，用类比的形式讲解使用EF的数据库优先、模型优先以及代码优先三种设计模式快速创建模型，以及调用相关方法对模型中的数据进行增、删、改、查处理。

第4章主要介绍数据验证和数据注解，使用数据显示注解以及数据验证增强网站的友好性与健壮性。

第 5 章主要介绍 ASP.NET MVC 的核心框架控制器,讲解控制器模板、控制器中的动作属性、控制器中动作的返回值等内容。

第 6 章主要介绍数据显示的用户界面视图,讲解数据显示、逻辑处理,删除数据、修改等操作内容。

第 7 章主要介绍路由与控制器中方法的映射,讲解默认路由、特性路由、路由选择等路由设置的核心内容。

第 8 章主要介绍 jQuery 技术,讲解 jQuery 的选择器以及 jQuery 中的函数及事件等基本应用。

第 9 章主要讲解美妆网的开发,从需求分析、数据库设计、项目模块设计、MVC 架构等具体步骤、模块着手,使读者能够深刻地了解本书讲解的知识。

第 10 章主要讲解图书借阅管理系统的开发,从需求分析、数据库设计、拦截器、选择式菜单等具体功能模块着手,加深读者对实际项目功能的体会,达到实战的效果。

本书配套资源丰富,包括教学大纲、教学课件、电子教案、程序源码、习题答案、在线作业和微课视频。

资源下载提示

课件等资源:扫描封底的“课件下载”二维码,在公众号“书圈”下载。

素材(源码)等资源:扫描目录上方的二维码下载。

在线作业:扫描封底的作业系统二维码,登录网站在线做题及查看答案。

视频等资源:扫描封底的文泉云盘防盗码,再扫描书中相应章节中的二维码,可以在线学习。

在编写本书的过程中,得到了家人和同仁的大力支持,在此一并表示感谢。尽管在编写过程中尽了最大的努力,但由于编者水平有限,疏漏之处在所难免,恳请读者批评指正。

编　者

2021 年 7 月

目 录

源码下载

第 8 章　jQuery ·· 227

第1章

ASP.NET MVC 概述

本章导读

在开发 ASP.NET MVC 应用程序之前,要对 MVC 的概念有基本的理解;结合前期 Web 开发经验,学习如何建立简单的 ASP.NET MVC 应用项目,认识程序结构和开发环境;认识 ASP.NET MVC 项目与 ASP.NET WebForm 项目的区别是本章的核心内容。

本章要点

- ASP.NET MVC 概念
- ASP.NET MVC 应用程序的创建
- ASP.NET MVC 应用程序结构
- Visual Studio 2017 开发环境

ASP.NET MVC 是微软官方提供的一种以 MVC 模式为基础的 ASP.NET Web 应用程序框架。框架基于 MVC 设计模式将一个 Web 应用分解为 Model、View 和 Controller 三部分,可以代替传统的 ASP.NET WebForm 开发模式。

1.1 ASP.NET MVC 简介

1.1.1 ASP.NET MVC 开发简史

视频讲解

ASP.NET MVC 是微软官方提供的一种开源 MVC 框架,经过 Preview 和两个 RC 版本后,2009 年 3 月,微软公司发布了 ASP.NET MVC 1.0 版本;2010 年 3 月,发布了 ASP.NET MVC 2.0 版本,该版本加入自定义的 UI 和强类型等 HTML 辅助程序,同时对 Visual Studio 开发工具进行了改善;2011 年 1 月,发布了 ASP.NET MVC 3.0 版本,提供了支持 Razor 视图的新引擎,改进了模型验证,支持 JavaScript 以及非侵入式的 JavaScript、jQuery 和 JSON 绑定;2012 年 9 月,发布了 ASP.NET MVC 4.0 版本,新增了手机模板、单页应用程序、Web API 等模板,更新了 JavaScript 库,同时也增强了对 HTML 5、AsyncController 等的支持;2015 年 7 月,与 Visual Studio 2015 一同发布了 ASP.NET MVC 5.0,增加了部分新的 Web 项目体验,重写了成员和身份验证系统,并可以通过 Nuget 添加 MVC。

视频讲解

1.1.2　MVC 模式初探

MVC(Model View Controller)模式将应用程序分为模型、视图和控制器三个主要组成部分。MVC 模式有助于实现关注点分离,网站运行时由路由器解析用户访问的请求并将其转到控制器,控制器使用模型执行用户操作或检索查询结果,选择所需的模型数据向用户显示视图。

1. 模型(Model)

模型是实现应用程序数据逻辑的程序部件,模型对象会检索模型状态并将其存储在数据库中。模型负责所有与数据相关的内容,如数据结构的封装、数据库连接、读取数据库、执行存储过程、数据格式显示、数据有效性约束等。

在 ASP.NET MVC 中模型可以使用 ADO.NET、实体数据模型(EF)、LINQ to SQL、数据访问层类库等多种形式开发模型,本书的第 2 章和第 3 章将分别讲解模型设计中的 LINQ 和 EF。

2. 视图(View)

视图是显示应用程序用户界面(UI)的组件,可以将模型创建的数据在 UI 中显示,并作为与用户交互的接口。视图负责所有 Web 页面显示的内容,如按指定格式将数据显示给用户、接受用户输入、决定数据的传递格式和传送方式、实现数据的验证等。

在 ASP.NET MVC 中视图可以使用 ASP.NET Web 控件、HTML 标签、Razor 等多种形式开发实现,本书的第 6 章将讲解视图中的 Razor 和 HTML 基础。

3. 控制器(Controller)

控制器是处理用户交互、选择模型并使用特定视图来显示 UI 的组件。控制器决定了系统运行的流程,如从 Model 中读取数据、决定 View 显示等。

在 MVC 应用程序中,视图用于显示信息,控制器用于处理和响应用户输入和交互。Model、View 和 Controller 之间引用关系如图 1.1 所示。

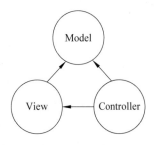

图 1.1　Model、View 和 Controller 之间引用关系

模型、视图与控制器这种责任划分可以将应用程序的复杂性进行缩放,更易于模型、视图和控制器中各部分的编码、调试和测试,但彼此之间的依赖关系也在某种程度上加大了更新、测试和调试代码的难度。

MVC 模式的主要优点如下。

(1) 项目分成 Model、View 和 Controller 三部分,使得复杂项目更加容易维护,减少了项目之间的耦合。

(2) 项目中不使用 ViewState 和服务器控件,可以更方便地控制应用程序的行为。

(3) 应用程序通过 Controller 来控制程序请求,可以由 UrlRouting 功能重写 URL。

(4) 项目分为独立模块可以更好地支持单元测试。

(5) 项目分为独立模块可以更好地支持团队开发模式。

1.1.3　ASP.NET WebForm 和 ASP.NET MVC 对比

ASP.NET WebForm 提供了一个类似于 WinForm 的事件响应 GUI 模型，隐藏了 HTTP、HTML、JavaScript 等细节，将用户界面构建为一个服务器端的树结构控件，每个控件通过 ViewState 保持自己的状态，并自动将客户端的 JS 事件和服务器端的事件联系起来，ASP.NET MVC 架构是一种低耦合、可测试的 Web 应用程序框架。

ASP.NET WebForm 和 ASP.NET MVC 两种开发模式各自的优缺点如下。

1. ASP.NET WebForm 的优点

（1）具有大量的服务器控件支持，如 GridView、Repeater 等控件，可以方便地进行数据绑定，从而减少代码的编写。

（2）基于事件驱动编程，如快速为控件添加 Click、PostBack 等事件。

（3）显示和处理逻辑分离，如 aspx 页面和 cs 代码文件分离，代码比较清晰。

（4）支持视图状态。每个控件以"隐藏域"的形式存在当前页面表单中，所见即所得。

2. ASP.NET WebForm 的缺点

（1）深入学习的难度较大。由于微软封装得比较深，深入学习不容易。

（2）页面性能不高。使用 ViewState 增加了页面的负担，导致页面性能不高。

（3）文件紧密耦合度太高。采用 Code-Behind 代码后植技术，文件紧密耦合度高。

（4）不利于单元测试。由于包含了大量的事件处理函数，单元测试较麻烦。

3. ASP.NET MVC 的优点

（1）MVC 架构降低了程序间的耦合性，可以方便地进行单元测试。

（2）不使用 ViewState 技术，页面更加干净，提升了程序的性能。

（3）支持并行开发，可扩展性好，继承了 ASP.NET 的特性，如表单验证、会话等。

（4）通过修改路由规则，可以生成自定义的友好 URL。

（5）可使用强类型 View，页面更安全，更高效。

4. ASP.NET MVC 的缺点

（1）需要有 HTML、CSS、JavaScript、jQuery 等前端技术，学习的成本增加。

（2）不支持视图状态，页面设计时无法实现所见即所得。

ASP.NET MVC 和 ASP.NET WebForm 两种开发模式有各自的优缺点，当前两种模式都被广泛使用，都有其各自的价值。对于比较关注单元测试、性能、SEO、代码重用性的开发建议采用 ASP.NET MVC 模式，中小型项目则可以选择 ASP.NET WebForm 模式进行快速开发。

1.2　MVC 模式下的 Web 项目开发

1.2.1　第一个 ASP.NET MVC 5 应用程序

本节主要讲解如何在 Visual Studio 平台下快速创建一个 ASP.NET MVC 应用程序，视频讲解本书中所有截图均为 Visual Studio 2017 环境下开发的示例。

图 1.2　Visual Studio 2017
程序图标

【例 1-1】　在 D 盘 ASP.NET MVC 应用程序目录中创建 chapter1 子目录,将其作为网站根目录,创建一个名为 example1-1 的项目,设计 Web 页面,运行网站显示"这是第一个 ASP.NET MVC 网页"。

步骤 1:在程序中选择或在桌面快捷方式中双击应用程序图标(如图 1.2 所示),打开 Visual Studio 2017。

步骤 2:选择"文件"→"新建"→"项目"选项,如图 1.3 所示。

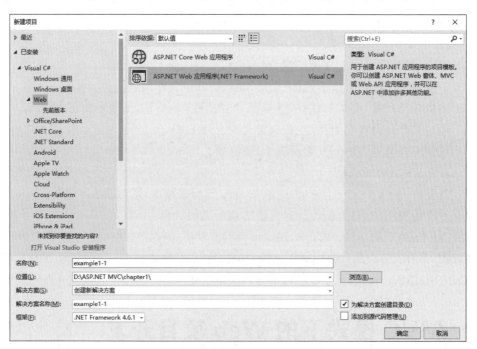

图 1.3　新建项目操作

步骤 3:在"新建项目"对话框左侧的"已安装｜Visual C♯"列表下,选中 Web 选项,在右侧列表中选择"ASP.NET Web 应用程序(.NET Framework)"选项,将应用程序命名为 example1-1,选择保存位置,其他设置为默认值,单击"确定"按钮,如图 1.4 所示。

图 1.4　新建 ASP.NET Web 应用程序

步骤 4:在弹出的"新建 ASP.NET Web 应用程序"对话框中,选择"空"模板,在下方"为以下项添加文件夹和核心引用"项选择 MVC,单击"确定"按钮,如图 1.5 所示。在新建网站时可以选择 MVC、Web 窗体或者 Web API 等模板,如果选择 MVC 模板会创建包含

Bootstrap 前端框架的网站；如果选择 Web 窗体模板则会创建包含基本的"母版页""关于页""样式表"等内容的网站。

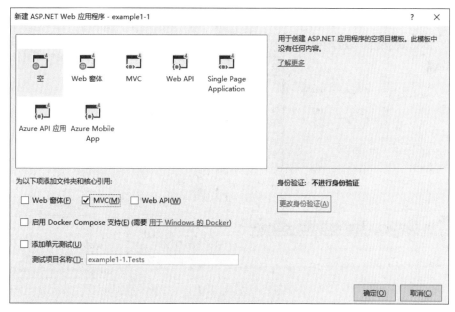

图 1.5　新建网站模板选择

步骤 5：网站创建后界面如图 1.6 所示，右侧为"解决方案资源管理器"目录，包含最基本的 MVC 文件夹、Web.config 网站配置文件、Global.asax 全局配置文件等基本内容。

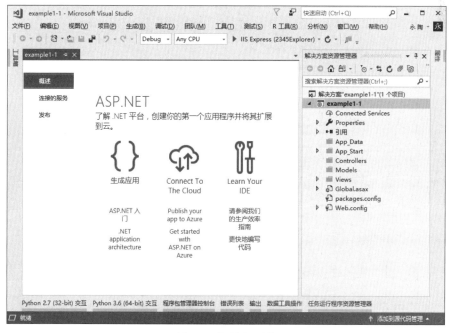

图 1.6　初始空网站

步骤 6：右击网站根目录 chapter1-1 下的 Controllers 文件夹，内容菜单中选择"添加"→"控制器"选项，如图 1.7 所示。

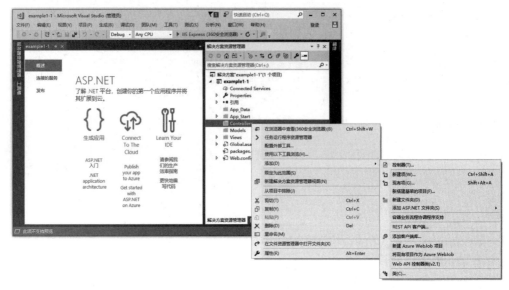

图 1.7　添加控制器

步骤 7：在"添加基架"窗口，选择"MVC 5 控制器-空"项，单击"添加"按钮，如图 1.8 所示。

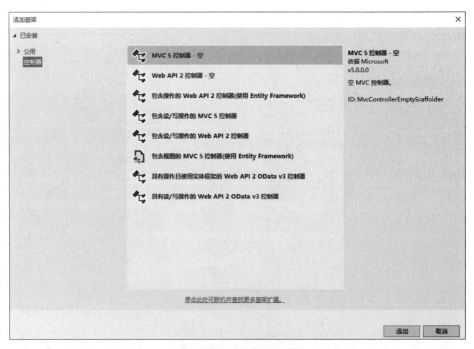

图 1.8　选择控制器基架

步骤 8："添加控制器"窗口中默认的控制器名称为 DefaultController，如图 1.9 所示。

修改控制器名称为 HelloController,单击"添加"按钮,如图 1.10 所示。注意,控制器名称必须以 Controller 字符串结尾。

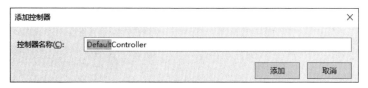

图 1.9 默认控制器名称

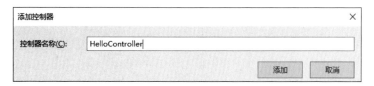

图 1.10 修改控制器名称

步骤 9:添加控制器后,解决方案的控制器文件夹(Controllers 文件夹)中新增了 HelloController.cs 文件,视图文件夹(Views 文件夹)中也同步增加了与控制器同名的 Hello 文件夹,如图 1.11 所示。

图 1.11 添加控制器后的解决方案资源管理器

步骤 10:打开 HelloController.cs 文件,代码如图 1.12 所示。

步骤 11:为控制器添加视图,在 HelloController.cs 文件的 Index()方法上右击,选择"添加视图"选项,如图 1.13 所示。

步骤 12:在弹出的"添加视图"对话框中不做任何修改,直接单击"添加"按钮,如图 1.14 所示。

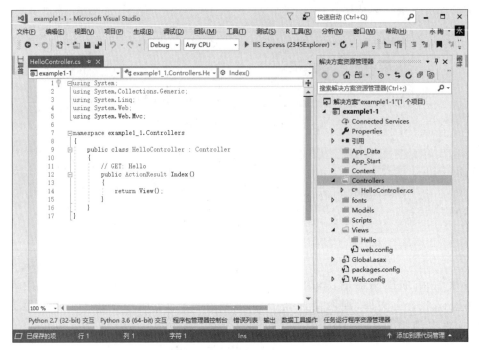

图 1.12　控制器代码

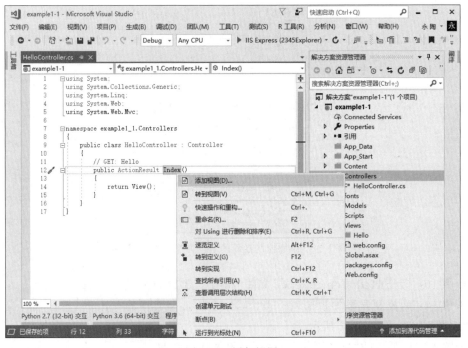

图 1.13　添加视图

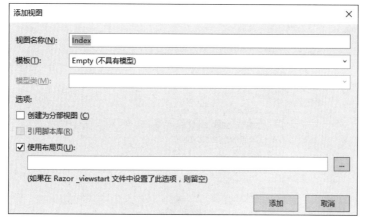

图 1.14 添加视图设置

步骤 13：添加视图后回到解决方案资源管理器，在项目的 Views 文件夹的 Hello 子文件夹中新增了 Index.cshtml 文件，如图 1.15 所示。同时，网站中也同步新增了 Shared 文件夹和_Layout.cshtml、_ViewStart.cshtml 文件。

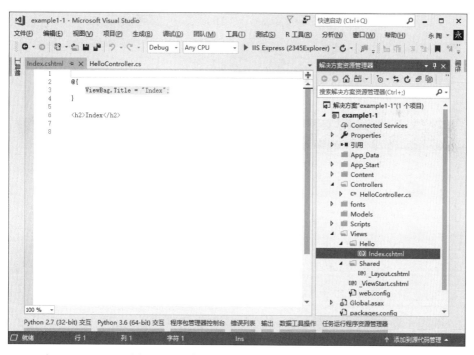

图 1.15 添加视图后解决方案资源管理器

步骤 14：打开 Index.cshtml 文件，修改代码如下。

```
@{
    ViewBag.Title = "Index";
}
<h2>Index</h2>
<p>这是第一个 ASP.NET MVC 网页</p>
```

步骤 15：右击解决方案中的 Index.cshtml 文件，在内容菜单中选择"在浏览器中查看"选项，如图 1.16 所示。

图 1.16　在浏览器中查看网页

步骤 16：网页运行后，显示 ViewBag.Title 的属性值以及段落中的文字内容"这是第一个 ASP.NET MVC 网页"，如图 1.17 所示。

图 1.17　浏览器中显示的初始页面

至此，第一个 ASP.NET MVC 应用程序就已经实现了，上述操作中用到的视图、控制器等知识点在后续各章节中逐一展开讲解。

1.2.2　ASP.NET MVC 应用程序结构

ASP.NET MVC 应用程序创建完成后，项目中会自动创建一些目录，按照图 1.18 的结构介绍这些目录的主要作用，具体如表 1.1 所示。

视频讲解

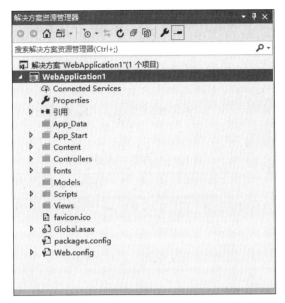

图 1.18　ASP.NET MVC 应用程序的基本目录

表 1.1　**ASP.NET MVC 应用程序的基本目录**

目　　录	说　　明
App_Data 文件夹	存储应用程序数据
App_Start 文件夹	存储启动文件的配置信息,包括 RouteConfig 路由注册信息
Content 文件夹	存储静态文件,如样式表(CSS 文件)、图表和图像
Controllers 文件夹	存储控制器
Models 文件夹	存储应用程序的数据模型
Scripts 文件夹	存储 JavaScript 文件
Views 文件夹	存储控制器的视图文件
Global.asax 文件	应用程序第一次启动的初始化操作信息
Web.config 文件	ASP.NET MVC 正常运行所需的配置信息
favicon.ico 文件	应用程序的图标信息

　　默认情况下,ASP.NET MVC 应用程序对约定具有很强的依赖性,为了避免开发人员配置中可能存在的错误,一些重要配置都是根据约定来推断。这个概念也被称为"约定优于配置"(Convention over Configuration,CoC),ASP.NET MVC 对于程序结构的主要约定如下。

　　(1) 每个控制器的名字以 Controller 结尾,并保存在 Controllers 目录中。

　　(2) 应用程序的所有视图都存放在单独的 Views 目录下。

　　(3) 每个控制器使用的视图都存储在 Views 中与控制器名称相同的子目录中。

1.2.3 ASP.NET MVC 中的特殊文件夹

视频讲解

使用 Visual Studio 2017 开发 ASP.NET MVC 网站程序时，会将 C♯ 类以及 Web Services 等文件放在某些特殊的文件夹中。与普通文件夹不同，存放在特殊的文件夹中的程序和文件只允许应用程序访问，对于网页的 Request 则不予响应，无法读取文件内容。各特殊文件夹的主要作用如表 1.2 所示。

表 1.2　特殊文件夹说明

文件夹	说　　明
App_Browsers	存储浏览器定义(.browse)文件,通过文件识别并判断浏览器
App_Code	存储公用程序的源代码(.cs、.vb 和.js 等)文件,将会编译为应用程序的一部分
App_Data	存储应用程序的数据文件(.md 和.xm 等)
App_GlobalResources	存储资源(.resx 和.resources)文件,将会编译成具有全局范围的组件
App_LocalResources	存储资源(.resx 和.resources)文件,将会与特定的页面、用户控件或应用程序的主页面(.MasterPage)进行关联
主题	存储主题文件(.skin 和.css 等),用于定义网页和控件的外观

1.2.4 ASP.NET MVC 中的文件类型

视频讲解

创建完网站后，打开网站文件夹会看到各种类型的文件，尤其是打开一个大型工程项目目录时，通常会感觉.NET Framework 的文件类型有点眼花缭乱。本小节将对 ASP.NET MVC 中的不同文件及其扩展名进行详细的讲解。

1. Visual Studio 的文件类型

首先打开项目文件夹认识一下 Visual Studio.NET 网站项目中使用的文件。项目开发时 C♯ 中的通用文件如表 1.3 所示。

表 1.3　Visual Studio 的文件类型

文件名	扩展名	说　　明
解决方案文件	.sln	解决方案中的项目信息和通过属性窗口访问全局构建设置信息
用户选项文件	.suo	特定用户、存储 Web 项目的转换表、项目的离线状态以及其他项目构建的设置信息
C♯项目文件	.csproj	参考内容、名称、版本等项目细节
C♯项目的用户文件	.csproj.user	用户的相关信息

2. 普通 Web 开发文件

打开网站,在网站项目上右击"添加"→"新建项"选项,在弹出的"新建项"窗口中可以看到网站项目中可以使用的所有文件类型。其中,Windows 服务和 Web 开发通用的文件如表 1.4 所示。

表 1.4　普通 Web 文件类型说明

文件名	扩展名	说　　明
C# 文件	.cs	C# 源代码文件
XML 文件	.xml	XML 文件与数据标准文件
数据库文件	.mdf	SQL Server 数据库文件
类图文件	.cd	类图表文件
脚本文件	.js	JavaScript 代码文件
配置文件	.config	存储程序设置的程序配置文件
图标文件	.ico	图标样式的图像文件
文本文件	.txt	普通文本文件

3. ASP.NET MVC 的文件类型

ASP.NET Web 开发还可以使用一些特定的文件类型,如表 1.5 所示。

表 1.5　特定 Web 文件类型说明

文件名	扩展名	说　　明
MVC 视图文件	.cshtml	基于 C# 的 Razor 的视图文件
Web 窗体文件	.aspx	代码分离的 Web 窗体
全局程序文件	.asax	以代码形式处理程序全局事件的应用文件,一个项目最多只可以包括一个 global.asax 文件
静态页面文件	.htm/.html	标准的 HTML 页
样式文件	.css	设置外观的层叠样式表
站点地图文件	.sitemap	表示页面间层次关系的站点地图
皮肤文件	.skin	用于指定服务器控件的主题
用户控件文件	.ascx	用户自主创建的 Web 控件
浏览器文件	.browser	定义浏览器相关信息的文件

1.3　Visual Studio 2017 开发环境的基本介绍

视频讲解

1.3.1　菜单栏和工具栏

Visual Studio 2017 的菜单栏继承了 Visual Studio 早期版本的所有命令功能,如"文件""编辑""视图""窗口""帮助"的核心功能,还有"生成""调试""测试"等程序设计专用的功能菜单。菜单栏下方为标准工具栏,可以快速访问菜单栏中的常用功能,如图 1.19 所示。

1. 显示工具箱及属性等窗口

单击"视图"菜单,可以显示"解决方案资源管理器""属性窗口""工具栏""错误列表"等

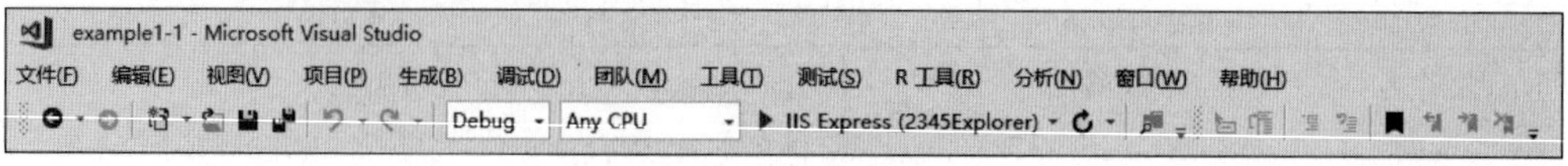
example1-1 - Microsoft Visual Studio
文件(F) 编辑(E) 视图(V) 项目(P) 生成(B) 调试(D) 团队(M) 工具(T) 测试(S) R 工具(R) 分析(N) 窗口(W) 帮助(H)
Debug
Any CPU
IIS Express (2345Explorer)

图 1.19 菜单和工具栏

窗口，除了"帮助"窗口，其他所有窗口及内容的显示都可以在"视图"菜单设置，如图 1.20 所示。

2. 程序执行及断点调试

单击"调试"菜单可以进行程序调试、执行等编译，在代码内部新建、取消断点，对程序进行逐语句、逐过程（直接调用函数、属性的模块，不逐条执行模块内语句）调试，如图 1.21 所示。

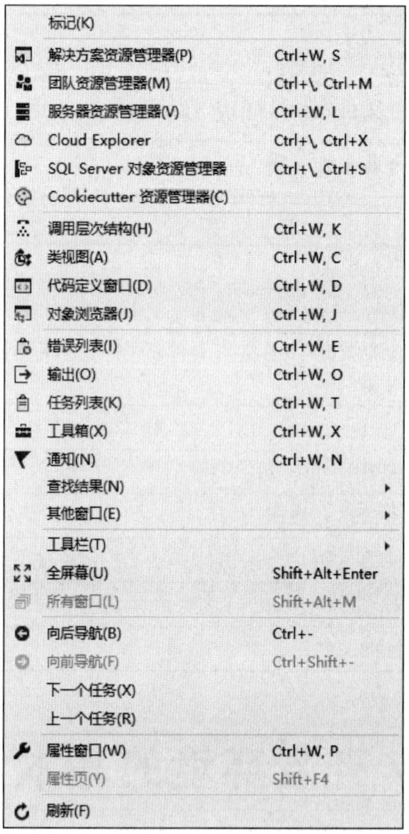
标记(K)
解决方案资源管理器(P) Ctrl+W, S
团队资源管理器(M) Ctrl+\, Ctrl+M
服务器资源管理器(V) Ctrl+W, L
Cloud Explorer Ctrl+\, Ctrl+X
SQL Server 对象资源管理器 Ctrl+\, Ctrl+S
Cookiecutter 资源管理器(C)
调用层次结构(H) Ctrl+W, K
类视图(A) Ctrl+W, C
代码定义窗口(D) Ctrl+W, D
对象浏览器(J) Ctrl+W, J
错误列表(I) Ctrl+W, E
输出(O) Ctrl+W, O
任务列表(K) Ctrl+W, T
工具箱(X) Ctrl+W, X
通知(N) Ctrl+W, N
查找结果(N)
其他窗口(E)
工具栏(T)
全屏幕(U) Shift+Alt+Enter
所有窗口(L) Shift+Alt+M
向后导航(B) Ctrl+-
向前导航(F) Ctrl+Shift+-
下一个任务(X)
上一个任务(R)
属性窗口(W) Ctrl+W, P
属性页(Y) Shift+F4
刷新(F)

图 1.20 视图菜单

窗口(W)
图形(C)
开始调试(S) F5
开始执行(不调试)(H) Ctrl+F5
性能探查器(F)... Alt+F2
附加到进程(P)... Ctrl+Alt+P
其他调试目标(H)
探查器(F)
逐语句(S) F11
逐过程(O) F10
切换断点(G) F9
新建断点(B)
删除所有断点(D) Ctrl+Shift+F9
清除所有数据提示(A)
导出数据提示(X) ...
导入数据提示(I)...
选项(O)...
example1-1 属性...

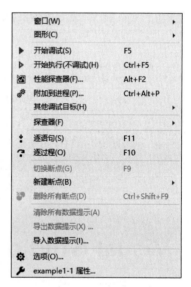

图 1.21 调试菜单

3. 代码文本编辑

选择"工具"→"选项"菜单，在"环境"选项卡中的"字体和颜色"项可以设置代码编辑区域文本的字体、字号、颜色、背景色等属性，如图 1.22 所示。

"文本编辑器"选项卡中的 C# 项可以设置自动换行、显示行号等属性，如图 1.23 所示。

图 1.22　字体和颜色菜单

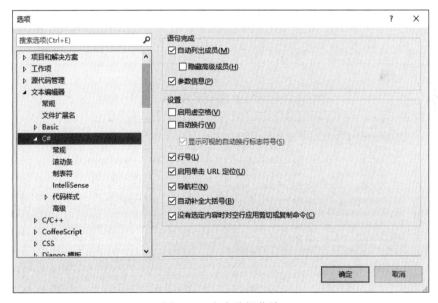

图 1.23　文本编辑菜单

1.3.2　工具箱窗口

Visual Studio 2017 集成开发环境的左侧是控件工具箱,开发 Web 页面使用的基本 HTML 标签均在此列出,如图 1.24 所示。需要使用某个标签时,只需要将其从工具箱中拖到界面上即可,极大地节省了编写代码的时间,加快了程序设计的速度。

在工具箱中右击,可以显示"工具箱内容"菜单,通过它可以对"选项卡"进行添加、删除、重命名等操作,如图 1.25 所示。单击"选择项"选项,就会弹出"选择工具箱项"对话框,可以为工具箱添加其他可选控件及第三方组件,如图 1.26 所示。

图 1.24　Visual Studio 2017 工具箱视图　　　　图 1.25　"工具箱内容"菜单

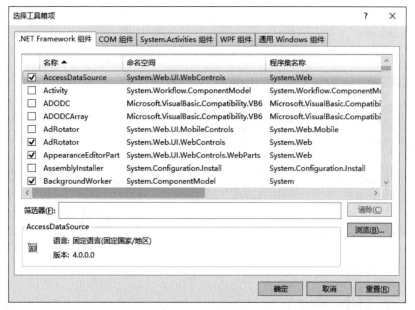

图 1.26　"选择工具箱项"对话框

1.3.3　解决方案资源管理器

Visual Studio 2017 集成开发环境的右侧是"解决方案资源管理器"窗口,提供了网站项目及文件的组织结构视图,起到导航的作用,如图 1.27 所示。在该窗口可以看到项目的整体结构,如各个类库、数据库文件以及系统配置文件等。用户在"解决方案资源管理器"窗口可以添加或者删除文件,也可以添加系统或用户文件夹来实现对文件的管理,当解决方案资源管理器中显示内容与网站实际结构不符时,可单击 ⟳ 图标进行同步刷新。

1.3.4　属性窗口

Visual Studio 2017 集成开发环境的右下角是"属性"窗口,可以查看对象属性,还可以对页面及页面中的控件进行量值化的属性值设置。属性窗口最顶部下拉列表,可以选择要进行属性设置的对象,▤图标表示信息列表按字母排序,▥图标表示信息列表按分类排序。当修改某一对象的属性值时,会将该属性值自动添加到 HTML 源代码中,实现两者同步,反之亦然,如图 1.28 所示。

图 1.27　"解决方案资源管理器"窗口

图 1.28　"属性"窗口

1.4　小结

本章主要介绍了 ASP.NET MVC 的基本特征;将 ASP.NET MVC 和 ASP.NET WebForm 进行了比较,分析了各自的优缺点;对开发 ASP.NET MVC 应用程序的每一步操作,以及 ASP.NET MVC 开发时使用的各种文件夹和文件进行了详细的讲解;对 Visual Studio 2017 的集成开发环境进行了基本介绍。

1.5 习题

一、选择题

1. 在 MVC 中 CoC 表示的意思是（　　）。

    A. 以习惯替换配置　　B. 实体框架模型　　C. 约定优于配置　D. 对象关系映射

2. 在开发 ASP.NET MVC 时要遵循的原则是（　　）。

    A. Model 要轻，Controller 要重，View 要笨

    B. Model 要重，Controller 要笨，View 要轻

    C. Model 要重，Controller 要轻，View 要笨

    D. Model 要重，Controller 要好，View 要笨

3. ASP.NET MVC 中的 C 代表的是（　　）。

    A. Controls　　　　　　B. Controller　　　　C. Contains　　　　D. Control

4. 关于 MVC 的描述不正确的是（　　）。

    A. 编程语言　　　　　　B. 开发架构　　　　C. 开发观念　　　D. 程序设计模式

5. 在 ASP.NET MVC 应用程序中，默认存放数据库、XML 文件等数据文件的文件夹是（　　）。

    A. App_Start　　　　　B. App_Data　　　　C. Content　　　　D. Models

6. ASP.NET MVC 应用程序中，默认存储会话事件、方法和静态变量等全局代码的文件是（　　）。

    A. Web.config　　　　B. Global.asax　　　C. Site.css　　　　D. Config.cs

7. ASP.NET MVC 应用程序中，默认存储数据库连接字符串等配置文件是（　　）。

    A. Web.config　　　　B. Global.asax　　　C. Site.css　　　　D. Config.cs

8. ASP.NET MVC 应用程序的 App_Start\RoutConfig.cs 文件中，默认的路由配置的方法是（　　）。

    A. RegisterRoutes　　　　　　　　　B. Application_Start

    C. EnrollRoutes　　　　　　　　　　D. WriteRoutes

9. 在 MVC 设计模式中 DRY 的意思是（　　）。

    A. 写代码要有规范　　　　　　　　B. 写代码要有适合的框架

    C. 关注点要分离　　　　　　　　　D. 不要重复你自己

10. 下列默认提供 ASP.NET MVC 4.0 的 Visual Studio 版本是（　　）。

    A. Visual C++ 6.0　　　　　　　　B. Visual Studio 2005

    C. Visual Studio 2010　　　　　　D. Visual Studio 2012

11. 存储与应用程序一起部署的图像、CSS 样式表等各种非编码资源的目录是（　　）。

    A. Content　　　　　　B. Script　　　　　C. App_Start　　　D. Filters

12. 下列关于 ASP.NET MVC 描述错误的是（　　）。

    A. 方便设置断点，易于调试

    B. 是一种全新的 WinForm 开发方式

    C. ASP.NET MVC 生成的代码遵循 W3C 标准化组织推荐的 XHTML 标准

    D. ASP.NET MVC 运行效率高

二、填空题

1. MVC 设计模式将网站开发分为_____、视图和控制器三部分。

2. 使用预安装的项目模板创建 ASP.NET MVC 应用程序时,包含空模板、_____、移动应用程序模板、Web API 模板等。

3. 控制器是一个继承自 Controller 的类,类中的_____与 URL 请求对应。

4. _____是 HTML 网页,定义应用程序用户界面的显示方式,模型的可视化表示。

5. _____是一组类,提供视图和模型之间关联的协调程序,用于处理来自用户、整个应用程序流以及特定应用程序逻辑的通信。

6. _____文件夹中存放应用程序中的 JavaScript 等脚本文件。

三、简答题

1. 请解释 MVC 各部分的含义和作用。

2. 请简述网站分成 MVC 三层的优点。

3. 请简述对"约定优于配置"(Convention over Configuration)思想的认识。

4. 请简述 MVC 架构用户请求的执行流程。

综合实验一：Visual Studio 2017 的安装

主要任务：

安装 Visual Studio 2017 环境,完成相关配置。

实验步骤：

步骤 1：打开官网。打开微软官网 Visual Studio 下载页面 https://visualstudio.microsoft.com/zh-hans/,如图 1.29 所示。

图 1.29 Visual Studio 官网

步骤 2：下载安装文件。选择左侧的 Visual Studio IDE,选择免费的 Windows Community 2017 版本,如图 1.30 所示。

步骤 3：同意安装许可。单击下载的安装程序,按要求确认微软公司许可条款和微软公

图 1.30　版本选择

司隐私声明,单击 Continue 按钮,如图 1.31 所示。

图 1.31　安装许可

　　步骤 4:选择工作负载。安装该安装程序后,通过选择所需的功能集或工作负载进行自定义安装。在"Visual Studio 安装程序"中找到所需的第一个工作负载,如图 1.32 所示。

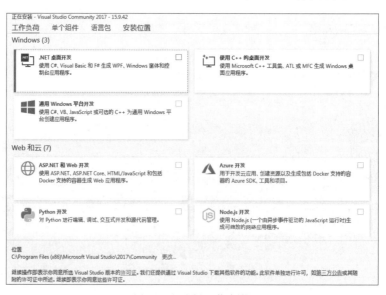

图 1.32　选择工作负载

　　".NET 桌面开发"工作负载附带默认核心编辑器,该编辑器针对超过 20 种语言提供基本代码编辑支持,能够打开和编辑任意文件夹中的代码,同时还提供集成的源代码管理。

步骤5：选择组件（可选）。如果不想使用工作负载功能来自定义 Visual Studio 2017 安装，或者想要添加比工作负载安装更多的组件，可通过从"单个组件"选项卡上安装或添加各个组件来完成此操作。选择所需组件，然后按照提示进行操作，如图 1.33 所示。

图 1.33　选择组件

步骤6：选择语言包（可选）。默认情况下，安装程序首次运行时会尝试匹配操作系统语言。若要以所选语言安装 Visual Studio，可从 Visual Studio 安装程序中选择"语言包"选项卡，然后按照提示进行操作，如图 1.34 所示。

图 1.34　选择语言包

步骤7：选择安装位置（可选）。系统默认全部安装在系统驱动器磁盘（通常为 C 盘），如果想减少系统驱动盘上 Visual Studio 的安装量，可以将下载缓存、共享组件、SDK 和工具移动到不同驱动器，此时只会将 Visual Studio 系统驱动器安装在驱动器磁盘。安装位置选择如图 1.35 所示。

步骤8：安装等待。从官网获取相关资源包并完成相关应用，通常需要 20min 左右，具

图 1.35　选择安装位置

体取决于网速及计算机配置,如图 1.36 和图 1.37 所示。

图 1.36　安装包获取等待

图 1.37　应用安装等待

步骤9：安装完成。系统安装成功，提示可正常启动，如图1.38所示。

图 1.38　安装成功提示

步骤10：启动设置。打开 Visual Studio 2017 应用程序，可选择跳过提示登录信息，进行开发环境设置，开发设置项可选择"常规"或者"Web 开发"，如图1.39所示。系统提示如图1.40所示。

图 1.39　环境配置

图 1.40　安装提示

步骤 11：设置成功。配置完成后，弹出系统初始页，如图 1.41 所示。至此，Visual Studio 2017 安装成功。

图 1.41　系统初始界面

第 2 章

LINQ 数据模型

本章导读

在开发 ASP.NET MVC 应用程序时,通常模型(Model)是最先开发的部分,也是项目运行的基本要素。LINQ 数据模型作为 ASP.NET MVC 应用程序最常用的两种数据模型之一,具有使用方便、灵活等特点。本章首先对 LINQ 数据模型的概念进行基本的讲解;介绍隐式类型、Lambda 表达式的基本概念以及如何使用 LINQ to SQL 语句对数据进行基本操作。

本章要点

- LINQ 数据模型基本概念
- 隐式类型
- 自动属性
- 初始化器
- Lambda 表达式
- LINQ to SQL 语句

LINQ 数据模型作为 Visual Studio 2008 众多新功能中的领军人物,直到 Visual Studio 2017 仍具有举足轻重的作用。目前 LINQ 默认支持 SQL Server、Oracle、XML 等数据库以及内存中的数据集合等多种数据源,同时开发人员也可以使用扩展框架添加 MySQL、Amazon 以及 GoogleDesktop 等更多的数据源。

2.1 LINQ 基础

2.1.1 LINQ 简介

LINQ(Language Integrated Query)即语言集成查询,是.NET Framework 3.5 中的新

视频讲解

特性。作为一组专门用于 C# 和 Visual Basic 语言的扩展功能，LINQ 提供了一种统一且对称的方式，可以使用 C# 或者 Visual Basic 编写类似 SQL 的表达式实现与多种数据的交互，可以在广义的数据上获取和操作数据。

　　LINQ 作为一组语言特性和 API，可以使用统一的方式编写查询命令，检索并保存来自不同数据源的数据，从而实现程序设计语言和数据库之间的匹配，为不同类型的数据源提供统一的查询接口。LINQ 主要由 LINQ to Objects、LINQ to XML、ADO.NET LINQ 等组成，基本架构如图 2.1 所示。

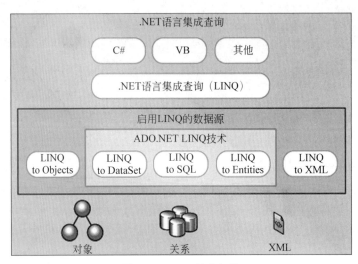

图 2.1　LINQ 基本架构

　　架构中 LINQ to Objects 主要负责对象的查询；LINQ to XML 主要负责 XML 的查询；ADO.NET LINQ 主要负责数据库的查询，其内部包含 LINQ to SQL、LINQ to DataSet、LINQ to Entities 等组件。

2.1.2　LINQ 的优点

视频讲解

　　在 LINQ 中，可以使用相同的查询语法查询和转换 XML、对象集合、SQL 数据库、ADO.NET 数据集以及其他多种格式的数据对象。LINQ 使用中具有如下优点。

　　（1）熟悉的语言。无需复杂的学习即可上手，不必为每种类型的数据源或数据格式学习新的语言。

　　（2）更少的编码。相比较传统的方式 LINQ 减少了编写的代码量，编写更少代码即可创建完整应用。

　　（3）可读性强。能够大幅减少过程控制语句，大幅提高代码的可读性和可维护性，可更加轻松地理解和维护。

　　（4）标准化的查询方式。可以使用相同的 LINQ 语法查询多个数据源，无需更多的编程技巧即可合并数据源。

　　（5）有效的类型检查。具有编译类型检查，提高了开发的时效性和准确性。

　　（6）方便的智能提示。提供了通用集合的智能感知提示。

2.2 数据模型预备知识

2.2.1 隐式类型 var

视频讲解

隐式类型 var 是从 Visual C♯ 3.0 开始的一种新技术，可以在方法内声明变量。如果程序设计时无法确定变量的类型，就可以使用 var 类型。var 可代替 C♯ 中任何类型，编译器会根据上下文来判断该变量的类型。使用 var 定义变量既具有 object 定义的便捷性，又具强类型定义的效率。

var 类型定义变量的语法如下。

var 变量名=初始值；

使用 var 定义变量实现简单示例如下。

```
static void DeclareExplicitVars()
{
    var count = 0;
    var isLocked = true;
    var str = "Hello World!";
}
```

程序运行时，编译器会根据局部变量的初始值推断出 var 类型变量的数据类型：count 变量将被声明为 int 类型，isLocked 变量被声明为 bool 类型，str 变量将被声明为 string 类型。

var 类型也同样可以在 C♯ 特有的 foreach 迭代循环中使用。在 foreach 循环语句中，编译器会推断出迭代变量的数据类型，示例如下。

```
static void ShowNums()
{
    var nums = new int[]{1,2,3,4,5,6 };
    foreach(var item in nums)
    {
        Console.WriteLine("nums value: {0}",item);
    }
}
```

使用 var 关键字虽然可以不关注于变量的类型，但也存在一定的限制。首先，隐式 var 类型只能应用于方法或者属性内局部变量的声明，不能使用 var 来定义返回值、参数类型及数据成员。其次，使用 var 声明的变量必须赋初始值，并且初始值不能为 null，一旦初始化完成，就不能再给变量赋与初始化值类型不兼容的值。

从本质上讲，var 类型推断保持了 C♯ 语言的强类型特性，初始化之后，编译器就已经为隐式类型变量推断出确切的数据类型，隐式类型局部变量最终也是产生强类型数据。

2.2.2　自动属性

自动属性(Auto-Implemented Properties)是 Visual C♯ 5.0 之后新增的语法。与 Java 语言在类的内部中使用 GetXXX() 和 SetXXX() 方法进行数据的读取不同,微软官方的规范中推荐使用 C♯ 中的公有属性来封装私有数据字段,通过属性实现数据的读取。如果某一属性的 set 和 get 访问器中没有任何逻辑处理,只是单纯的封装字段,就可以使用自动实现的属性。

自动属性的定义类似于字段,除了数据类型以外,只需再声明其具有的访问器即可。其封装的私有化字段不需要单独声明,编译器会自动创建。

创建自动属性语法结构如下。

```
class 类名
{
    public 数据类型属性 1{get;set;}            //可读写属性
    public 数据类型属性 2{get;private set;}  //只读属性
    public 数据类型属性 3{private get;set;}  //只写属性
}
```

C♯ 自动属性私有字段由编译器自动生成,简化了代码编写,可以为开发节约一部分时间。下面使用 Person 类进行简单对比,传统的写法代码如下。

```
class Person
{
    private in id;
    public string Id
    {
        set{id=value;}
        get{return id;}
    }
    private string username;
    public string UserName
    {
        set{username=value;}
        get{return username;}
    }
}
```

使用自动属性后,Person 类得到了极大的简化,代码如下。

```
class Person
{
    public in Id{get;set;}
    public string UserName{get;set;}
}
```

　　定义自动属性时,只需要指定访问修饰符、数据类型、属性名称即可,与常规属性的区别如下。

　　(1) 自动属性必须同时声明 get 和 set 访问器。创建 readonly 自动属性时,需要将 set 访问器的访问修饰符设置为 private;创建 writeonly 自动属性时,需要将 get 访问器的访问修饰符设置为 private。

　　(2) 自动实现属性的 get 和 set 访问器中不能包含特殊的逻辑处理。

　　(3) 自动属性中无法获取编译器创建的字段名称,在程序中不能直接访问该字段,只可以通过属性初始化器来对字段进行初始化。

2.2.3　对象和集合初始化器

　　对象和集合初始化器(Object and Collection Initializers)是 Visual C♯ 3.0 之后新增的语法,在创建对象时可以通过对象初始化器实现属性的初始化。与类中构造函数的先声明后调用不同,初始化器不需要声明,可以在构造函数体内直接为对象或集合中的成员赋值。

视频讲解

　　对象和集合初始化器的语法结构如下。

```
类名 对象=new 类名()
{
    属性 1=属性值 1,
    属性 1=属性值 2,
    属性 1=属性值 3,
    ...
};
```

　　以创建 Student 对象为例,使用对象初始化器为学生的姓名、生日、学号属性赋值,代码如下。

```
class Student
{
    public int StudentId { get; set; }
    public string StudentName { get; set; }
    public DateTime Brithday  { get; set; }
}
static void Main(string[] args)
{
    //对象初始化器
    Student objStudent = new Student()
    {
        StudentName = "刘文",
        Brithday = Convert.ToDateTime("1999-9-9"),
        StudentId = 1888
    };
    Console.WriteLine("姓名:{0},学号:{1},生日:{2}",
```

```
objStudent.StudentName,objStudent.StudentId,objStudent.Brithday.ToString());
    }
}
```

对象初始化器与构造方法均可以实现对象属性值的初始化,两者不同点如下。

(1) 定义方式不同。构造函数需要在类中定义,对象初始化器无须定义,可以在创建对象的时直接使用。

(2) 强制性不同。构造函数具有强制性,在调用构造函数时,需要为参数列表中的每个参数赋值,调用和声明的变量顺序也必须相同;而对象初始化器没有强制性,对象初始化器可以只为部分属性赋值。

(3) 实现功能不同。对象初始化器只能完成属性的初始化,而构造函数可以实现其他初始化操作。例如,构造方法中可以读取文件,进行某些数据的判断等;而在对象初始化器中只能进行属性的赋值操作。

2.2.4　扩展方法

视频讲解

扩展方法(Extension Method)是 Visual C♯ 3.0 语言中新增的一个与 LINQ 密切相关的功能,通过扩展方法可以轻而易举地为某个框架或第三方库中的某个类型增加辅助功能。前期版本中对于.NET 程序集中已编译的类型,开发者是不能直接修改的。如果需要为某个类型添加、修改、删除成员,唯一办法就是重新修改类型定义的代码。而扩展方法允许在不修改定义的情况下向已有类型中添加方法,这种"添加"无须为原始类型创建新的派生类型、也无须对原始类型重新编译。

创建和调用扩展方法的基本步骤如下。

(1) 创建一个静态类。

(2) 在该静态类中创建一个静态方法。

(3) 为该静态方法添加至少一个参数,在第一个参数类型之前加上 this 关键字,该方法将成为第一个参数所属类型的扩展方法。

(4) 使用类型的对象直接调用该扩展方法。

【例 2-1】　为 string 类型增加一个 FirstUpper()方法,实现将字符串首字母大写,并测试调用。

```
static class Program
{
    //必须是静态类才可以添加扩展方法
    public static string FirstUpper(this string str)
    {
        string firstChar = str[0].ToString().ToUpper();
        return str.Remove(0).Insert(0, firstChar);
    }
    static void Main(string[] args)
    {
        string str = "hello";
        string newStr = str.FirstUpper();
```

```
        Console.WriteLine(newStr);
    }
}
```

C♯扩展方法中的第一个参数指定该方法作用于类型,该参数需以 this 修饰符为前缀。扩展方法的目的是为已有类型添加一个方法,该类型既可以是 int、string 等系统数据类型,也可以是用户自定义的数据类型。

扩展方法本质上是从扩展类型的实例上调用静态方法,所以和普通的方法是不一样的。扩展方法不能直接访问扩展类型的成员,扩展方法既不是直接修改,也不是继承。虽然表面上看扩展方法是全局的,但其实是受制于所处的命名空间的。使用其他命名空间中定义的扩展方法时,首先需要引入该命名空间。

2.2.5　Lambda 表达式

Lambda 表达式(Lambda Expression)是一个匿名函数,即没有函数名的函数。基于数学中的 λ 运算得名,直接对应于其中的 Lambda 抽象(Lambda Abstraction)。Lambda 表达式的引入与委托类型的使用密切相关,本质上 Lambda 表达式就是用更简单的方式来书写匿名方法,从而简化.NET 委托类型的使用。

视频讲解

C♯ 中的 Lambda 表达式使用 Lambda 运算符＝＞表示,该运算符读为 goes to,运算符将表达式分为两部分,左边是输入的参数,右边是表达式的主体。

Lambda 表达式的语法结构如下。

(参数列表) =>{表达式或者语句块}

其中,参数列表相当于正常函数的参数列表,可以有零个或多个参数;表达式或者语句块部分相当于正常函数的函数体,用于实现某些特定功能,Lambda 表达式的主要约束如下。

1. 参数的约束

如果参数列表中只有一个未显式声明类型的参数,可直接书写。如果参数列表包含零个或者两个及两个以上参数,则参数必须使用括号括起来,示例如下。

```
x=>x+1                     //单个参数可省略()
(int x)=>x+1               //显式声明类型,需用()括起来
(x,y)->x × y               //多个参数,需用()括起来
()=>Console.WriteLine()    //没有参数,需用()括起来
```

2. 返回值的约束

如果"语句或语句块"有返回值,并且包含两条或两条以上语句时,必须以 return 语句作为结尾;如果只有一条语句,则可直接书写表达式省略 return 语句,示例如下。

```
x=>x+1                             //只有一条语句,直接写表达式
x=>{return x+1;}                   //只有一条语句,可以写返回值
(int x,int y)=>{x++;y+=2;return x+y;}    //多条语句,写返回值输出
```

2.3 LINQ to SQL 数据模型

2.3.1 实体数据库的建立

视频讲解

本书中示例默认使用 Demo 数据库,数据库中包含 student、course 和 sc 三张数据表,表结构与表之间的关系如表 2.1~表 2.3 所示。

表 2.1 student 表

字段名	字段描述	数据类型	主　键	约　束
sno	学号	int	是	
sname	姓名	varchar(20)		not null
sex	性别	char(3)		
age	年龄	uint		
dept	部门	varchar(20)		

表 2.2 course 表

字段名	字段描述	数据类型	主　键	约　束
cno	课程号	int	是	
cname	课程名	varchar(20)		
tname	教师姓名	varchar(20)		not null
credit	学分	uint		not null

表 2.3 sc 表

字段名	字段描述	数据类型	主　键	约　束
sno	学号	int	是	外键
cno	课程号	int		外键
grade	成绩	int		not null

2.3.2 LINQ to SQL 基本语法

视频讲解

LINQ to SQL 是 LINQ 中的一个数据库访问的应用框架,作为一种针对 SQL Server 数据库的集成查询语言。LINQ to SQL 以对象形式管理关系数据,提供了丰富的查询功能。能够使对 Microsoft SQL Server 的访问代码变得简洁,改变传统的手工书写代码、运行时报错误、回头差错修改 SQL 语句的开发流程,通过系统辅助生成查询语句,只要代码编译通过就能生成正确的 SQL 语句。

LINQ to SQL 有查询表达式语法(Query Expression)和方法语法(Fluent Syntax)两种可供选择。

1. 查询表达式语法

查询表达式语法是一种接近于 SQL 语法的查询方式。LINQ to SQL 查询表达式语法如下。

```
var 结果集 = from c in 数据源 where 过滤表达式 order by 排序
select c
```

注意:

(1) 查询表达式语法与 SQL 语法相同。

(2) 查询表达式必须以 from 子句开头,以 select 或 group by 子句结束。

(3) 可以使用过滤、连接、分组、排序等运算符进行筛选操作,构造查找结果。

(4) 可以用隐式 var 类型变量保存查询的结果。

2. 方法语法

方法语法也称流利语法,利用 System.Linq.Enumerable 类中定义的扩展方法和 Lambda 表达式进行查询,类似于调用类的扩展方法,语法结构如下。

```
IEnumerabl<T> query=数据源集合.Where(bool 类型的过滤表达式).OrderBy(排序条件).
Select(选择条件)
```

【例 2-2】　使用 LINQ 方法语法的查询示例,返回数组中的偶数。

```
int[] arr={1,2,3,4,5,6,7,8,9};
var result =arr.Where(p => p %2 == 0).ToArray();
```

示例方法中调用了 Enumerable 类中定义的扩展方法 Where() 并使用了 Lambda 表达式。

3. 查询表达式语法与方法语法比较

查询表达式语法与方法语法存在着紧密的关系,比较如下。

(1) 公共语言运行库本身并不理解查询表达式语法,其只理解方法语法。

(2) 编译器负责在编译时将查询表达式语法翻译为方法语法。

(3) 大部分方法语法都有与之对应的查询表达式语法形式:如 Select() 对应 select、OrderBy() 对应 order by 等。

(4) 有部分查询方法在 C# 中目前还没有对应的查询语句,如 Count() 和 Max() 等,此时需要使用查询表达式语法和方法语法的混合方式进行替代。

编译器在底层把查询表达式翻译成明确的方法调用代码,代码通过新的扩展方法和 Lambda 表达式语言特性来实现。Visual Studio 2017 对查询语法提供了完整的智能感应和编译检查支持。

下面通过实例对 SQL 语句、LINQ to SQL 查询语句和基于 Lambda 表达式查询方法进行比较。其中 db 默认使用 LINQ to SQL 创建的数据源。

【例 2-3】　查询 student 表中所有学生的姓名和年龄记录。

SQL 实现:

```
select sname,age from student
```

LINQ 查询语句实现：

```
var stu =from s in db.student
select new
{
    s.sname,
    s.age
};
```

基于 Lambda 表达式查询方法实现：

```
var   stu=db.student.Select( s =>new
{
    s.sname,
    s.age
});
```

【例 2-4】 查询计算机系所有的男学生记录。

SQL 实现：

```
select * from student where dept='计算机系' and sex='男'
```

LINQ 查询语句实现：

```
var stu = from s in db.student where s.dept =="计算机系"&& s.sex =="男"
select s;
```

基于 Lambda 表达式查询方法实现：

```
var stu = db.student.Select(s =>s.dept =="计算机系"&& s.sex =="男");
```

注意：

（1）SQL 中的 and 和 or 分别对应 LINQ 中的 && 和||。

（2）SQL 中的 is not null 和 is null 分别对应 LINQ 中的"字段名.HasValue"和"! 字段名.HasValue"。

【例 2-5】 查询年龄大于 18，或者性别为女的学生记录，并将其按年龄排序。

SQL 实现：

```
select * from student where age>=18 or sex='女' order by age desc
```

LINQ 查询语句实现：

```
var stu = from s in db.student
                where s.age >=18||s.sex =="女"
order by s.age descending
select s;
```

基于 Lambda 表达式查询方法实现：

视频讲解

34

```
var stu = db.student.Select(s =>s.age >=18 || s.sex =="女").OrderByDescending(s
=>s.age);
```

注意：

（1）SQL 中的 asc 和 desc 分别对应 LINQ 中的 ascending 和 descending。

（2）Lambda 表达式中对某个字段进行主排序时升序使用 OrderBy()方法，降序使用 OrderByDescending()方法；再对某个字段进行次排序时升序使用 ThenBy()方法，降序使用 ThenByDescending()方法。

【例 2-6】 查询年龄小于 18 的学生人数。

SQL 实现：

```
select count( *) from student where age <18
```

LINQ 查询语句实现：

```
var stu = from s in db.student
where s.age <18
select s.Count();
```

基于 Lambda 表达式查询方法实现：

```
int ageCount =db.student.Count(s =>s.age <18)
```

【例 2-7】 查询所有学生的院系信息（院系 dept 列的不重复信息）。

SQL 实现：

```
select distinct dept from student
```

LINQ 查询语句实现：

```
var depts=from t in db.student.Distinct()
select t.dept
```

基于 Lambda 表达式查询方法实现：

```
var depts=db.student.Distinct().Select( t =>t.dept)
```

【例 2-8】 查询 sc 表中成绩为 85、86 或 88 的记录。

SQL 实现：

```
select * from sc where grade in (85,86,88)
```

LINQ 查询语句实现：

```
var stu=from s in db.sc
where (
new decimal[]{85,86,88}
).Contains(s.grade)
select s
```

基于 Lambda 表达式查询方法实现：

```
int n=db.sc.Where( s =>new Decimal[] {85,86,88}.Contains(s.grade))
```

如果成绩不是85、86、88,则编译代码如下。

LINQ 查询语句实现:

```
int n=from s in db.sc
where! (
  new decimal[]{85,86,88}
).Contains(s.grade)
select s
```

基于 Lambda 表达式查询方法实现:

```
int n=db.sc.Where( s =>! new Decimal[] {85,86,88}.Contains(s.grade))
```

2.3.3　使用 LINQ 模型进行查询

视频讲解

使用 LINQ 模型查询记录数据时,首先需要使用数据上下文类构建查询的数据源,然后使用 Lamdba 表达式添加必要的查询条件,返回查询的结果。

【例 2-9】　创建控制台应用程序,使用 LINQ 创建模型,使用 LINQ 查询语句和基于 Lambda 表达式查询方法分别实现按年龄进行学生姓名查询。

步骤 1:选择"文件"→"新建"→"项目"选项,如图 2.2 所示。

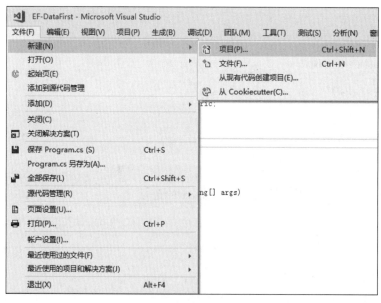

图 2.2　创建新项目

步骤 2:创建控制台应用程序,命名为 LINQ-Select,如图 2.3 所示。

步骤 3:在控制台应用程序上右击,选择"添加"→"新建项"选项,如图 2.4 所示。

步骤 4:在添加新项窗口,选择"LINQ to SQL 类"对象,单击"添加"按钮,如图 2.5

图 2.3　创建控制台应用程序

图 2.4　添加新项

所示。

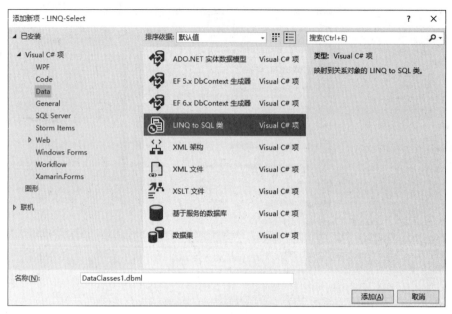

图 2.5　添加实体数据模型

步骤 5：解决方案中生成 DataClasses1.dbml 文件，可以在左侧设计窗口中从服务器资源管理器选择数据表或者从工具箱中拖拽控件可视化创建数据类，如图 2.6 所示。

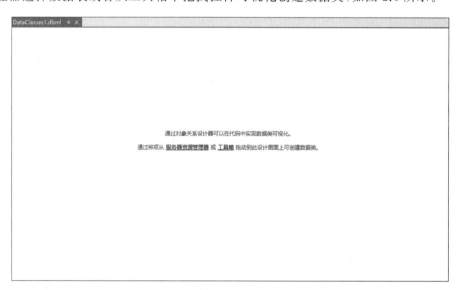

图 2.6　数据类可视化创建界面

步骤 6：在菜单栏中选择"视图"→"服务器资源管理器"选项，打开"服务器资源管理器"窗口，如图 2.7 所示。

步骤 7：在"服务器资源管理器"窗口右击"数据连接"，选择"添加连接"选项，如图 2.8 所示。弹出"添加连接"窗口，选择"数据源"项为 Microsoft SQL Server（SqlClient），服务器名项设置为.\sqlexpress(此处请按实际情况连接电脑中安装的数据库实例),选择数据库名称项设置为demo,单击"确定"按钮,如图2.9所示。

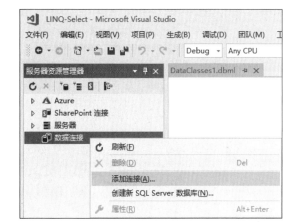

图2.7　"服务器资源管理器"窗口　　　　　　　　　图2.8　添加连接操作

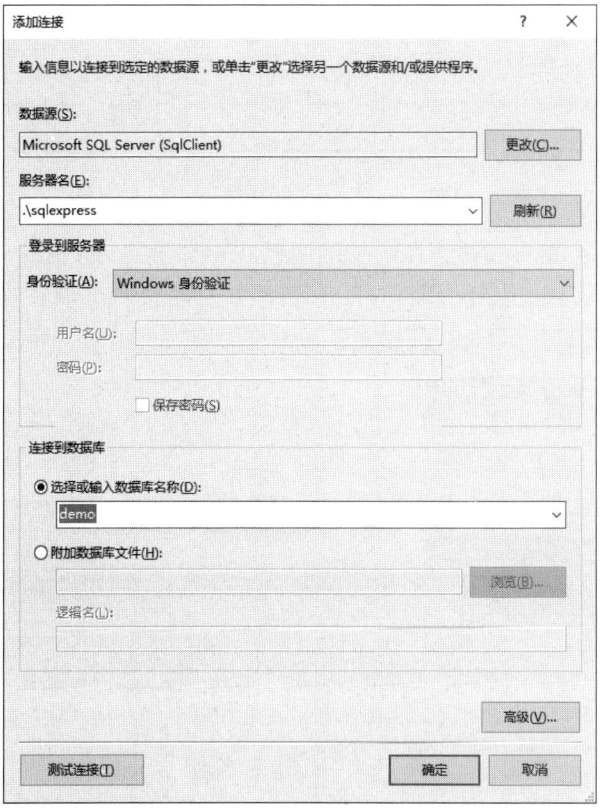

图2.9　数据库连接设置

步骤8:默认将连接字符串保存到App.Config文件的demoEntities标签内。单击"下一步"按钮,如图2.10所示。

步骤9:在"服务器资源管理器"窗口中展开新创建的连接至表文件夹,如图2.11所示。

图 2.10　保存数据库连接字符串

步骤 10：选中 student 表并将其拖拽到右侧 DataClasesl.dbml 编辑区域，如图 2.12 所示。LINQ 将在 DataClasses1DataContext.cs 文件中自动映射生成表对象以及相关数据操作方法。

图 2.11　选择表对象

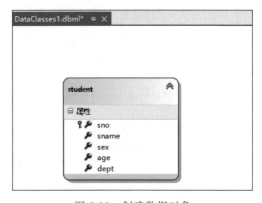

图 2.12　创建数据对象

步骤 11：创建完基本的模型后，打开 Program.cs 文件，添加基本的数据访问程序，进行查询访问。

```
class Program
{
    static void Main(string[] args)
    {
        DataClasses1DataContext db = new DataClasses1DataContext();
        //基于 Lambda 表达式查询方法实现
        int age = 20;
        var stu = db.student.Where(s =>s.age >=age).Select(s =>s.sname.ToUpper());
        Console.WriteLine("年龄大于 20 的学生如下:");
        foreach (string s in stu)
            Console.WriteLine(s);
        age = 22;
        //LINQ 查询语句实现
        stu = from s in db.student
                where s.age >=age
                select s.sname.ToUpper();
        Console.WriteLine("年龄大于 22 的学生如下:");
        foreach (string s in stu)
            Console.WriteLine(s);
        Console.Read();
    }
}
```

注意：在使用 LINQ 进行数据处理时需要首先创建数据上下文对象 db，即“DataClasses1DataContext db ＝ new DataClasses1DataContext();”。

步骤 12：运行结果如图 2.13 所示。

图 2.13　从数据库中查询的数据

2.3.4　使用 LINQ 模型进行插入

使用 LINQ to SQL 插入数据时，首先创建一条记录，然后判断该记录对应的主键在数据源中是否存在，如果不存在则调用 InsertOnSubmit()方法将该记录添加到数据源，调用 SubmitChanges()方法保存修改。

【例 2-10】　创建控制台应用程序，使用 LINQ 创建模型，使用 Lambda 表达式分别实现

视频讲解

学生信息的插入操作。

步骤1：创建控制台应用程序，命名为 LINQ-Insert，按例 2-9 的步骤 1～步骤 10 创建项目。

步骤2：创建完基本的模型后，打开 Program.cs 文件，添加基本的数据访问程序，进行插入操作访问。

```
class Program
{
    static void Main(string[] args)
    {
        DataClasses1DataContext db = new DataClasses1DataContext();
            //插入之前先查找有没有该数据
        var data = db.student.FirstOrDefault(s =>s.sno =="05881024");
            //LINQ 则可使用下面语句实现同样功能
        //var data =   (from s in db.student where s.sno =="05881024" select s).
FirstOrDefault();
            //如果没有该数据,则执行插入语句
        if (data ==null)
        {
            student stu = new student
            {
                sno = "05881024",
                sname = "李明明",
                age = 20
            };
            //执行插入操作
            db.student.InsertOnSubmit(stu);
            db.SubmitChanges();
            Console.WriteLine("插入成功!");
        }
        //如果该数据已存在
        else
        {
            Console.WriteLine("无法插入已存在数据!");
        }
        Console.Read();
    }
}
```

步骤3：第一次运行时插入成功，运行结果如图 2.14 所示，再次运行时因为数据表中已存在该数据无法再次插入，运行结果如图 2.15 所示。

图 2.14 插入成功

图 2.15 插入失败

2.3.5 使用 LINQ 模型进行修改

使用 LINQ to SQL 修改数据时,首先检查该记录是否存在,如果存在则对记录的相关属性进行重新赋值,调用 SubmitChanges()方法保存数据源的修改。因数据可能存在外键关系,通常情况主键不允许修改。

视频讲解

【例 2-11】 创建控制台应用程序,使用 LINQ 创建模型,使用 Lambda 表达式分别实现学生信息的修改操作。

步骤 1:创建控制台应用程序,命名为 LINQ-Update,按例 2-9 的步骤 1~步骤 10 创建项目。

步骤 2:创建完基本的模型后,打开 Program.cs 文件,添加基本的数据访问程序,进行插入操作访问。

```
class Program
{
    static void Main(string[] args)
    {
        DataClasses1DataContext db = new DataClasses1DataContext();
        string sno = "05880101";
        //取出 student
        var stu = db.student.SingleOrDefault<student>(s =>s.sno ==sno);
        if (stu ==null)
        {
            Console.WriteLine("学号错误,不存在该学生信息!");
            return;
        }
        else
        {
            //修改 student 的属性
            stu.sname = "张小三";
            stu.age = 22;
```

```
        //执行更新操作
        db.SubmitChanges();
        Console.WriteLine("信息更新成功!");
    }
    Console.Read();
    }
}
```

步骤3：若学生存在，则信息更新成功，运行结果如图2.16所示。

图2.16　信息更新成功

2.3.6　使用 LINQ 模型进行删除

　　使用 LINQ to SQL 删除数据时，先检查该记录是否存在，如果存在则调用 DeleteOnSubmit()方法从数据源中移除该记录，然后调用 SubmitChanges()方法对数据源进行保存。

　　【例 2-12】　创建控制台应用程序，使用 LINQ 创建模型，使用基于 Lambda 表达式的查询方法实现学生信息的删除操作。

　　步骤1：创建控制台应用程序，命名为 LINQ-Update，按例 2-9 的步骤1～步骤10 创建项目。

　　步骤2：创建完基本的模型后，打开 Program.cs 文件，添加基本的数据访问程序，进行插入操作访问。

```
class Program
{
    static void Main(string[] args)
    {
        DataClasses1DataContext db = new DataClasses1DataContext();
        string sno = "05881024";
        var stu = db.student.FirstOrDefault(s =>s.sno ==sno);
        if (stu!=null)
        {
            db.student.DeleteOnSubmit(stu);
            db.SubmitChanges();
            Console.WriteLine("删除成功!");
```

```
        }
        else
        {
            Console.WriteLine("无法删除不存在的数据!");
        }
        Console.Read();
    }
}
```

步骤 3：第一次运行时删除成功，运行结果如图 2.17 所示。再次运行时，因为数据表中不存在该数据无法再次删除，运行结果如图 2.18 所示。

图 2.17　信息删除成功

图 2.18　信息删除失败

2.4　小结

本章主要介绍了 LINQ 的基本特征及优点；对 LINQ 使用中的预备知识——隐形类型 var、自动类型、集合初始化器、扩展方法、Lambda 表达式等进行了详细讲解；对 LINQ to SQL 语法进行了详细讲解，通过实例重点对 SQL 语句、LINQ to SQL 查询语句和基于 Lambda 表达式的查询方法进行了比较；对 LINQ to SQL 在查询、插入、修改、删除的应用进行了实例讲解。

2.5　习题

一、选择题

1. 下列不属于 C♯3.0 新增特性的是(　　)。
   A. 隐式类型　　　　B. 扩展方法　　　　C. 匿名方法　　　D. 自动属性
2. 下列关于 LINQ 的描述中错误的是(　　)。
   A. LINQ 查询操作通过编程语言来传达，而不需要将字符串嵌入程序代码
   B. LINQ 包括 LINQ to Objects、LINQ to SQL、LINQ to DataSet、LINQ to XML 等组件

C. 一个 LINQ 查询表达式不允许包含多个 from 子句

D. LINQ 是.NET Framework 3.5 中一项突破性的创新,在对象领域和数据领域之间架起了一座桥梁

3. 下面有关 LINQ to SQL 的描述错误的是(　　)。

A. LINQ 查询返回一个结果集合

B. LINQ to SQL 可处理任何类型数据

C. 利用 LINQ to SQL 可以调用 SQL Server 中定义的存储过程

D. 使用 LINQ to SQL 中函数的参数常用 Lambda 表达式

4. 下面有关 LINQ to SQL 的描述错误的是(　　)。

A. 可插入、修改、删除、查询元素 　　　　　B. 可读取整个 SQL 文件

C. 需要导入 System.Data.Linq 命名空间　　D. 不能创建 XML 文档

5. LINQ 查询表达式中不包括的是(　　)。

A. where 子句　　　　B. from 子句　　　　C. select 子句　　　　D. insert 子句

6. LINQ 使用下列哪个关键字实现倒序功能(　　)。

A. order by asc 　　　　　　　　　　　　B. group by descending

C. group by dcsc 　　　　　　　　　　　D. order by desc

7. 下列对 Lambda 表达式描述错误的是(　　)。

A. Lambda 表达式是一个匿名函数

B. Lambda 表达式中=>表示大于等于

C. 所有 Lambda 表达式都使用 Lambda 运算符=>

D. Lambda 可用于创建委托

8. 下列不属于 LINQ 优点的是(　　)。

A. 熟悉的语言 　　　　　　　　　　　　B. 更少的编码

C. 可读性强 　　　　　　　　　　　　　D. 与 SQL 完全相同的语法

9. 下列不属于自动属性的类型是(　　)。

A. 可读写属性　　　B. 只读属性　　　　C. 只写属性　　　　D. 隐藏属性

10. 自动属性定义时需要指定的内容是(　　)。

A. 访问修饰符　　　B. 数据类型　　　　C. 属性名称　　　　D. 以上所有

二、填空题

1. 在 LINQ 操作符中,排序操作符是_____,分组操作符是_____。

2. 根据数据源的不同,LINQ 可分为_____、_____、_____和_____。

3. 在 LINQ to SQL 中,将 SQL Server 数据库映射为_____类,表映射为_____。

4. 利用 LINQ 查询表达式_____建立匿名对象。

5. LINQ 查询表达式的值_____指定数据类型。

6. 在 LINQ 查询中,使用 group by 子句分组后,其结果集合与原集合的结构_____。

7. 扩展方法的目的是为现有类型添加一个方法,类型既可以是_____数据类型,也可以是_____的数据类型。

8. C#中的 Lambda 表达式使用 Lambda 运算符=>表示,该运算符读为_____。

9. Lambda 运算符将表达式分为两部分,左边是_____,右边是_____。

10. Lambda 表达式的主要约束有＿＿＿＿和＿＿＿＿。

三、简答题

1. 简述使用 LINQ 查询的优势。

2. 简述 LINQ 由哪几部分组成。

3. 简述创建和调用扩展方法的基本步骤。

综合实验二：基于 LINQ 数据模型的学生管理系统

主要任务：

创建控制台应用程序，使用 LINQ 创建模型，实现学生信息管理系统的基本功能。

实验步骤：

步骤 1：使用 SQL Server 2012 数据库管理系统中 Demo 数据库的 student 数据表，添加部分测试数据，如图 2.19 所示。

	sno	sname	sex	age	dept
1	05880101	张三	男	22	计算机系
2	05880102	吴二	女	20	信息系
3	05880103	张三	女	19	计算机系
4	05880104	李四	男	22	信息系
5	05880105	王五	男	22	数学系
6	05880106	赵六	男	19	数学系
7	05880107	陈七	女	23	日语系

图 2.19　student 表测试数据

步骤 2：Visual Studio 菜单中选择"文件"→"新建"→"项目"选项，如图 2.20 所示。

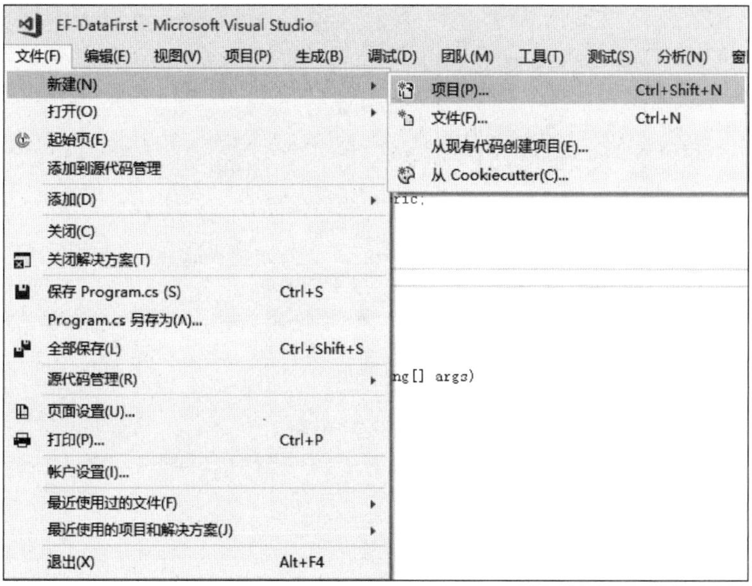

图 2.20　创建新项目

步骤3：创建控制台应用程序，命名为"综合实验二"，如图2.21所示。

图2.21 创建控制台应用程序

步骤4：控制台应用程序上右击，选择"添加"→"新建项"选项，如图2.22所示。

图2.22 添加新项

步骤5：在添加新项窗口中选择"LINQ to SQL 类"对象，单击"添加"按钮，如图 2.23 所示。

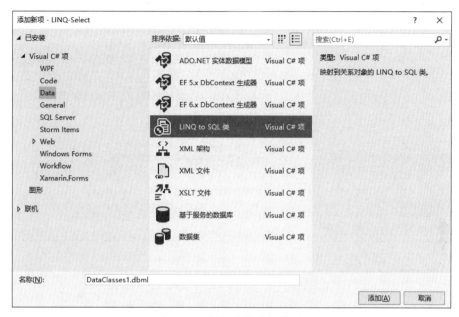

图 2.23　添加实体数据模型

步骤6：解决方案中生成 DataClasses1.dbml 文件，可以在左侧设计窗口中从服务器资源管理器选择数据表，或者从工具箱中拖拽控件可视化创建数据类，如图 2.24 所示。

图 2.24　数据类可视化创建界面

步骤7：在菜单栏中选择"视图"→"服务器资源管理器"选项，打开"服务器资源管理器"窗口，如图 2.25 所示。

步骤8：在"服务器资源管理器"窗口右击"数据连接"命令，选择"添加连接"选项，如图

2.26 所示。弹出"添加连接"窗口,"数据源"项选择为 Microsoft SQL Server (SqlClient),服务器名项设置为.\sqlexpress,选择数据库名称项设置为 demo。单击"确定"按钮,如图 2.27 所示。

图 2.25 "服务器资源管理器"窗口   图 2.26 添加连接操作

图 2.27 数据库连接设置

步骤 9：默认将连接字符串保存到 App.Config 文件的 demoEntities 标签内。单击"下一步"按钮，如图 2.28 所示。

图 2.28 保存数据库连接字符串

步骤 10：在"服务器管理器"中展开创建的连接，使其显示表文件夹，如图 2.29 所示。

步骤 11：选中 student 表并将其拖拽到右侧 DataClassesl.dbml 编辑区域，如图 2.30 所示。则 LINQ 将在 DataClasses1DataContext.cs 文件中自动映射生成表对象以及相关数据操作方法。

图 2.29 选择表对象

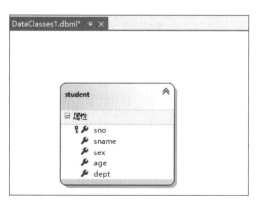

图 2.30 创建数据对象

步骤 12：创建完基本的模型后，打开 Program.cs 文件，添加基本的菜单显示方法，以及学生信息的增删改查方法，实现学生数据表的数据访问功能。编辑代码如下。

```
using System;
using System.Collections.Generic;
using System.Linq;

namespace 综合实验二
{
    class Program
    {
        static DataClasses1DataContext db = new DataClasses1DataContext();
        static student stu;
        //选择式菜单
        static void ShowMenuList()
        {
            string choice,sno,dept,sex;
            Console.WriteLine("          学生信息管理系统");
            Console.WriteLine("====================================");
            Console.WriteLine("          1.输出学生信息");
            Console.WriteLine("          2.新增学生信息");
            Console.WriteLine("          3.按学号删除学生信息");
            Console.WriteLine("          4.按部门删除学生信息");
            Console.WriteLine("          5.按学号修改学生信息");
            Console.WriteLine("          6.按学号查找学生信息");
            Console.WriteLine("          7.按性别查找学生信息");
            Console.WriteLine("          0.退出");
            Console.WriteLine("====================================");
            do
            {
                Console.Write("输入选择: ");
                choice = Console.ReadLine();
                switch (choice)
                {
                    case "1":
                        ShowStudentList(db.student.ToList());
                        break;
                    case "2":
                        stu = new student();
                        Console.Write("请输入新增学生学号: ");
                        stu.sno = Console.ReadLine();
                        Console.Write("请输入新增学生姓名: ");
                        stu.sname = Console.ReadLine();
                        Console.Write("请输入新增学生性别: ");
                        stu.sex = Console.ReadLine();
```

```
        Console.Write("请输入新增学生年龄：");
        stu.age =int.Parse( Console.ReadLine());
        Console.Write("请输入新增学生部门：");
        stu.dept = Console.ReadLine();
        InsertStudentInfo(stu);
        Console.WriteLine("新增后学生信息如下：");
        ShowStudentList(db.student.ToList());
        break;
    case "3":
        Console.Write("请输入待删除学生学号：");
        sno = Console.ReadLine();
        DeleteStudentInfoBySNo(sno);
        Console.WriteLine("删除后学生信息如下：");
        ShowStudentList(db.student.ToList());
        break;
    case "4":
        Console.Write("请输入待删除学生部门：");
        dept = Console.ReadLine();
        DeleteStudentInfoByDept(dept);
        Console.WriteLine("删除后学生信息如下：");
        ShowStudentList(db.student.ToList());
        break;
    case "5":
        stu = new student();
        Console.Write("请输入待修改的学生学号：");
        stu.sno = Console.ReadLine();
        Console.Write("请输入修改后学生姓名：");
        stu.sname = Console.ReadLine();
        Console.Write("请输入修改后学生性别：");
        stu.sex = Console.ReadLine();
        Console.Write("请输入修改后学生年龄：");
        stu.age = int.Parse(Console.ReadLine());
        Console.Write("请输入修改后学生部门：");
        stu.dept = Console.ReadLine();
        UpdateStudentInfoBySno(stu);
        Console.WriteLinc("修改后学生信息如下：");
        ShowStudentList(db.student.ToList());
        break;
    case "6":
        Console.Write("请输入待查找的学生学号：");
        sno = Console.ReadLine();
        ShowStudentList(GetStudentsBySno(sno));
        break;
    case "7":
        Console.Write("请输入待查找的学生性别：");
```

```
                    sex = Console.ReadLine();
                    ShowStudentList(GetStudentsBySex(sex));
                    break;
               case "0":
                    Console.WriteLine("谢谢使用,再见");
                    break;
               default:
                    Console.WriteLine("输入错误");
                    break;
          }
     } while (choice !="0");
}


//显示学生列表信息
static void ShowStudentList(List<student>list)
{
     if (list.Count ==0)
          Console.WriteLine("不存在学生信息");
     else
     {
          Console.WriteLine("学号\t\t姓名\t性别\t年龄\t部门");
          foreach (student stu in list)
               Console.WriteLine("{0}\t{1}\t{2}\t{3}\t{4}",stu.sno.Trim(),
stu.sname.Trim(),stu.sex,stu.age,stu.dept);
     }
}


//按性别查找学生信息
static List<student>GetStudentsBySex(string sex)
{
     List<student>stu = db.student.Where(s =>s.sex ==sex).ToList();
     return stu;
}


//按学号查找学生信息
static List<student>GetStudentsBySno(string sno)
{
     List<student>stu = db.student.Where(s =>s.sno ==sno).ToList();
     return stu;
}


//新增学生信息
static void InsertStudentInfo(student stu)
{
      var data = (from s in db.student where s.sno ==stu.sno  select s).
```

```
FirstOrDefault();
            if (data ==null)
            {
                db.student.InsertOnSubmit(stu);
                db.SubmitChanges();
                Console.WriteLine("插入学生信息成功!");
            }
            else
            {
                Console.WriteLine("该学生信息已存在,无法重复插入!");
            }
        }

        //按学号删除学生信息
        static void DeleteStudentInfoBySNo(string sno)
        {
            var stu = db.student.FirstOrDefault(s =>s.sno ==sno);
            if (stu !=null)
            {
                db.student.DeleteOnSubmit(stu);
                db.SubmitChanges();
                Console.WriteLine("删除成功!");
            }
            else
            {
                Console.WriteLine("无法删除不存在的数据!");
            }
        }

        //按部门删除学生信息
        static void DeleteStudentInfoByDept(string dept)
        {
            var stu = db.student.FirstOrDefault(s =>s.dept ==dept);
            if (stu !=null)
            {
                db.student.DeleteOnSubmit(stu);
                db.SubmitChanges();
                Console.WriteLine("删除成功!");
            }
            else
            {
                Console.WriteLine("无法删除不存在的数据!");
            }
        }

        //按学号修改学生信息
```

```
static void UpdateStudentInfoBySno(student stuInfo)
{
    var stu = db.student.SingleOrDefault<student>(s =>s.sno ==stuInfo.sno);
    if (stu ==null)
    {
        Console.WriteLine("学号错误,不存在该学生信息!");
        return;
    }
    else
    {
        stu.sname =stuInfo.sname;
        stu.age =stuInfo.age;
        stu.sex = stuInfo.sex;
        stu.dept = stuInfo.dept;
        db.SubmitChanges();
        Console.WriteLine("信息更新成功!");
    }
}

static void Main(string[] args)
{
    ShowMenuList();
}
```

}

步骤13:测试运行网站,输出学生信息功能如图 2.31 所示,新增学生信息功能如图 2.32 所示,删除学生信息功能如图 2.33 所示,修改学生信息功能如图 2.34 所示,查找学生功能如图 2.35 所示。

图 2.31　输出学生信息功能

图 2.32　新增学生信息功能

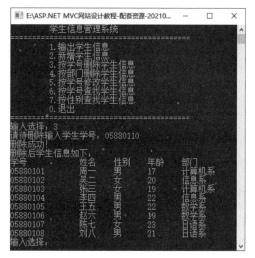

图 2.33　删除学生信息功能

图 2.34　修改学生信息功能

图 2.35　查找学生信息功能

第 3 章

EF 数据模型

本章导读

EF(Entity Framework)是模型开发中除 LINQ 外另一种常用设计模式,使用 EF 进行项目开发时不需要去学习 SQL 指令,程序员只要会应用 LINQ 就能很方便地操作 SQL Server 数据库。本章将学习基于 EF 的数据库优先、模型优先以及代码优先的三种设计模式进行模型的快速创建,以及如何调用相关方法对模型中数据进行增、删、改、查处理。

本章要点

- EF 数据模型
- EF 的三种设计模式
- EF 模型数据处理

3.1 Entity Framework 简介

视频讲解

　　EF(Entity Framework)是微软以 ADO.NET 为基础开发的对象关系映射(Object Relational Mapping,ORM)解决方案。作为一种 ORM 的数据访问框架,EF 将数据从对象自动映射到关系数据库,不需要编写大量的数据访问代码,只要会应用 LINQ 就可以如同 Object 对象一样方便地操作数据库,节省编写数据库访问代码的时间。

　　EF 框架具有良好的扩展性,除了可以访问 SQL Server 数据库,其他数据库只要按 EF 所提供的接口实现对应的 SQL 生成器与连接管理机制,就能在 EF 中得到支持,当前 EF 支持的主要数据库如表 3.1 所示。

表 3.1　EF 支持的主要数据库

数 据 库 名
Microsoft SQL Server(含 Express、Express LocalDb 及 Compact)
Oracle
MySql
IBM DB2、Informix 与 U2
Npgsql(PostgreSQL)
Sybase SQL Anywhere、Adaptive Server
SQLite
Synergy DBMS
Firebird
VistaDB

3.2　Entity Framework 设计模式

Entity Framework 在开发时主要有 Code First、Model First 以及 Database First 三种设计模式。对于初次使用 EF 的读者,建议从 Database First 模式开始学习,熟悉了 ObjectContext＜T＞和 LINQ to Entities 之后,再使用 Code First 模式和 Model First 模式进行实践。下面依次介绍这三种设计模式的基本用法。

视频讲解

3.2.1　Database First 模式

Database First 模式,即数据库优先设计模式,是指以数据库设计为基础,通过设计好的数据库自动生成实体数据模型,从而实现整个系统开发的设计流程,该模式设计较简单,适合对数据库有一定了解的初学者。

视频讲解

【例 3-1】　创建控制台应用程序,使用 EF 框架中的 Database First 模式,基于 Demo 数据库在项目中创建实体类。

步骤 1:Visual Studio 2017 菜单栏中选择"文件"→"新建"→"项目"选项,如图 3.1 所示。

步骤 2:创建控制台应用程序,命名为 EF-DatabaseFirst,如图 3.2 所示。

步骤 3:在控制台应用程序上右击,选择"添加"→"新建项"选项,如图 3.3 所示。

步骤 4:在"添加新项"窗口,选择 ADO.NET 实体数据模型,单击"添加"按钮,如图 3.4 所示。

步骤 5:在"实体数据模型向导"窗口的"选择模型内容"项中,选择"来自数据库的 EF 设计器",单击"下一步"按钮,如图 3.5 所示。

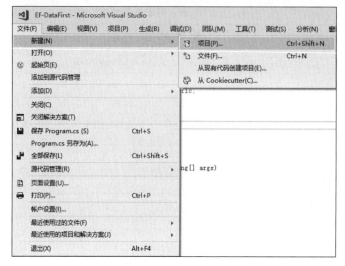

图 3.1　创建新项目

图 3.2　创建控制台应用程序

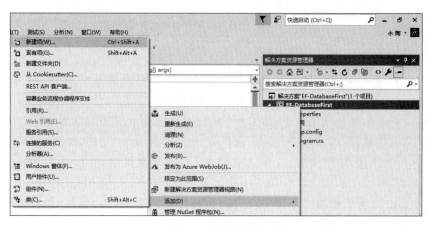

图 3.3　添加新项

图 3.4　添加实体数据模型

图 3.5　选择模型

步骤 6：在"实体数据模型向导"窗口的"选择您的数据连接"项中，单击"新建连接"按钮，弹出"连接属性"窗口，"数据源"项选择为 Microsoft SQL Server（SqlClient），"服务器名"项设置为.\sqlexpress，选择数据库名称项设置为 demo，单击"确定"按钮，如图 3.6 所示。

图 3.6　数据库连接设置

步骤7：默认将连接字符串保存到 App.Config 文件的 demoEntities 标签内。单击"下一步"按钮，如图 3.7 所示。

图 3.7　保存数据库连接字符串

步骤8：在"实体数据模型向导"窗口的"选择您的版本"项中，选择"实体框架6.x"版本，单击"下一步"按钮，如图3.8所示。

图3.8　选择实体框架版本

步骤9：在"实体数据模型向导"窗口的"选择您的数据库对象和设置"项中，选择数据库对象"表"，选中"确定所生成对象名称的单复数形式"项，单击"完成"按钮，如图3.9所示。

图3.9　选择数据库中对象

步骤 10：Visual Studio 将开始加入 EF 的程序包，以及自数据库中查询待导入的对象，并同步打开 EDM Designer 编辑页面。除此，还生成了包括数据集合类 Model1.Context.cs，以及各数据表对应的 student.cs、course.cs、sc.cs 等实体类，如图 3.10、图 3.11 所示。

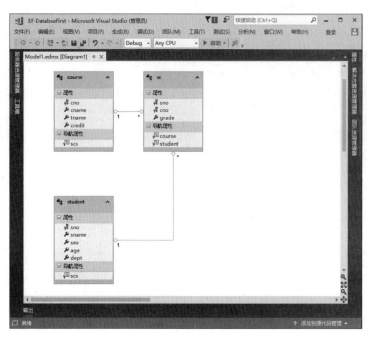

图 3.10　模型关系图

图 3.11　自动生成的文件

其中，数据集合类 Model1.Context.cs 主要代码如下。

```
public partial class demoEntities2 : DbContext
{
    public demoEntities2()
        : base("name=demoEntities2")
    {
    }

    protected override void OnModelCreating(DbModelBuilder modelBuilder)
    {
        throw new UnintentionalCodeFirstException();
    }
    public virtual DbSet<course>courses { get; set; }
    public virtual DbSet<sc>scs { get; set; }
    public virtual DbSet<student>students { get; set; }
}
```

实体类 sc.cs 中代码如下。

```
public partial class sc
```

```
{
    public int sno { get; set; }
    public int cno { get; set; }
    public Nullable<int> grade { get; set; }
    public virtual course course { get; set; }
    public virtual student student { get; set; }
}
```

步骤 11：创建完基本的模型后，打开 Program.cs 文件，添加基本的数据访问程序，进行数据访问，编辑代码如下。

```
class Program
{
    static void Main(string[] args)
    {
        demoEntities2 context=new demoEntities2();
        var students = from item in context.students
                    select new
                    {
                        no = item.sno,
                        name = item.sname,
                        age = item.age
                    };
        foreach (var item in students)
        {
            Console.WriteLine("No:{0},Name:{1},Age:{2}", item.no, item.name.Trim(),
item.age);
        }
    }
}
```

步骤 12：运行网站结果如图 3.12 所示。

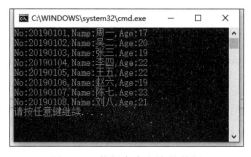

图 3.12　数据库中查询的数据

3.2.2　Model First 模式

　　Model First 模式,即模型优先设计模式,是从 EF 4 开始新增的功能,是指从实体数据模型入手,根据模型创建数据库的开发模式。Model First 模式是当前使用较多的一种开发模式,更符合面向对象的设计理念,只要在 Designer 内设计好模型的结构,就可以利用这个结构来生成数据库及对应代码。Model First 和 Database First 两种模式是可逆的,都可以得到数据库和实体数据模型。

　　【例 3-2】　创建控制台应用程序,按 Demo 数据库中数据表的结构设计模型,使用 EF 框架中的 Model First 模式,在项目中生成数据库以及代码。

　　步骤 1:创建控制台应用程序,命名为 EF-ModelFirst。

　　步骤 2:在控制台应用程序上右击,选择"添加"→"新建项"选项。在"添加新项"窗口,选择 ADO.NET 实体数据模型并命名为 Model,单击"添加"按钮。

　　步骤 3:在"实体数据模型向导"窗口的"选择模型内容"项中,选择"空 EF 设计器模型"选项,单击"完成"按钮,如图 3.13 所示。

图 3.13　实体数据模型向导

　　步骤 4:打开空白的 Designer 设计页面,工具箱会出现创建模型的控件,如同 Windows Forms 的窗体设计一样,可以从工具箱拖拽控件建立模型,如图 3.14 所示。

　　步骤 5:参考 Demo 数据库的模型,在工具箱中选中"实体",按住鼠标左键拖放到 Designer 内,产生新的模型,将名称改为 student,在模型上右击,选择"新增"→"标量属性"命令,可为其重命名,如图 3.15 所示。

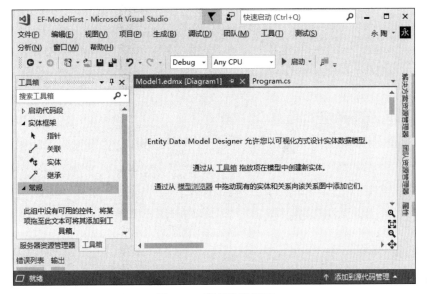

图 3.14　模型设计界面

步骤 6：新增并修改 student 实体的 sno、sname、sex、age 和 dept 五个属性，设计 student 实体模型如图 3.16 所示。

图 3.15　属性添加页面

图 3.16　student 实体模型

步骤 7：依次选中每个属性，在"属性"窗口的类型中按表 3.2 设置 sno、sname、sex、age 和 dept 五个属性的数据类型，如图 3.17 所示。

表 3.2　student 实体属性

属性名	字段描述	数据类型	主　　键	可否为 NULL
sno	学号	Int32	True	False
sname	姓名	String	False	False
sex	性别	String	False	True
age	年龄	Int32	False	True
dept	部门	String	False	True

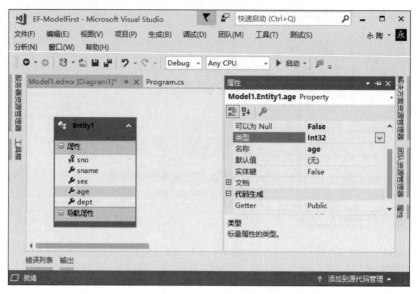

图 3.17　student 属性

步骤 8：创建另外两个新实体 course 和 sc，如图 3.18 所示。相关属性设置如表 3.3 和表 3.4 所示。

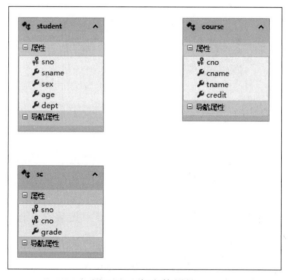

图 3.18　各实体属性

表 3.3　course 表实体属性

属性名	数据类型	主　　键	可否为 NULL
cno	Int32	True	False
cname	String	False	True
tname	String	False	False
credit	Int32	False	False

表 3.4 sc 表实体属性

属性名	数据类型	主　键	可否为 NULL
sno	Int32	True	False
cno	Int32	True	False
grade	Int32	False	False

步骤 9：建立实体之间的关联，为实体创建外键关联。在工具箱中选择"关联"选项，然后分别选中 student 和 sc 实体，添加关联线，一个 student 对象可以同时拥有多个 sc 对象，故为一对多的关系。同样为 course 实体和 sc 实体之间添加关联，如图 3.19 所示。

在建立关联的同时，会产生"导航属性"选项，通过导航属性，就能直接浏览关联好的对象。在 Designer 的空白处右击，在"属性"窗口将"以复数形式表示新对象"属性值设置为 True，如图 3.20 所示。该属性值为 True，student 产生数据表时对应的名称将设为 students，course 名称将设为 courses，sc 名称将设为 scs。

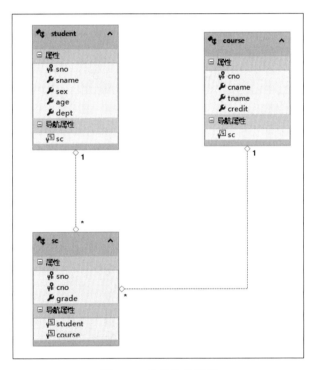

图 3.19 各实体关系图

图 3.20 模型属性设置

步骤 10：生成为数据库前，进行 DbContext 对象设置。在 Designer 上右击，选择"添加代码生成项"选项，如图 3.21 所示。

步骤 11：在"添加新项"窗口选择 DbContext 生成器，选择"EF 6.x DbContext 生成器"选项，单击"添加"按钮，如图 3.22 所示。

步骤 12：设置完成后，在 Model1.edmx 项目下新增了 Model1.Context.tt 和 Model1.tt 文件，如图 3.23 所示。

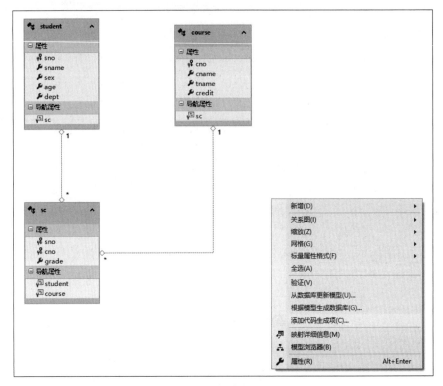

图 3.21 添加代码生成项

图 3.22 选择 EF 6.x DbContext 生成器

步骤 13：在 Designer 的空白处右击，选择"根据模型生成数据库"命令，如图 3.24 所示。

步骤 14：在"生成数据库向导"窗口单击"新建连接"按钮，按例 3-1 中数据库的连接步骤，连接到一个不含任何数据表的空白数据库 demo2(demo2 数据库需要读者自行创建)。

步骤 15：在"摘要和设置"选项中出现 DDL 项，显示数据库的定义语言命令画面，如图

图 3.23　新增模型代码

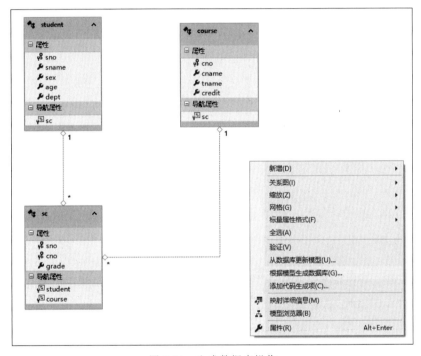

图 3.24　生成数据库操作

3.25 所示。若单击"上一步"按钮会回到"生成数据库"向导，单击"完成"按钮，Visual Studio 将自动生成 DDL 文件并打开，如图 3.26 所示。

步骤 16：直接单击左上角的 ▶ 按钮，可以将这个 DLL 送到 demo2 数据库执行，当执行完时，就可以看到数据库中创建了 studentSet、courseSet 以及 scSet 三张数据表，它们之间也设置了 Foreign Key 的关联。

图 3.25 "摘要和设置"显示

```
45   -- Creating table 'studentSet'
46   CREATE TABLE [dbo].[studentSet] (
47       [sno] int IDENTITY(1,1) NOT NULL,
48       [sname] nvarchar(max)  NOT NULL,
49       [sex] nvarchar(max)  NOT NULL,
50       [age] int  NOT NULL,
51       [dept] nvarchar(max)  NOT NULL
52   );
53   GO
54
55   -- Creating table 'courseSet'
56   CREATE TABLE [dbo].[courseSet] (
57       [cno] int IDENTITY(1,1) NOT NULL,
58       [cname] nvarchar(max)  NOT NULL,
59       [tname] nvarchar(max)  NOT NULL,
60       [credit] int  NOT NULL
61   );
62   GO
63
64   -- Creating table 'scSet'
65   CREATE TABLE [dbo].[scSet] (
66       [sno] int IDENTITY(1,1) NOT NULL,
67       [cno] int  NOT NULL,
68       [grade] int  NOT NULL,
69       [student_sno] int  NOT NULL,
70       [course_cno] int  NOT NULL
71   );
72   GO
```

图 3.26 自动生成 DDL 命令

如果使用的 Visual Studio 中未安装 SQL Server Data Tools,则无法在 Visual Studio 中直接执行命令。此时,可以将 DLL 复制到 SQL Server Management Studio 中执行,同样可以完成数据库架构更新的操作。

3.2.3 Code First 模式

Code First 模式,即代码优先设计模式,是通过编写程序代码的方式来定义数据的结构,根据项目需求,撰写数据上下文类,程序运行时依据类创建数据表及相关属性,并转换成实体模型。在开发中没有特别的 GUI 工具,使用数据库的相关概念创建相关模型,适合熟悉传统 ADO.NET 开发的技术人员使用。

视频讲解

【例 3-3】 创建控制台应用程序,按 Demo 数据库中的数据表的结构设计模型,使用 EF 框架中的 Code First 模式,对应的在项目中生成模型及数据库文件。

步骤 1:创建控制台应用程序,命名为 EF-CodeFirst。

步骤 2:控制台应用程序上右击,选择"添加"→"新建项"选项。在"添加新项"窗口,选择 ADO.NET 实体数据模型并命名为 Model1,单击"添加"按钮。

步骤 3:在"实体数据模型向导"窗口的"选择模型内容"项中,选择空 Code First 模型,单击"完成"按钮,如图 3.27 所示。

图 3.27 模型选择

步骤 4:添加完成后,Visual Studio 会打开生成好的 Code First 程序代码 Model1。该类继承自 DbContext,相关的定义规则在类中均以注释代码的形式给出,简单修改后即可使用。

Model1.cs 源代码如下。

```
public class Model1 : DbContext
    {
        //你的上下文已配置为从你的应用程序的配置文件(App.config 或 Web.config)
        //使用 Model1 连接字符串。默认情况下,此连接字符串针对你的 LocalDb 实例上的
        //EF_CodeFirst.Model1 数据库。
        //
        //如果想要针对其他数据库和/或数据库提供程序,请在应用程序配置文件中修改 Model1
        //连接字符串。
        public Model1()
            : base("name=Model1")
        {
        }
        //为你要在模型中包含的每种实体类型都添加 DbSet。有关配置和使用 Code First 模型
        //的详细信息,请参阅 http://go.microsoft.com/fwlink/? LinkId=390109。
        // public virtual DbSet<MyEntity> MyEntities { get; set; }
    }
    //public class MyEntity
    //{
    //    public int Id { get; set; }
    //    public string Name { get; set; }
    //}
```

步骤 5:修改 Model1.cs 文件,向 demo3 数据库创建一个 MyStudents 学生表,结构与 student 表一致,编辑 Model1.cs 文件的 Model1 类代码如下。

```
public class Model1 : DbContext
{
    public Model1()
        : base("name=Model1")
    {
    }
    public virtual DbSet<Student> MyStudents { get; set; }
}
```

新建 Student 类,编辑代码如下。

```
public class Student
{
    public int Id{ get; set; }            //int 类型的 Id 属性默认为实体表的主键
    public string Sname { get; set; }
    public string Sex { get; set;}
    public int Age { get; set; }
    public string Dept { set; get; }
}
```

使用编辑代码的方式编写 Code First 模型时,如果未使用系统自动创建的类,则需要在 App.config 或者 Web.config 中加入 EF 相关的配置,否则程序无法自动实现数据库的访问。

步骤 6:在 Code First 模式生成模型时,默认会使用 SQL Server Express LocalDb 作为目标的数据库服务器,如果要使用 demo3 数据库,需要对 App.config 中的属性进行设置。原设置如下。

```
<defaultConnectionFactory type="System.Data.Entity.Infrastructure.
SqlConnectionFactory, EntityFramework" />
<connectionStrings>
<add name ="Model1" connectionString ="data source = (LocalDb)\MSSQLLocalDB;
initial catalog=EF_CodeFirst.Model1;integrated security=True;
MultipleActiveResultSets=True; App = EntityFramework" providerName =" System.
Data.SqlClient" />
</connectionStrings>
```

修改 App.config 文件部分设置如下。

```
<defaultConnectionFactory type="System.Data.Infrastructure.
SqlConnectionFactory,EntityFramework">
<parameters>
< parameter  value =" Data  Srouce =. \ sqlexpress; Intergrated  Security = True;
MultipleActiveResultSets=True" />
</parameters>
</defaultConnectionFactory>
<connectionStrings>
<add name="Model1" connectionString="data source=.\sqlexpress;initial catalog=
demo3;integrated security=True;MultipleActiveResultSets=True;
App=EntityFramework" providerName="System.Data.SqlClient" />
</connectionStrings>
```

步骤 7:在 Program.cs 文件的主程序中编写程序代码如下。

```
class Program
{
    static void Main(string[] args)
    {
        Model1 model = new Model1();
        model.Database.CreateIfNotExists();
    }
}
```

步骤 8:执行应用程序,成功后查询数据库中数据表,如图 3.28 所示。

3.2.4 App.config 的相关设置

在 3.2.3 节中介绍了 Code First 模式生成数据库时,需要在 App.config 中进行相关的

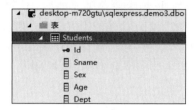

图 3.28 创建生成 student 表

设置。当需要变更数据库的类型时，需要对<deafultConnectionFactory>中的属性进行相关设置。当需要变更数据库名称或连接账户时，需要对<connectionStrings>内的连接字符串进行设置，常用的设置如下。

1. 设置数据库类型为 SQL Server（非 LocalDb）

```
< defaultConnectionFactory type="System.Data.Infastructure.SqlConnectionFactory,
EntityFramework">
<parameters>
< parameter value="Data Srouce=MyDatabaseServer;Intergrated Security=True;
MultipleActiveResultSets=True" />
</parameters>
</defaultConnectionFactory>
```

2. 设置数据库类型为 SQL Server Compact

```
<defaultConnectionFactory type="System.Data.Entity.Infastructure.
SqlCeConnectionFactory,EntityFramework">
<parameters>
<parameter value="System.Data.SqlServerCe.4.0" />
</parameters>
</defaultConnectionFactory>
```

3. 设置数据库类型为 SQL Server Express LocalDb

```
<defaultConnectionFactory type="System.Data.Entity.Infastructure.
LocalDbConnectionFactory,EntityFramework">
<parameters>
<parameter value="v12.0" />
</parameters>
</defaultConnectionFactory>
```

4. 设置 Code First 的连接字符串

```
<connectionStrings>
<add name="BlogContext" providerName="System.Data.SqlClient" connectionString=
"Server=(local);Database=Blogs;IntegratedSecurity=True;" />
</connectionStrings>
```

5. 设置 Database First/Model First 的连接字符串

```
<connectionStrings>
< add name =" BlogContext" connectionString =" metadata = res:// * /BloggingModel.
csdl|res:// * /BloggingModel.ssdl|res:// * /BloggingModel.msl;provider=System.
Data.SqlClient
provider connection string=&quot;data source=(localdb)\v11.0;initial catalog=
Blogs;integratedsecurity=True;multipleactiveresultsets=True;&quot;
"providerName="System.Data.EntityClient" />
</connectionStrings>
```

3.2.5　由数据库生成模型

对已经存在的数据库也可以直接使用 Code First 模型,基本方法是在 ADO.NET 实体数据模型向导中选择"来自数据库的 Code First"选项,如图 3.29 所示。其他的操作和 Database First 模式的设计步骤基本相同。只是在 Code First 模式的设计对象中不支持存储过程和函数,如图 3.30 所示。

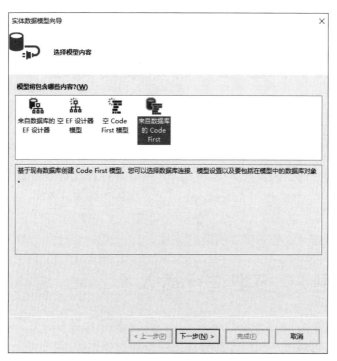

图 3.29　实体模型选择

图 3.30 数据库对象选择

视频讲解

3.3 Entity Framework 数据处理

3.3.1 使用 EF 模型进行查询

与 LINQ 模型查询记录数据类似，使用 EF 模型进行查询也是需要先使用数据上下文类构建查询的数据源，然后使用 Lamdba 表达式添加必要的查询条件，将查询的结果返回。

在 Database First 模式设计创建对象中均实现了查询操作，只是数据源类型和方法调用上有部分细小差别。此处不再举例说明。

3.3.2 使用 EF 模型进行插入

使用 EF 插入数据时，首先创建一条记录，然后判断该记录对应的主键在数据源中是否存在，如果不存在，则调用 Add() 方法将该记录添加到数据源，调用 SaveChanges() 方法保存修改。

【例 3-4】 创建控制台应用程序，使用 EF 创建模型，并使用基于 Lambda 表达式的查询方法实现学生信息的插入操作。

步骤 1：按例 3-1 的步骤 1～步骤 10 创建项目控制台应用程序。

步骤 2：创建完基本的模型后，打开 Program.cs 文件，添加基本的数据访问程序，进行插入操作访问，编辑代码如下。

```
class Program
{
    static void Main(string[] args)
    {
        demoEntities db = new demoEntities();
        var data = (from s in db.students where s.sno == "05881024" select s).
FirstOrDefault();
        //如果没有该数据,则执行插入语句
        if (data ==null)
        {
            student stu = new student
            {
                sno = "05881024",
                sname = "李明明",
                age = 20
            };
        //执行插入操作
        db.students.Add(stu);
        db.SaveChanges();
            Console.WriteLine("插入成功!");
        }
        //如果该数据已存在
        else
        {
            Console.WriteLine("无法插入已存在数据!");
        }
        Console.Read();
    }
}
```

步骤 3：实现功能和例 2-10 完全一致。

3.3.3 使用 EF 模型进行修改

使用 EF 修改数据时,首先检查该记录是否存在,如果存在则对记录的相关属性进行重新赋值,调用 SaveChanges()方法保存数据源的修改。因数据可能存在外键关系,故通常情况主键不允许修改。

【例 3-5】 创建控制台应用程序,使用 EF 创建模型,并使用基于 Lambda 表达式的查询方法实现学生信息的修改操作。

步骤 1：按例 3-1 的步骤 1～步骤 10 创建项目控制台应用程序。

步骤 2：创建完基本的模型后,打开 Program.cs 文件,添加基本的数据访问程序,进行修改操作。编辑代码如下。

```
class Program
{
    static void Main(string[] args)
    {
        demoEntities db = new demoEntities();
        string sno = "05880101";
        //取出 student 数据
        var stu = db.students.SingleOrDefault<student>(s =>s.sno ==sno);
        if (stu ==null)
        {
            Console.WriteLine("学号错误,不存在该学生信息!");
            return;
        }
        else
        {
            //修改 student 的属性
            stu.sname = "张小三";
            stu.age = 22;
            //执行更新操作
            db.SaveChanges();
            Console.WriteLine("信息更新成功!");
        }
        Console.Read();
    }
}
```

步骤 3：实现功能和例 2-11 完全一致。

3.3.4 使用 EF 模型进行删除

使用 EF 删除数据时,首先检查该记录是否存在,如果存在则调用 Remove()方法从数据源中移除该记录,然后调用 SaveChanges()方法对数据源进行保存。

【例 3-6】 创建控制台应用程序,使用 EF 创建模型,并使用基于 Lambda 表达式的查询方法实现学生信息的删除操作。

步骤 1：按例 3-1 的步骤 1～步骤 10 创建项目控制台应用程序。

步骤 2：创建完基本的模型后,打开 Program.cs 文件,添加基本的数据访问程序,进行插入操作访问。编辑代码如下。

```
class Program
{
    static void Main(string[] args)
    {
        demoEntities db = new demoEntities();
```

```
        string sno = "05881024";
        var stu = db.students.FirstOrDefault(s =>s.sno ==sno);
        if (stu !=null)
        {
            db.students.Remove(stu);
            db.SaveChanges();
            Console.WriteLine("删除成功!");
        }
        else
        {
            Console.WriteLine("无法删除不存在的数据!");
        }
        Console.Read();
    }
}
```

步骤 3：实现功能和例 2-12 完全一致。

3.4 小结

本章主要介绍了 EF 的基本特征及优点；对于 EF 中的 Code First 模式、Model First 模式以及 Database First 模式分别以实例进行了详细的讲解；使用 EF 模型进行了数据的基本增、删、改、查处理。

3.5 习题

一、选择题

1. Entity Framework 包含的开发模式是（ ）。

    A. Code First 模式　　　　　　　　　　B. Model First 模式

    C. Database First 模式　　　　　　　　D. 以上都是

2. Entity Framework 主要功能是（ ）。

    A. 数据库的数据维护　　B. 提高服务器性能　C. 分布式开发　　　D. 云计算

3. 采用 Entity Framework 技术对数据库进行操作，以下说法不正确的是（ ）。

    A. 不需要 SQL 语句即可完成数据库的操作

    B. Entity Framework 技术使 Visual Studio 拥有了自己的操作数据库功能

    C. Entity Framework 技术使用了 SQL 语法

    D. 采用 Entity Framework 技术使代码更短小精悍

4. 采用 Entity Framework 进行 Code First 模式开发时，需要(　　)。
A. 先建立数据库，再进行其他的开发
B. 先编写代码，再进行其他的开发
C. 数据库和代码同步创建
D. 数据库和代码创建的先后顺序任意

5. 下列数据库可以在 EF 支持使用的是(　　)。
A. SQL Server　　B. Oracle　　C. MySQL　　D. 以上都可以

二、填空题

1. Entity Framework 支持 Database First、Model First 和________三种开发模式。
2. EF 将通过________类访问数据库，实现创建、读取、更新和删除等数据操作。
3. 使用 Entity Framework 需要引用命名空间________。
4. 在数据上下文类中的________函数中可指定连接字符串的名字。
5. ________和________两种模式是可逆的，都可以得到数据库和实体数据模型。

三、简答题

1. 简要介绍 Entity Framework 的三种开发模式。
2. 简要介绍 Entity Framework 的三种开发模式各自的优缺点。

综合实验三：基于 EF 数据模型的课程管理系统

主要任务：

创建控制台应用程序，使用 EF 创建模型，实现课程信息管理系统的基本功能。

实验步骤：

步骤 1：使用 SQL Server 2012 数据库管理系统中 Demo 数据库的 course 数据表，添加部分测试数据，如图 3.31 所示。

cno	cname	tname	credit
c1	database	张老师	4
c2	java	王老师	4
c3	maths	李老师	3
c4	english	赵老师	5
c5	japanese	陈老师	5

图 3.31　course 表测试数据

步骤 2：在 Visual Studio 2017 菜单栏中选择“文件”→“新建”→“项目”选项，如图 3.32 所示。

步骤 3：创建控制台应用程序，命名为“综合实验三”，如图 3.33 所示。

步骤 4：在控制台应用程序上右击，选择“添加”→“新建项”命令，如图 3.34 所示。

步骤 5：在“添加新项”窗口，选择“ADO.NET 实体数据模型”项，单击“添加”按钮，如图 3.35 所示。

步骤 6：在“实体数据模型向导”窗口的选择模型内容项中，选择“来自数据库的 EF 设计器”项，单击“下一步”按钮，如图 3.36 所示。

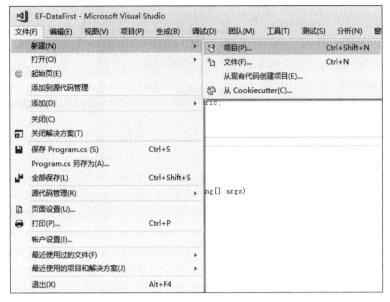

图 3.32　创建新项目

图 3.33　创建控制台应用程序

步骤 7：在"实体数据模型向导"窗口的"选择您的数据连接"项中，单击"新建连接"按钮，弹出"连接属性"窗口，"数据源"项选择为 Microsoft SQL Server（SqlClient），"服务器名"项设置为.\sqlexpress，选择或输入数据库名称项设置为 demo，单击"确定"按钮，如图 3.37 所示。

步骤 8：默认将连接字符串保存到 App.Config 文件的 demoEntities 标签内。单击"下一步"按钮，如图 3.38 所示。

步骤 9：在"实体数据模型向导"窗口的"选择您的版本"项中，选择"实体框架 6.x"版

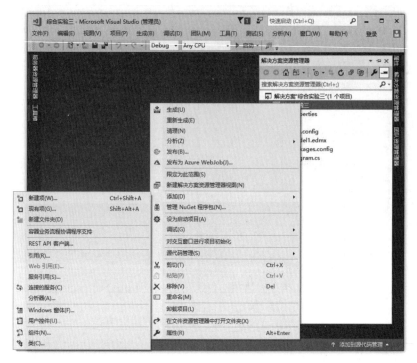

图 3.34　添加新项

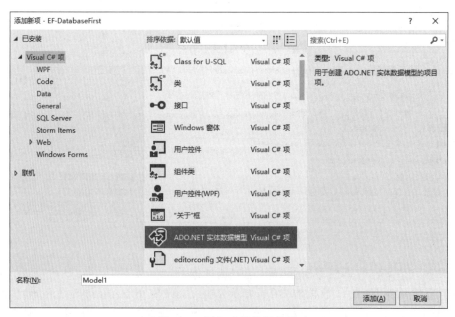

图 3.35　添加实体数据模型

本,单击"下一步"按钮,如图 3.39 所示。

　　步骤 10:在"实体数据模型向导"窗口的"选择您的数据库对象和设置"项中,选择数据库对象"表",选中"确定所生成对象名称的单复数形式"复选框,单击"完成"按钮,如图 3.40 所示。

图 3.36　选择数据库优先设计模型

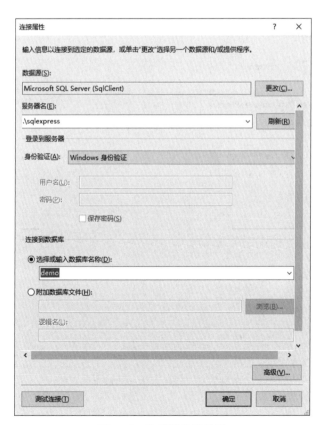

图 3.37　数据库连接设置

图 3.38 保存数据库连接字符串

图 3.39 选择实体框架版本

图 3.40　选择数据库中对象

步骤 11：Visual Studio 将开始加入 EF 的程序包，以及自数据库中查询待导入的对象，并打开 EDM Designer 编辑页面。除此还包括数据集合类 Model1.Context.cs，以及数据表对应的 course.cs 实体类，如图 3.41 所示。

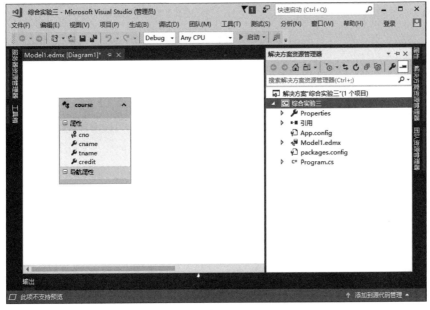

图 3.41　模型关系图

步骤 12：创建完基本的模型后，打开 Program.cs 文件，添加基本的菜单显示方法以及课程信息的增删改查方法，实现课程数据表的数据访问功能。编辑代码如下。

```
using System;
using System.Collections.Generic;
using System.Linq;

namespace 综合实验三
{
    class Program
    {
        static demoEntities db = new demoEntities();
        static course cour;

        //选择式菜单
        static void ShowMenuList()
        {
            string choice, cno, cname;
            Console.WriteLine("          课程信息管理系统");
            Console.WriteLine("===================================");
            Console.WriteLine("          1.输出课程信息");
            Console.WriteLine("          2.新增课程信息");
            Console.WriteLine("          3.按课程号删除课程信息");
            Console.WriteLine("          4.按课程名删除课程信息");
            Console.WriteLine("          5.按课程号修改课程信息");
            Console.WriteLine("          6.按课程号查找课程信息");
            Console.WriteLine("          7.按课程名查找课程信息");
            Console.WriteLine("          0.退出");
            Console.WriteLine("===================================");
            do
            {
                Console.Write("输入选择: ");
                choice = Console.ReadLine();
                switch (choice)
                {
                    case "1":
                        ShowCourseList(db.courses.ToList());
                        break;
                    case "2":
                        cour = new course();
                        Console.Write("请输入新增课程号: ");
                        cour.cno = Console.ReadLine();
                        Console.Write("请输入新增课程名: ");
                        cour.cname = Console.ReadLine();
                        Console.Write("请输入新增课程授课教师名: ");
```

```
            cour.tname = Console.ReadLine();
            Console.Write("请输入新增课程学分: ");
            cour.credit = int.Parse(Console.ReadLine());
            InsertCourseInfo(cour);
            Console.WriteLine("新增后课程信息如下: ");
            ShowCourseList(db.courses.ToList());
            break;
    case "3":
            Console.Write("请输入待删除课程号: ");
            cno = Console.ReadLine();
            DeleteCourseInfoByCNo(cno);
            Console.WriteLine("删除后课程信息如下: ");
            ShowCourseList(db.courses.ToList());
            break;
    case "4":
            Console.Write("请输入待删除课程名: ");
            cname = Console.ReadLine();
            DeleteCourseInfoByCname(cname);
            Console.WriteLine("删除后课程信息如下: ");
            ShowCourseList(db.courses.ToList());
            break;
    case "5":
            cour = new course();
            Console.Write("请输入待修改的课程号: ");
            cour.cno = Console.ReadLine();
            Console.Write("请输入修改后课程名: ");
            cour.cname = Console.ReadLine();
            Console.Write("请输入修改后课程授课教师名: ");
            cour.tname = Console.ReadLine();
            Console.Write("请输入修改后课程学分: ");
            cour.credit = int.Parse(Console.ReadLine());
            UpdateCourseInfoByCno(cour);
            Console.WriteLine("修改后课程信息如下: ");
            ShowCourseList(db.courses.ToList());
            break;
    case "6":
            Console.Write("请输入待查找的课程号: ");
            cno = Console.ReadLine();
            ShowCourseList(GetCoursesByCno(cname));
            break;
    case "7":
            Console.Write("请输入待查找的课程名: ");
            cname = Console.ReadLine();
            ShowCourseList(GetCoursesByCname(cno));
            break;
```

```
                case "0":
                    Console.WriteLine("谢谢使用,再见");
                    break;
                default:
                    Console.WriteLine("输入错误");
                    break;
            }
        } while (choice !="0");
    }

    //显示课程列表信息
    static void ShowCourseList(List<course>list)
    {
        if (list.Count ==0)
            Console.WriteLine("不存在课程信息");
        else
        {
            Console.WriteLine("课程号\t\t课程名\t授课教师名\t学分");
            foreach (course cour in list)
                Console.WriteLine("{0}\t\t{1}\t\t{2}\t\t{3}", cour.cno.Trim(),
cour.cname.Trim(), cour.tname, cour.credit);
        }
    }

    //按课程号查找课程信息
    static List<course> GetCoursesByCno(string cno)
    {
        List<course> courses = db.courses.Where(c =>c.cno ==cno).ToList();
        return courses;
    }
    //按课程名查找课程信息
    static List<course> GetCoursesByCname(string cname)
    {
        List<course> courses = db.courses.Where(c =>c.cname ==cname).ToList();
        return courses;
    }
    //新增课程信息
    static void InsertCourseInfo(course cour)
    {
        var data = (from c in db.courses where c.cno ==cour.cno select c).
FirstOrDefault();
        if (data ==null)
        {
            db.courses.Add(cour);
            db.SaveChanges();
```

```
        Console.WriteLine("插入课程信息成功!");
    }
    else
    {
        Console.WriteLine("该课程信息已存在,无法重复插入!");
    }
}


//按课程号删除课程信息
static void DeleteCourseInfoByCNo(string cno)
{
    var cour = db.courses.FirstOrDefault(c =>c.cno ==cno);
    if (cour !=null)
    {
        db.courses.Remove(cour);
        db.SaveChanges();
        Console.WriteLine("删除课程信息成功!");
    }
    else
    {
        Console.WriteLine("无法删除不存在的课程信息!");
    }
}


//按课程名删除课程信息
static void DeleteCourseInfoByCname(string cname)
{
    var cour = db.courses.FirstOrDefault(c =>c.cname ==cname);
    if (cour !=null)
    {
        db.courses.Remove(cour);
        db.SaveChanges();
        Console.WriteLine("删除课程成功!");
    }
    else
    {
        Console.WriteLine("无法删除不存在的课程信息!");
    }
}


//按课程号修改课程信息
static void UpdateCourseInfoByCno(course cour)
{
    var course = db.courses.SingleOrDefault<course>(c =>c.cno ==cour.cno);
    if (course ==null)
```

```
            {
                Console.WriteLine("课程号错误,不存在该课程信息!");
                return;
            }
            else
            {
                course.cname = cour.cname;
                course.tname = cour.tname;
                course.credit = cour.credit;
                db.SaveChanges();
                Console.WriteLine("课程信息更新成功!");
            }
        }


        static void Main(string[] args)
        {
            ShowMenuList();
        }
    }
}
```

步骤 13:测试运行网站,输出课程信息功能如图 3.42 所示,新增课程信息功能如图 3.43 所示,删除课程信息功能如图 3.44 所示,修改课程信息功能如图 3.45 所示,查找课程功能如图 3.46 所示。

图 3.42　输出课程信息功能

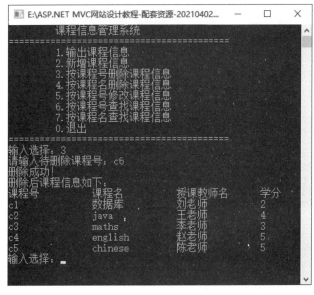

图 3.43 新增课程信息功能

图 3.44 删除课程信息功能

图 3.45　修改课程信息功能

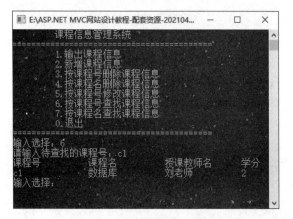

图 3.46　查找课程信息功能

第4章

数据验证与注解

本章导读

网站设计中数据验证和数据注解是系统不可小觑的模块,可以起到屏蔽网络攻击、保障数据安全、确保数据合理性、防止垃圾数据等作用。本章将学习如何在 ASP.NET MVC 模型设计中直接使用数据显示注解以及数据验证属性增强网站的友好性与健壮性。

本章要点

- 客户端验证与服务器端验证
- 内置验证属性
- 远程验证属性
- 自定义数据验证
- 数据显示注解
- 数据验证注解

数据验证属性主要的作用是验证数据的有效性,在 Web 的表单获取用户信息时常使用。如登录、注册等页面用户输入信息时,如果不输入,页面上会提示"不能为空"信息;如果输入的内容不符合标准,则会提示"格式不正确"信息。数据注解属性主要用于加强对数据的解释,可以提升页面中关键字段显示的友好性。

4.1　服务器端验证与客户端验证

视频讲解

在 ASP.NET MVC Web 开发中,按处理验证的位置可以分为客户端验证和服务器端验证。客户端的验证基本上用脚本代码实现,如 JavaScript 或 VBScript 等。验证过程不提交到远程服务器,可以提供快速反馈,使用户能够及时察觉所填写数据的不合法性,给人一种运行桌面应用程序的感觉。服务器端验证通常用高级语言编写代码实现,如 C♯ 或 VB 等。所有的验证过程都交到远程服务器处理,可以用来避免出现一些漏洞或者异常。所有客户端输入的内容,都将送往服务器处理,验证数据的有效性。

客户端和服务器端验证各自的优缺点如下。

1. 客户端验证的优点

(1) 本地机验证、方便、快捷。

(2) 可以减少服务器负载。

(3) 缩短用户等待时间。

(4) 用户体验好。

2. 客户端验证的缺点

(1) 只适用于满足字符、数字等特点规则的应用,无法适应复杂的规则。

(2) 兼容性不好。

3. 服务器端验证的优点

(1) 安全性高。

(2) 兼容性强。

(3) 可以对复杂的规则进行验证。

4. 服务器端验证的缺点

(1) 服务器负载重。

(2) 用户等待时间长。

(3) 用户体验一般。

两种验证各有利弊,选择哪种验证当以适用、高效、快速为标准,按项目需求而定。如果只进行数字验证、字符检测、简单规则条件、为空判断等验证通常选择客户端验证,对于涉及数据库、复杂算法、复杂规则条件等的验证则采用服务器端验证。

4.2 数据验证

4.2.1 ASP.NET MVC 内置数据验证属性

视频讲解

相比于 jQuery 插件或者 AJAX 第三方验证,基于 ASP.NET MVC 框架的内置数据验证使用更加方便。下面对 ASP.NET MVC 内置数据验证属性进行详细讲解。常使用的 ASP.NET MVC 内置数据验证属性如表 4.1 所示。

表 4.1　ASP.NET MVC 内置数据验证属性

属性名	说　　明
Required	必填验证
StringLength	输入长度验证(可用于密码输入字段)
Range	输入取值范围验证
RegularExpression	正则表达式验证,必须符合某个正则表达式
Compare	比较验证

续表

属性名	说　　明
MinLength	输入字符串的最小长度验证(可用于密码输入字段)
MaxLength	输入字符串的最大长度验证(可用于密码输入字段)
Remote	回调验证,返回值为 true 表示验证通过
EmailAddress	电子邮件地址验证
Phone	电话验证
CreditCard	信用卡号码验证
Url	URL 验证
OutputCache	页面缓存

在 ASP.NET MVC 中,Required、StringLength、RegularExpression、Range、Compare 验证属性定义在 System.ComponentModel.DataAnnotations 命名空间中,在使用验证属性前,需要引入该命名空间。MinLength 和 MaxLength 是 Entity Framework 4 组件中新增的属性,除了要引用 System.ComponentModel.DataAnnotations 命名空间以外,还需要在项目中添加 Entity Framework.dll 组件。MinLength 和 MaxLength 可以应用于 String 类型和 byte[]数组类型的字段上,指定该字段所允许的最小值和最大值,而 StringLength 只能应用于 String 类型的字段上。

实际应用中如果单一某验证属性无法满足验证需求,可以将两个及两个以上验证属性组合使用。如密码字段要求必填且不少于 6 位,可以使用必填验证属性 Required 和最小输入长度验证属性 MinLength 一起进行验证。

【例 4-1】 创建一个注册页面,使用数据验证属性对输入信息进行验证。

步骤 1: 添加命名空间的引用。

```
using System.ComponentModel.DataAnnotations;
```

步骤 2: 创建实体类,编辑代码如下。

```
Models: UserInfo.cs
public class UserInfo
{
    //用户名必填
    [DisplayName("用户名")]
    [Required(ErrorMessage ="{0}用户名必须填写")]
    public string UserName { get; set; }

    //密码必填,且至少 6 位
    [Required(ErrorMessage ="{0}密码不可以为空")]
    [StringLength(10,ErrorMessage ="密码 6-10 位之间", MinimumLength = 6)]
    public string Password { get; set; }
```

```
//验证两次输入的密码是否一致
[Required]
[Compare("Password", ErrorMessage = "两次密码输入不一致")]
public string ConfirmPassword { get; set; }

//邮箱地址为必填,且满足格式要求
[Required]
[RegularExpression(@"[A-Za-z0-9._%+-]+@[A-Za-z0-9.-]+\.[A-Za-z]{2,4}",
ErrorMessage="邮箱格式不正确")]
public string Email { get; set; }

//年龄为必填,且 1~100 岁之间
[Required]
[Range(1, 100, ErrorMessage="字段 Age 必须在 1 和 100 之间")]
public int Age { get; set; }
}
```

步骤 3:分别创建控制器和视图,运行网站如图 4.1～图 4.3 所示。控制器和视图的创建将在后续章节介绍,此处先直接查看运行结果。

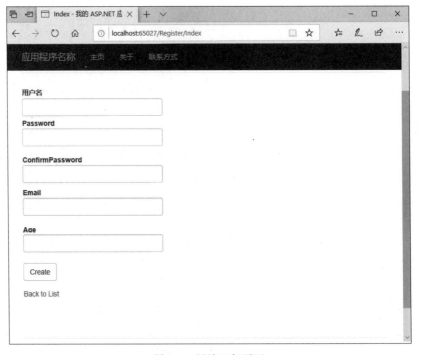

图 4.1　网站运行页面

注意:

(1) 用户名 UserName 通过[DisplayName("用户名")]属性在视图中显示了别名。对应需要添加 System.ComponentModel 命名空间的引用。

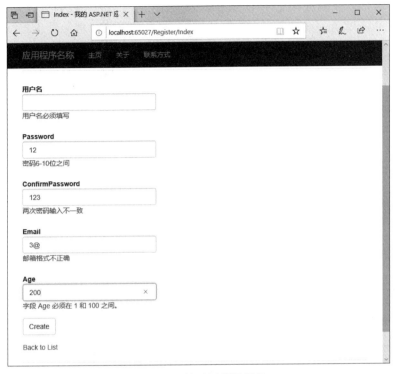

图 4.2　网站验证错误提示

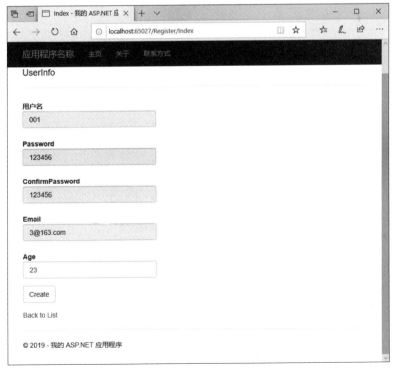

图 4.3　网站验证正确显示

（2）每个验证属性都包含[ErrorMessage]属性，[]括起来的属性为可选属性，可以为该属性赋值也可以不赋值。如果不指定该属性值，ASP.NET MVC框架会指定默认错误提示值，但默认值中常含有某些专业词汇，为了呈现更友好提示，通常指定自定义值。

（3）[Required(属性：[ErrorMessage])]必填验证，通过 ErrorMessage 属性可设置未通过验证时错误信息。

（4）[StringLength(int maxNumLength,属性：[ErrorMessage],[MinimumLength])]长度验证，参数 maxNumLength 为允许输入的最大长度，ErrorMessage 属性表示未通过验证时错误信息，MinimumLength 表示允许输入的最小长度。

（5）[Compare(string otherProperty,属性：[ErrorMessage])]比较验证，参数 otherProperty 表示要与当前属性进行比较的其他属性，ErrorMessage 属性表示未通过验证时错误信息。

（6）[Range(double mininum,double maxinum,属性：[ErrorMessage])]范围验证，参数 mininum 表示范围的最小值，参数 maxinum 表示范围的最大值，ErrorMessage 属性表示未通过验证时错误信息。

（7）[RegularExpression(string pattern,属性：[ErrorMessage])]正则表达式验证，参数 pattern 表示用来验证字段的正则表达式，ErrorMessage 属性表示未通过验证时错误信息。常用的正则表达式字符说明如表 4.2 所示。

表 4.2　正则表达式字符说明

正则表达式字符	说　　明
\	将下一个字符标记为一个特殊字符，或一个原义字符，或一个向后引用，或一个八进制转义符
^	匹配输入字符串的开始位置
$	匹配输入字符串的结束位置
*	匹配前面的子表达式零次或多次
+	匹配前面的子表达式一次或多次
?	匹配前面的子表达式零次或一次
{n}	n 是一个非负整数，匹配确定的 n 次
{n,}	n 是一个非负整数，至少匹配 n 次
{n,m}	m 和 n 均为非负整数，其中 n <= m，最少匹配 n 次且最多匹配 m 次
x|y	匹配 x 或 y
[xyz]	字符集合，匹配所包含的任意一个字符
[^xyz]	负值字符集合，匹配未包含的任意字符
[a-z]	字符范围，匹配指定范围内的任意字符
[^a-z]	负值字符范围，匹配任何不在指定范围内的字符

续表

正则表达式字符	说　　明
\d	匹配一个数字字符,等价于 [0-9]
\D	匹配一个非数字字符,等价于 [^0-9]
\f	匹配一个换页符,等价于 \x0c 和 \cL
\n	匹配一个换行符,等价于 \x0a 和 \cJ
\r	匹配一个回车符,等价于 \x0d 和 \cM

4.2.2　ASP.NET MVC 远程验证属性

Remote 回调验证,即字段的远程验证。Remote 属性利用服务器端的回调函数执行客户端的验证逻辑,当执行到 Remote 特性的元数据时,会自动地调用相应的控制器下的 Action 完成远程数据验证。与其他的验证属性不同,Remote 所属的命名空间为 System. Web.Mvc,并且需要在 Scripts 文件夹中导入 jquery. validate. js 和 jquery. validate. unobtrusive.js 两个文件。

Remote 远程验证的语法格式如下。

```
[Remote(string action,string controller,属性:ErrorMessage]
```

参数 action 表示要调用的方法名,参数 controller 表示要调用的方法所在的控制器名,ErrorMessage 属性表示未通过验证时错误信息。

【例 4-2】　在例 4-1 基础上增加验证功能,新会员注册时要求注册邮箱不允许重复,即需检查数据库中是否已存在该邮箱(此处简化要求邮箱不能为 default@163.com),使用 Remote 属性进行验证。

步骤 1：添加命名空间的引用。

```
using System.Web.Mvc;
```

步骤 2：在 UserInfo 实体类中,添加对 Email 属性的验证如下。

```
//调用 Register 控制器中的 CheckEmail 方法,进行远程邮件格式验证
[Remote("CheckEmail", "Register", ErrorMessage ="邮箱已经存在")]
public string Email { get; set; }
```

步骤 3：在 Register 控制器中创建 CheckEmail 方法。

```
public ActionResult CheckEmail(string email)
{
    if ( email=="default@163.com")
    {
        return Json("邮箱"+email+"已经存在", JsonRequestBehavior.AllowGet);
    }
```

```
        return Json(true, JsonRequestBehavior.AllowGet);
    }
```

步骤 4：运行网站，客户端运行中将调用 Register 控制器中的 CheckEmail 方法进行数据验证，如图 4.4 所示。

图 4.4　邮箱验证错误提示

JsonRequestBehavior.AllowGet 属性和 Json()方法为 jQuery 中特定用法，此处不进行详细讲解。

4.2.3　自定义数据验证

ASP.NET MVC 除了特定的属性验证，还具有强大的扩展性，允许继承某个验证类创建自定义的验证规则完成某些特殊的验证。例如，在输入部门代码时，要求不能输入汉字，可以创建自定义验证来实现。

```
public class DeptAttribute : RegularExpressionAttribute
{
    public DeptAttribute() : base(@"/[\u4E00-\u9FA5]/g ")
    { }
}
```

创建 DeptAttribute 自定义验证属性以后，所有部门信息输入时都可以直接使用该自定义验证属性进行验证。

```
[DeptAttribute(ErrorMessage ="部门代码不能含有中文")]
public string DeptNo{get;set;}
```

4.3　数据注解

4.3.1　数据显示注解

数据注解也称数据显示注解，主要作用是提升页面关键字段显示的友好性，例如字段 FirstName 在页面显示时设置为更合理的 First Name 等。ASP.NET MVC 中常用的数据显示注解如表 4.3 所示。

视频讲解

表 4.3　ASP.NET MVC 内置数据显示相关注解

属性名	说　　明
Dispaly	设置字段的显示名称
DisplayName	指定本地化的字符串（习惯用语类）
ScaffoldColumn	隐藏 HTML 辅助方法
DisplayFormat	设置数据字段的格式
ReadOnly	设置数据字段是否只读
EditAble	设置数据字段是否可编辑
DataType	设置属性的数据类型
UIHint	设置动态数据用来显示数据字段的模板
HiddenInput	设置是否将属性值或字段值呈现为隐藏的 input 元素

【例 4-3】　创建一个商品详情页面，对各字段使用显示注解进行注释，并运行测试。

步骤 1：添加命名空间的引用。

```
using System.ComponentModel;
using System.ComponentModel.DataAnnotations;
using System.Web.Mvc;
```

步骤 2：创建实体类，编辑代码如下。

```
public class Product
{
    [DisplayName("商品名")]
    public string ProductName { get; set; }
    [DataType(DataType.Date)]
    [DisplayName("生产日期")]
    public DateTime ProDate { get; set; }
    [HiddenInput(DisplayValue = false)]
    public string ProWorker { get; set; }
    [DisplayFormat(ApplyFormatInEditMode = true, DataFormatString = "{0:c}")]
```

```
    [DisplayName("价格")]
    public decimal Price { get; set; }
}
```

步骤 3：创建控制器类，编辑代码如下。

```
public class ProductController : Controller
{
    // GET: Product
    public ActionResult Index()
    {
        Models.Product product = new Models.Product() { ProductName = "0.5 mm 签字
笔", ProDate = DateTime.Parse("2018-03-08"), ProWorker = "李红", Price =decimal.
Parse( "8.5") };
        return View(product);
    }
}
```

步骤 4：添加视图，源代码如下。

```
@model WebApplication6.Models.Product
@{
    ViewBag.Title = "Index";
}
<h2>Index</h2>
<div>
<h4>Product</h4>
<hr />
<dl class="dl-horizontal">
<dt>
        @HTML.DisplayNameFor(model =>model.ProductName)
</dt>
<dd>
        @HTML.DisplayFor(model =>model.ProductName)
</dd>
<dt>
        @HTML.DisplayNameFor(model =>model.ProDate)
</dt>
<dd>
        @HTML.DisplayFor(model =>model.ProDate)
</dd>
<dt>
        @HTML.DisplayNameFor(model =>model.ProWorker)
</dt>
<dd>
```

```
            @HTML.DisplayFor(model =>model.ProWorker)
</dd>
<dt>
            @HTML.DisplayNameFor(model =>model.Price)
</dt>
<dd>
            @HTML.DisplayFor(model =>model.Price)
</dd>
</dl>
</div>
<p>
    @HTML.ActionLink("Edit", "Edit", new { /* id = Model.PrimaryKey */ }) |
    @HTML.ActionLink("Back to List", "Index")
</p>
```

步骤 5：运行网站如图 4.5 所示，可清晰地看到商品名称显示为汉字，生产日期为日期类型，价格显示为中文货币类型。

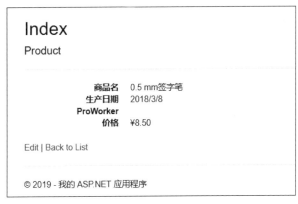

图 4.5　数据注解显示

注意：

（1）［DisplayName(string displayName)］用于定义属性的显示名称，参数 displayName 为显示的字段名，需要添加 System.ComponentModel 命名空间的引用。

（2）［DisplayFormat（属性：［ApplyFormatInEditMode］，［DataFormatString］，［NullDisplayText］)］用于指定数据字段的显示格式，［ApplyFormatInEditMode］属性用于设置编辑模式是否应用该模式，［DataFormatString］属性用于设置格式字符串。［NullDisplayText］属性用于设置空值(Null)字段的显示文本。

（3）［DataType(DataType dataType，属性：［errorMessage］)］用于设置与字段关联的类型名称，参数 dataType 表示与字段关联的参数名称，［errorMessage］属性是错误时的提示文字。DataType 并不是 C♯ 中的数据类型，而是系统定义的一个枚举类型，DataType 的枚举定义如下。

```
public enum DataType
```

```
{
    Custom, DateTime, Date, Time, Duration, PhoneNumber, Currency, Text, HTML,
MultilineText, EmailAddress, Password, Url, ImageUrl, CreditCard, PostalCode,
Upload
}
```

（4）［HiddenInput（属性：［DisplayValue］）用于隐藏某个字段值，属性［DisplayValue］用于设置是否显示隐藏的 input 值。默认情况下字段在编辑模式时会以只读形式显示，将 DisplayValue 设置为 false 则可实现字段的完全隐藏，HiddenInput 所属的命名空间为 System.Web.Mvc。

（5）［Editable（bool allowEdit）］用于设置字段是否可以编辑，参数 allowEdit 指示字段是否可编辑，true 为可编辑，false 为不可编辑。

4.3.2　数据映射注解

视频讲解

数据映射是指模型中的 C♯类向数据库中表转换的对应关系，数据映射注解则表示这种转换时的约束。可以将 C♯中各类中的字段对应设置为数据表的主外键，也可以将字段设置为与表中的别名或者其他的对应字段，常用的数据映射注解如表 4.4 所示。

表 4.4　ASP.NET MVC 常用的数据映射注解

属性名	说　明
Key	主键字段
Column	数据库列属性映射
NotMapped	不映射到对应的字段
Table	指定类将映射到的数据表
ForeignKey	表示关系中用作外键的属性
DatabaseGenerated	指定数据库生成属性值的方式（EF 不追踪属性的变化）
ReadOnly（true）	只读且不可更新的属性

【例 4-4】　创建一个会员注册页面，为属性添加映射注解，对应在后台数据库中创建数据表，并进行相关约束测试。

步骤 1：添加命名空间的引用。

```
using System.ComponentModel;
using System.ComponentModel.DataAnnotations;
using System.Web.Mvc;
```

步骤 2：创建实体类，编辑代码如下。

```
[Table("UserInfo")]
public partial class User
{
```

```
    [Key]
    [Display(Name = "编号:")]
    [Column("Id")]
    public int Id { get; set; }
    [Column(TypeName = "nvarchar")]
    [MaxLength(50)]
    [Display(Name = "用户名:")]
    public string UserName { get; set; }
    [Display(Name = "密码:")]
    [DataType(DataType.Password)]
    public string PassWord { get; set; }
    [NotMapped]
    [System. ComponentModel. DataAnnotations. Compare ( " PassWord1", ErrorMessage =
"密码和确认密码不一致!")]
    [Display(Name = "确认密码")]
    [DataType(DataType.Password)]
    public virtual string PassWord2 { get; set; }
    [Column(TypeName = "nvarchar")]
    [Display(Name = "真实姓名:")]
    [MaxLength(20)]
    public string TrueName { get; set; }
    [ReadOnly(true)]
    [Display(Name = "创建时间:")]
    public DateTime CreatTime { get; set; }
}
```

步骤 3：分析上述代码注解约束，对应数据库中创建的数据表定义如下。

```
Table UserInfo
(
    Id int Primarykey,
    UserName nvarchar,
    PassWord nvarchar,
    TrueName nvarchar,
    CreatTime Time
)
```

注意：

（1）［Table(string name)］用于指定该类将映射到的数据表，参数 name 标识将映射到的数据库表的表名。

（2）［DatabaseGenerated(DatabaseGeneratedOption databaseGeneratedOption)］用于指定数据库生成属性值的模式，参数 databaseGeneratedOption 是数据库生成选项，为 DatabaseGeneratedOption 枚举类型，具有 Computed、Identity 和 None 三个枚举值，Computed 表示在插入或更新时数据库将生成值，Identity 表示插入行时数据库生成值，

None 表示数据库不生成值。

（3）[Key]用于设置唯一标识实体的一个或多个主键。

（4）[ForeignKey(string name)]用于设置外键关系的属性,参数 name 表示与该属性对应关联属性的名称。

（5）[Column(string name,属性:[TypeName])]标识属性将映射到的数据库列,参数 name 用于设置该属性在数据库中对应的字段名,[TypeName]属性用于获取或设置对应数据库中列的类型。

（6）[NotMapped]用于标识在数据库映射中去除该属性。

（7）[ReadOnly(bool isReadOnly)]用于指定绑定到的属性值是只读还是读写,参数 isReadOnly 用于设置访问属性,true 表示属性是只读属性,false 表示属性是可读写属性。

4.4　小结

本章主要介绍了数据验证与数据注解的基本特征及作用;对数据验证及数据注解进行了详细的讲解;将客户端验证和服务器端验证进行了比较,分析了各自的优缺点和适合的应用;详细地介绍了数据显示注解和数据映射注解的应用。

4.5　习题

一、选择题

1. 下列不属于客户端验证优点的是(　　　)。

   A. 本地机验证　　　　　　　　　　　B. 方便、快捷

   C. 可以减少服务器负载　　　　　　　D. 安全性高

2. 下列不属于服务器端验证优点的是(　　　)。

   A. 安全性高　　　　　　　　　　　　B. 兼容性强

   C. 可以对复杂的规则进行验证　　　　D. 用户体验好

3. 在用户注册时对密码进行的确认输入,应该使用的验证是(　　　)。

   A. 必填验证　　　　B. 范围验证　　　　C. 比较验证　　　　D. 类型验证

4. 数据显示注解 DisplayFormat 中的 NullDisplayText 属性的作用是(　　　)。

   A. 用于指定数据字段的显示格式

   B. 用于设置编辑模式是否应用该模式

   C. 用于设置格式字符串

   D. 用于设置空值(Null)字段的显示文本

5. 下列注解中,不属于数据映射注解的是(　　　)。

   A. Key　　　　　　　B. ForeignKey　　　　C. Display　　　　D. Column

6. 下列 ASP.NET MVC 验证属性不属于 System.ComponentModel.DataAnnotations 命名空间的是（　　）。

  A. Required   B. StringLength   C. MinLength   D. RegularExpression

二、填空题

1. 在 ASP.NET MVC Web 开发中，从验证的位置上可以分为_____和_____。

2. 通过 DisplayName 属性在视图中显示了别名，对应需要添加对_____命名空间的引用。

3. 正则表达式{n,}中的非负整数 n 表示_____。

4. _____属性利用服务器端的回调函数执行客户端的验证逻辑。

5. ASP.NET MVC 除了特定的属性验证，还具有强大的扩展性，允许继承某个验证类创建_____规则完成某些特殊的验证。

6. _____属性用于设置唯一标识实体的一个或多个主键。

7. _____用于指定绑定到的属性值是只读还是读写。

三、简答题

1. 简述客户端验证和服务器端验证各自的优缺点。

2. 列举常用的数据映射注解。

综合实验四：用户注册模块

主要任务：

创建 ASP.NET MVC 应用程序，为用户模型添加数据验证和显示注解，实现用户注册的基本功能。

实验步骤：

步骤1：使用 SQL Server 2012 数据库管理系统中 Cosmetics 数据库的 tb_user 数据表，数据表结构如图 4.6 所示。

列名	数据类型	允许 Null 值
uid	int	☐
name	varchar(50)	☑
password	varchar(50)	☑
address	varchar(50)	☑
tel	varchar(50)	☑
email	varchar(50)	☑
		☐

图 4.6　tb_user 表结构

步骤2：在 Visual Studio 2017 菜单栏中选择"文件"→"新建"→"项目"选项，如图 4.7 所示。

步骤3：创建 ASP.NET Web 应用程序，命名为"综合实验四"，如图 4.8 所示。项目选择 MVC 模板，如图 4.9 所示。

步骤4：在网站的 Model 文件夹上右击，选择"添加"→"新建项"选项，如图 4.10 所示。

步骤5：在"添加新项"窗口选择 ADO.NET 实体数据模型，单击"添加"按钮，如图 4.11

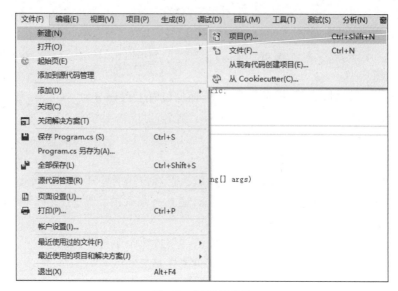

图 4.7　创建新项目

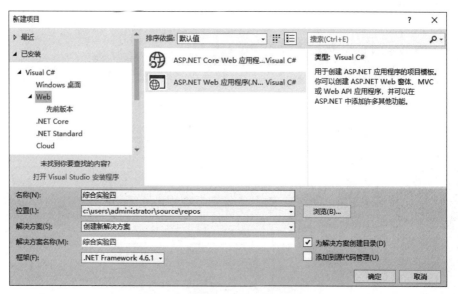

图 4.8　创建 ASP.NET Web 应用程序

所示。

步骤 6：在"实体数据模型向导"窗口的"选择模型内容"项中，选择"来自数据库的 EF 设计器"，单击"下一步"按钮，如图 4.12 所示。

步骤 7：在"实体数据模型向导"窗口的"选择您的数据连接"项中，单击"新建连接"按钮，弹出"连接属性"窗口，"数据源"项选择为 Microsoft SQL Server（SqlClient），"服务器名称"项设置为.\sqlexpress，"选择或输入数据库名称"项设置为 Cosmetics，单击"确定"按钮，如图 4.13 所示。

步骤 8：在"实体数据模型向导"窗口的"选择您的版本"项中，选择"实体框架 6.x"版

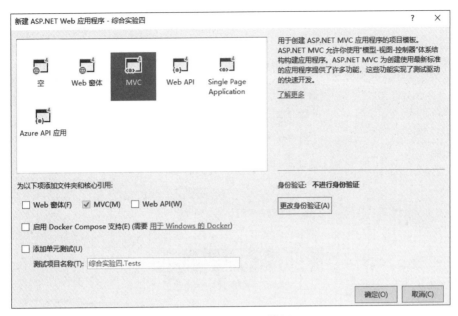

图 4.9 选择 MVC 模板

图 4.10 添加新项

本，单击"下一步"按钮，如图 4.14 所示。

步骤 9：在"实体数据模型向导"窗口的"选择您的数据库对象和设置"项中，选择数据库对象"表"，单击"完成"按钮，如图 4.15 所示。

图 4.11　添加实体数据模型

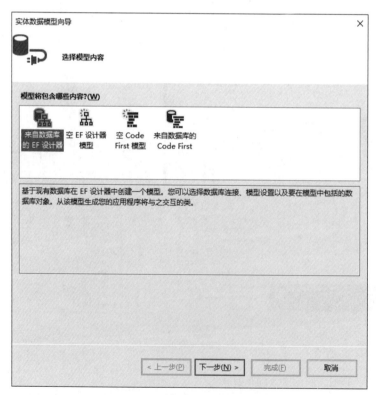

图 4.12　选择数据库优先设计模型

图 4.13　数据库连接设置

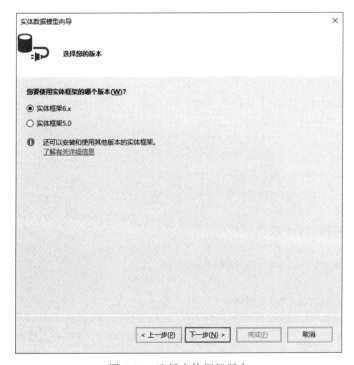

图 4.14　选择实体框架版本

图 4.15　选择数据库中对象

步骤 10：为 Model1.tt 添加数据验证和注解，编辑 tb_user.cs 代码如下。

```
namespace 综合实验四.Models
{
    using System.ComponentModel;
    using System.ComponentModel.DataAnnotations;
    using System.ComponentModel.DataAnnotations.Schema;

    [Table("tb_user")]
    public partial class User
    {
        [Key]
        [DisplayName("用户账号")]
        public int uid { get; set; }

        [DisplayName("用户名称")]
        [Required(AllowEmptyStrings = false, ErrorMessage = "用户名称不能为空")]
        public string name { get; set; }

        [DisplayName("用户密码")]
        [Required(AllowEmptyStrings = false, ErrorMessage = "用户密码不能为空")]
        [DataType(DataType.Password, ErrorMessage = "密码格式输入错误")]
        public string password { get; set; }

        [Compare("password")]
```

```
[Required]
[DisplayName("确认密码")]
[DataType(DataType.Password)]
[NotMapped]
public string confirmPassword { get; set; }

[DisplayName("用户地址")]
public string address { get; set; }

[DisplayName("用户电话")]
[DataType(DataType.PhoneNumber, ErrorMessage = "电话号码格式不正确")]
public string tel { get; set; }

[DisplayName("用户邮箱")]
[DataType(DataType.EmailAddress, ErrorMessage = "邮箱格式不正确")]
public string email { get; set; }
    }
}
```

步骤 11：右击 Controllers 文件夹，添加 UserControllers 控制器，编辑代码如下。

```
using System.Web.Mvc;
using 综合实验四.Models;

namespace 综合实验四.Controllers
{
    public class UserController : Controller
    {
        //创建数据上下文类
        private CosmeticsEntities db = new CosmeticsEntities();
        // GET: 用户注册信息
        public ActionResult Register()
        {
            return View();
        }
        //POST: 注册用户信息,注册成功后自动登录
        [HttpPost]
        [ValidateAntiForgeryToken]
        public ActionResult Register([Bind(Include = " uid, name, password,
address,tel,email")] User user)
        {
            if (ModelState.IsValid)
            {
                db.Users.Add(user);
                db.SaveChanges();
                string userInfo = string.Format("uid:{0},name:{1},password:{2},
```

```
address {3}, tel: {4}, email: {5}", user.uid, user.name, user.password, user.
address, user.tel, user.email);
                return Content(userInfo);
            }
            return View();
        }
    }
}
```

步骤 12：右击 Register()方法，添加视图，设置各属性值如图 4.16 所示。

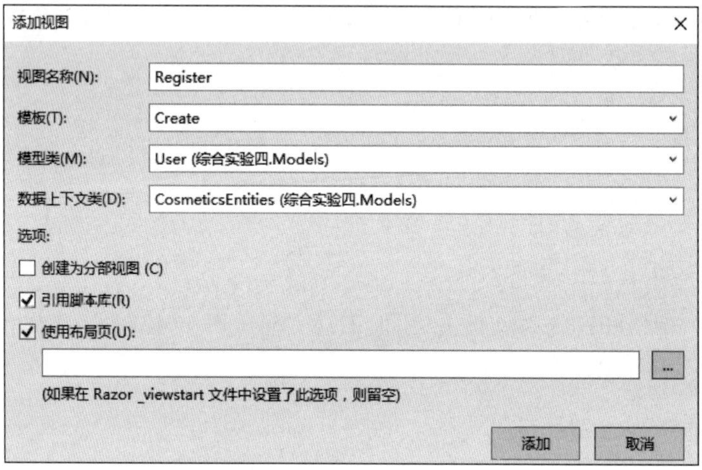

图 4.16　视图属性设置

编辑 Register.cshtml 页码代码如下。

```
@model 综合实验四.Models.User
<h2>会员注册</h2>
@using (Html.BeginForm())
{
    @Html.AntiForgeryToken()
    <div class="form-horizontal">
        @Html.ValidationSummary(true)
        <div class="form-group">
            @Html.LabelFor(model =>model.name)
            <div class="col-md-10">
                @Html.EditorFor(model =>model.name)
                @Html.ValidationMessageFor(model =>model.name)
            </div>
        </div>

        <div class="form-group">
            @Html.LabelFor(model =>model.password)
            <div class="col-md-10">
```

```
                @Html.EditorFor(model =>model.password)
                @Html.ValidationMessageFor(model =>model.password)
            </div>
        </div>

        <div class="form-group">
            @Html.LabelFor(model =>model.confirmPassword)
            <div class="col-md-10">
                @Html.EditorFor(model =>model.confirmPassword)
                @Html.ValidationMessageFor(model =>model.confirmPassword)
            </div>
        </div>
        <div class="form-group">
            @Html.LabelFor(model =>model.address)
            <div class="col-md-10">
                @Html.EditorFor(model =>model.address)
                @Html.ValidationMessageFor(model =>model.address)
            </div>
        </div>

        <div class="form-group">
            @Html.LabelFor(model =>model.tel)
            <div class="col-md-10">
                @Html.EditorFor(model =>model.tel)
                @Html.ValidationMessageFor(model =>model.tel)
            </div>
        </div>

        <div class="form-group">
            @Html.LabelFor(model =>model.email)
            <div class="col-md-10">
                @Html.EditorFor(model =>model.email)
                @Html.ValidationMessageFor(model =>model.email)
            </div>
        </div>

        <div class="form-group">
            <input type="submit" value="Register" class="btn btn-default" />
        </div>
    </div>
}
```

步骤 13：会员注册页面测试运行效果如图 4.17 所示，视图中用户信息显示的各字段名由 Model 模型中 User 类的 DisplayName 属性设置，各字段输入类型等有效性验证由模型中各字段的验证属性约束。

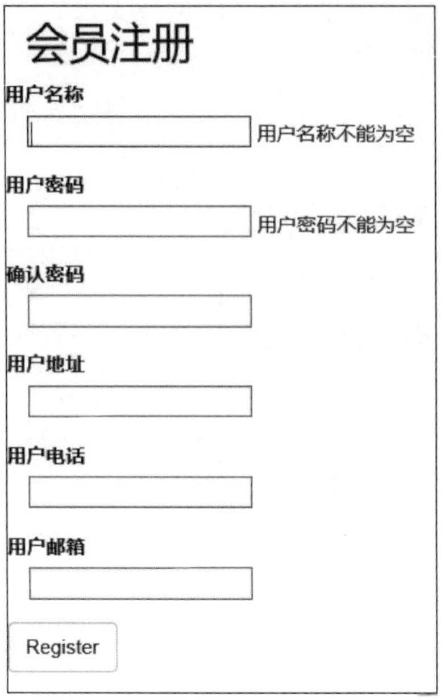

图 4.17　会员注册页面

第 5 章

控　制　器

本章导读

　　控制器是 ASP.NET MVC 的框架核心,负责控制客户端与服务端的交互,协调 Model 与 View 之间数据的传递。本章将学习如何根据需求选择恰当的模板创建控制器、如何选择控制器中的动作属性、如何确定控制器中动作的返回值等 ASP.NET MVC 应用程序开发的核心内容。

　　本章要点

- 控制器创建
- 控制器模板
- 控制器的动作选择器
- 控制器的 ActionResult

5.1　控制器简介

　　控制器(Controller)作为 ASP.NET MVC 的框架核心,主要扮演中转和中介两大角色。中转作用体现在控制器实现承上启下的作用,根据用户输入执行响应(Action),同时在行为中调用模型的业务逻辑,返回给用户视图(View)。中介角色体现在分离视图和模型,让视图和模型各司其职,由控制器实现二者的交互。

　　控制器在 MVC 架构中的作用如图 5.1 所示。

图 5.1　控制器在 MVC 架构中的作用

5.2　控制器的基本使用

5.2.1　控制器的基本内容

视频讲解

本节使用第 1 章创建的 MVC 5 网站,详细讲解控制器的基本结构,所有的控制器都存放在网站根目录的 Controllers 文件夹中,并且以"控制器名称＋Controller"命名,如图 5.2 所示。

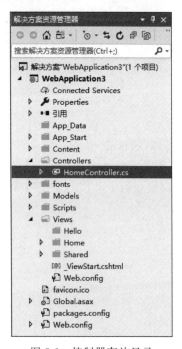

图 5.2　控制器存放目录

控制器是继承自 System.Web.Mvc.Controller 的 C♯ 类,Controller 是内置的控制器基类。控制器中的每个公有方法都称为一个动作,可以通过对应的 URL 从 Web 调用其来执行,所有的 Controller 都需要满足如下基本约束。

（1）Controller 类必须为公有类型。

（2）控制器名称必须以 Controller 结尾。

（3）必须继承自 ASP.NET MVC 内置的 Controller 基类,或实现 IController 接口。

打开 Home 控制器对应的 HomeController.cs 文件,代码如下。

```
public class HomeController : Controller
{
    public ActionResult Index()
    {
        ViewBag.Message = "修改此模板以快速启动你的 ASP.NET MVC 应用程序。";
        return View();
```

```
    }
    public ActionResult About()
    {
        ViewBag.Message = "你的应用程序说明页。";
        return View();
    }
    public ActionResult Contact()
    {
        ViewBag.Message = "你的联系方式页。";
        return View();
    }
}
```

HomeController 类中包含三个公有方法（Public Method），即三个动作（Action），通过方法可以接收客户端传来的要求，响应视图（View），方法的返回值类型（ActionResult）在后续章节中介绍。控制器中所有非公有的方法，如 private 或 protected 类型的方法都不会被视为动作。

5.2.2 控制器的创建

5.2.1 节针对以模板项目创建的控制器进行了说明，除此以外也可以根据需要新建控制器。接下来讲解如何在 Controller 文件内添加新的控制器。

视频讲解

【例 5-1】 在 D 盘 ASP.NET MVC 应用程序目录中创建 chapter5 子目录，将其作为网站根目录，创建一个名为 example5-1 的 MVC 项目，在 Controllers 文件夹中新建 HelloController 控制器，添加基本视图，练习控制器的简单应用。

步骤 1：在"解决方案资源管理器"中右击 Controllers 文件夹，选择"添加"→"控制器"选项，如图 5.3 所示 。

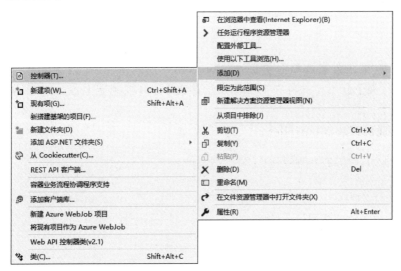

图 5.3 添加控制器

步骤2：在"添加基架"对话框中选择"MVC 5 控制器-空"模板，单击"添加"按钮，如图 5.4 所示。其他模板将在下一小节介绍。

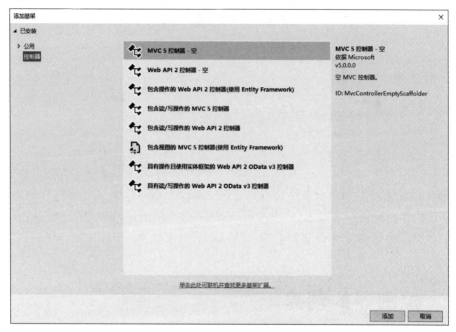

图 5.4　添加控制器

步骤3：在"添加控制器"对话框中修改控制器名称为 HelloController，单击"添加"按钮，如图 5.5 所示。

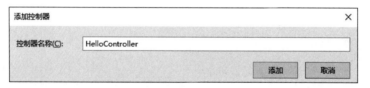

图 5.5　输入控制器名称

步骤4：在"解决方案资源管理器"的 Controllers 文件夹下，新增 HelloController.cs 文件，Views 文件夹下新增空文件夹 Hello，用于存放 Hello 控制器中各 Action，对应的界面如图 5.6 所示。

步骤5：打开 HelloController.cs 文件，代码如下。

```
public class HelloController : Controller
{
    // GET: Hello
    public ActionResult Index()
    {
        return View();
    }
}
```

图 5.6 控制器

使用"MVC 5 控制器-空"模板创建的 Hello 控制器初始时只包含一个默认的无参 Index 动作。

步骤 6：为 Index 创建对应视图，在 Index 方法上右击，内容菜单中选择"添加视图"选项，如图 5.7 所示。

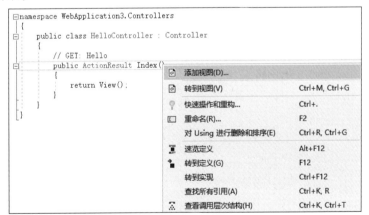

图 5.7 控制器添加视图

步骤 7：在"添加视图"对话框中修改"视图名称"为 Index，"模板"选择 Empty，单击"添加"按钮，如图 5.8 所示。更多视图模板将在第 6 章中介绍。

步骤 8：在 Views/Hello 文件夹内，新增了 Index.cshtml 视图文件，如图 5.9 所示。

步骤 9：打开 Index.cshtml 文件，修改代码如下。

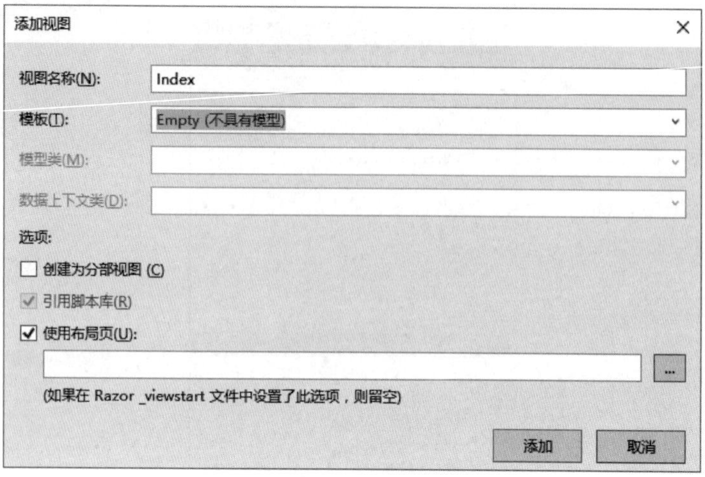

图 5.8　视图选择模板

图 5.9　视图文件

```
@{
    ViewBag.Title = "Index";
}
<h2>Hello  Index</h2>
```

步骤 10：运行网站，输入网址"http://localhost:XXXX/Hello/Index"，网站运行效果如图 5.10 所示。

注意：

http://localhost:XXXX/Hello/Index 网址中，XXXX 代表端口号，请自行替换为读者计算机实际端口号。

图 5.10　网站运行页面

5.2.3　控制器的读写模板

在例 5-1 第 2 步的"添加基架"对话框中,可以为待创建的控制器进行模板选择,示例中使用的是"MVC 5 控制器-空"模板,除此以外,ASP.NET MVC 5 中还支持"包含读/写操作的 MVC 5 控制器""包视图的 MVC 5 控制器(使用 Entity Framework)"等模板,恰当的模板选择可以极大地提高后续开发效率。接下来对最常用的"包含读/写操作的 MVC 5 控制器"模板进行简单介绍。

在例 5-1 的第 2 步选择"包含读/写操作的 MVC 5 控制器"模板,则创建的控制器中除了 Index 动作外,还会包含 Details、Create、Edit、Delete 等动作。其中,Create、Edit、Delete 都包含[HttpGet]和 [HttpPost]修饰的两个动作,在这些方法上适当添加代码就可以实现读写等相关的操作。

初始默认代码如下。

```
namespace WebApplication3.Controllers
{
    public class HelloController : Controller
    {
        // GET: Hello
        public ActionResult Index()
        {
            return View();
```

```
        }
        // GET: Hello/Details/5
        public ActionResult Details(int id)
        {
            return View();
        }
        // GET: Hello/Create
        public ActionResult Create()
        {
            return View();
        }
        // POST: Default/Create
        [HttpPost]
        public ActionResult Create(FormCollection collection)
        {
            try
            {
                // TODO: Add insert logic here
                return RedirectToAction("Index");
            }
            catch
            {
                return View();
            }
        }
        // GET: Hello/Edit/5
        public ActionResult Edit(int id)
        {
            return View();
        }
        // POST: Hello/Edit/5
        [HttpPost]
        public ActionResult Edit(int id, FormCollection collection)
        {
            try
            {
                // TODO: Add update logic here
                return RedirectToAction("Index");
            }
            catch
            {
                return View();
            }
```

```
    }
    // GET: Hello/Delete/5
    public ActionResult Delete(int id)
    {
        return View();
    }
    // POST: Hello/Delete/5
    [HttpPost]
    public ActionResult Delete(int id, FormCollection collection)
    {
        try
        {
            // TODO: Add delete logic here
            return RedirectToAction("Index");
        }
        catch
        {
            return View();
        }
    }
}
```

5.3　动作选择器

　　动作选择器也称为动作方法选择器(Action Method Selector)，是应用于动作方法上的属性，用于响应控制器对方法的调用，通过路由引擎选择正确的操作方法来处理特定的请求。动作方法选择器使用较多的是动作名称(ActionName)、无为动作(NonAction)和动作方法限定(ActionVerbs)三种属性。

5.3.1　动作名称属性

　　当 ActionInvoker 选取 Controller 中的 Action 时，默认会应用反射机制找到相同名字的方法，这个过程就是动作名称选择器运行的过程。除此也可以使用"动作名称"的属性，通过[ActionName]属性设置动作方法的别名。选择器将根据修改后的名称来决定方法的调用，选择适当的 Action。

视频讲解

　　[ActionName]基本语法如下。

```
[ActionName("newActionName")]
```

　　newActionName 是开发人员为方法设置的别名，选择时不区分动作名称的大小写。

【例 5-2】 在 chapter5 目录中创建一个名为 example5-2 的项目,创建 MVC 页面,在控制器中为 Action 添加 ActionName 属性,在页面中测试该动作名称属性。

步骤 1:在 Home 控制器中添加 GetDateTimeView 方法,编辑代码如下。

```
[ActionName("GetDate")]
public string GetDateTimeView()
{
    return DateTime.Now.ToLongDateString();
}
```

步骤 2:创建对应的 GetDateTimeView.cshtml 页面。

步骤 3:使用 http://localhost:55566/Home/GetDate 访问页面,如图 5.11 所示。

图 5.11 ActionName 属性访问实例

方法中添加了[ActionName("GetDate")]属性,所以访问 GetDateTimeView 动作,需要使用路由 http://localhost:55566/Home/GetDate,此时 ASP.NET MVC 会去寻找/Views/Home/ GetDateTimeView.cshtml 视图页面来运行。

一个 Action 只可以包含一个 ActionName 属性,不允许多个方法对应同一个 Action 名称,否则在运行请求对应 Action 时会引发异常。

5.3.2 无为动作属性

视频讲解

NonAction 是 Action 的另一个内置属性,将 NonAction 属性应用在 Controller 中的某个 Action 上,则 ActionInvoker 将不会运行该 Action。这个特性主要用来保护 Controller 中的某些特殊的公开方法不发布到 Web 上,或是隐藏某些尚未开发完成而又不想删除的 Action,套用这个特性就可以不对外公开该功能。

【例 5-3】 创建 MVC 页面,在控制器中为某一 Action 添加 NonAction 属性,在页面中测试该无为动作属性。

步骤 1:编写 Action 代码如下。

```
[NonAction]
public ActionResult NonAction测试()
{
    return View();
}
```

步骤 2:创建对应的"NonAction 测试.cshtml"页面。

步骤 3：使用"http://localhost:55566/Home/NonAction 测试"访问页面，无法找到资源产生"404 错误"，如图 5.12 所示。

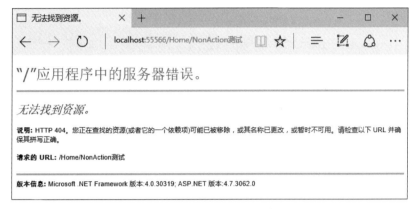

图 5.12　无法找到资源错误信息

若将实例中 Action 方法的 public 更改成 private，也可以实现相同的目的。

```
private ActionResult NonAction 测试()
{
    return View();
}
```

5.3.3　动作方法限定属性

动作方法限定（ActionVerbs）选择器是另一个常用内置属性，可以限制某种特定行为只响应指定的动作动词。通常在需要接收窗体信息时，可以创建两个同名的 Action，一个添加 HttpGet 属性，响应 HttpGet 请求用来显示窗体 HTML，另一个添加 HttpPost 属性，响应 HttpPost 请求用来接收窗体输出的值。

视频讲解

1．HttpGet 属性

在 Action 上应用 HttpGet 属性，代表只有当客户端浏览器发送 HttpGet 请求时，动作选择器才会选择此动作。

2．HttpPost

在 Action 上应用 HttpPost 属性，代表只有当客户端浏览器发送 HttpPost 请求时，动作选择器才会选择此动作。

如果动作方法上面没有套用动作限定属性，则无论客户端浏览器发送哪种 HTTP 动作都会自动选定该 Action。除上述两种动作方法选择器以外，还有 HttpDelete、HttpPut、HttpHead、HttpOptions、HttpPatch 等属性。

【例 5-4】　创建 MVC 页面，在控制器中创建两个同名 Action，分部添加 HttpGet 和 HttpPost 属性，在页面中测试该动作方法限定属性。

步骤 1：编写 Action 代码如下。

```
[HttpGet]
```

```
public ActionResult Http 限定属性测试()
{
    return View();
}
[HttpPost]
public string Http 限定属性测试(string name)
{
    return "姓名: " +name;
}
```

步骤 2：创建对应的"Http 限定属性测试.cshtml"页面，编辑代码如下。

```
<HTML>
<head>
<meta name="viewport" content="width=device-width" />
<title>Http 限定属性测试</title>
</head>
<body>
<div>
< form action="/Home/Http 限定属性测试" method="post">
            请输入姓名：< input name="name" />
<input type="submit" value="提交" />
</form>
</div>
</body>
</HTML>
```

步骤 3：使用"http://localhost：55566/Home/Http 限定属性测试"访问页面，响应
[HttpGet]属性限定的 Action，页面显示如图 5.13 所示。

图 5.13　响应[HttpGet]属性限定的 Action

步骤 4：输入姓名 Tom，单击"提交"按钮，响应[HttpPost]属性限定的 Action，页面显
示结果如图 5.14 所示。

上述实例可验证，当需要显示接收窗体信息时，[HttpGet]用于窗体显示动作，
[HttpPost]用于窗体接收动作。

姓名：Tom

图 5.14　页面运行结果

5.4　ActionResult

视频讲解

　　ActionResult 是控制器方法执行后返回的结果类型，通常控制器方法返回一个直接或间接继承自 ActionResult 的抽象类。ActionResult 有多个派生类，每个子类具有不同的功能，并不是所有的子类都返回视图，有些直接返回流，有些返回字符串等。

　　ActionResult 类及其派生类的简要介绍如表 5.1 所示。

表 5.1　ActionResult 类及其派生类的简要介绍

类　　名	功　　能	调用方法
ViewResult	返回视图	View()
PartialViewResult	返回分部视图	PartialView()
RedirectResult	进行重定向跳转	RedirectResult() RedirectPermanent()
RedirectToRouteResult	根据 Route 规则重定向	RedirectToRoute() RedirectToAction()
ContentResult	返回文本内容	Content()
EmptyResult	返回空白页	ContentResult()
JavaScriptResult	返回 JavaScript 对象	JavaScript()
JsonResult	返回 Json 数据	Json()
FilePathResult	通过指定路径返回文件	File()
FileContentResult	通过 byte[] 返回文件	File()
FileStreamResult	通过文件流返回文件	File()
HttpUnauthorizedResult	返回未经授权访问的 401 错误信息	
HttpStatusCodeResult	返回服务器的错误信息	
HttpNoFoundResult	返回找不到 Action 的 404 错误信息	

　　ActionResult 是一个抽象类，类中定义了唯一的 ExecuteResult() 方法，包含一个 ControllerContext 参数，各动作默认均调用该方法产生应答结果。ASP. NET MVC 的

ActionResult 各派生类的用法如下。

5.4.1　ViewResult

ViewResult 是使用最多的结果类型,用于返回一个视图页,可以根据视图模板产生页面内容。使用 View()方法与 Controller 对应,常用的 View()重载方法如下。

（1）ViewResult View()

（2）ViewResult View(string viewName)

（3）ViewResult View(object model)

（4）ViewResult View(string viewName,object model)

（5）ViewResult View(string viewName,string masterName)

各参数意义如下。

（1）缺省参数返回当前控制器对应的视图。

（2）viewName 表示要返回的视图名称。

（3）model 表示将返回给视图的强类型数据。

（4）masterName 表示呈现视图时使用的母版页或模板名称。

【例 5-5】　创建 MVC 页面,在 HomeController 中创建两个 Action,测试 ViewResult 及相关方法。

步骤 1:编写 Action 代码如下。

```
public ActionResult Exam5_5()
{
    //demoEntities 为由 EF 创建的模型类
    demoEntities db = new demoEntities();
    student stu = db.students.FirstOrDefault();
    return View(stu);
}
public ActionResult Exam5_5_2()
{
    demoEntities db = new demoEntities();
    student stu = db.students.FirstOrDefault();
    return View("Exam5_5", stu);
}
```

步骤 2:右击 Exam5_5(),按图 5.15 所示添加 Details 模板的强类型视图 Exam5_5. cshtml,普通视图 Exam5_5_2.cshtml。视图的创建将在第 6 章详细讲解。

步骤 3:测试运行视图 Exam5_5.cshtml 和视图 Exam5_5_2.cshtml,如图 5.16 和图 5.17 所示。

视图 Exam5_5.cshtml 对应的方法 Exam5_5()中返回包含 stu 模型的视图,页面显示数据。视图 Exam5_5_2.cshtml 对应的方法 Exam5_5_2()中 return View("Exam5_5", stu);通过 viewName 参数设置也返回 Exam5_5 视图,不同网址显示相同内容。

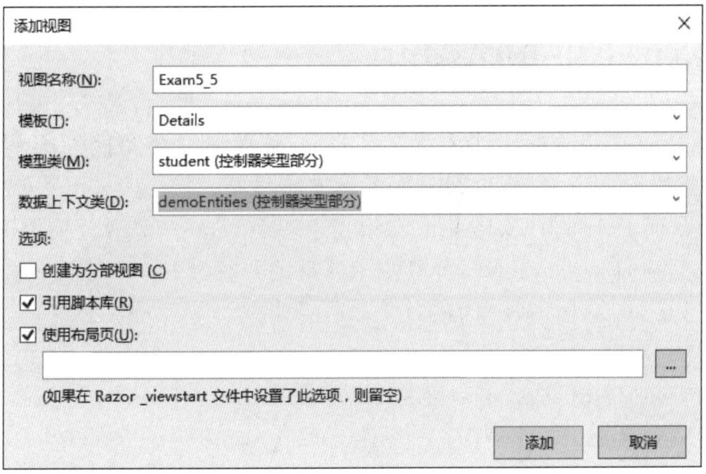

图 5.15 添加 Details 模板的强类型视图

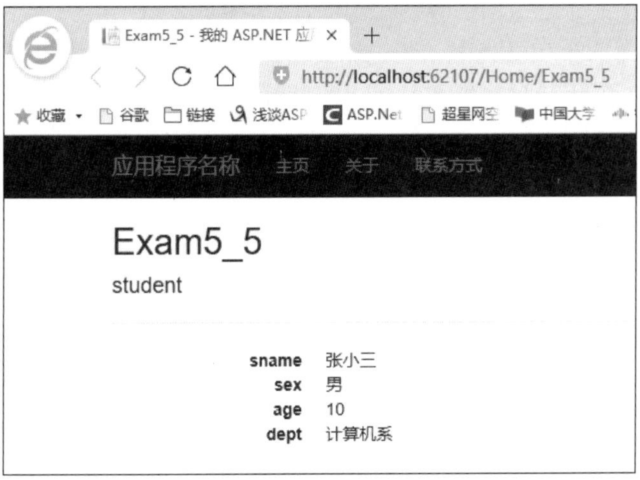

图 5.16 ViewResult 视图运行效果

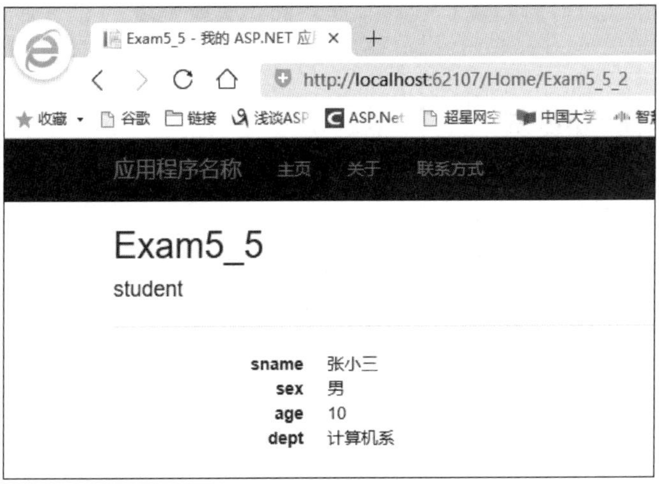

图 5.17 ViewResult 视图重载运行效果

5.4.2　PartialViewResult

　　PartialViewResult 用于返回一个分部视图页,可以根据视图模板产生部分页面内容。与 ViewResult 本质上一致,只是少部分视图不支持母版,类比于 ASP.NET 时 ViewResult 相当于一个 Page,而 PartialViewResult 则相当于一个 UserControl。使用 PartialView()方法与 Controller 对应,PartialView()可以使用的重载方法如下。

　　(1) PartialViewResult PartialView()

　　(2) PartialViewResult PartialView(string viewName)

　　(3) PartialViewResult PartialView(object model)

　　(4) PartialViewResult PartialView(string viewName,string masterName)

　　各参数意义如下。

　　(1) 缺省参数返回当前控制器对应的视图。

　　(2) viewName 表示要返回的视图名称。

　　(3) model 表示将返回给视图的强类型数据。

　　(4) masterName 表示呈现视图时使用的母版页或模板名称。

　　【例 5-6】　创建 MVC 页面,在 HomeController 中创建 Action,测试 PartialViewResult 类及相关方法。

　　步骤 1:编写 Action 代码如下。

```
public ActionResult Exam5_6()
{
    return PartialView();
}
```

　　步骤 2:添加视图 Exam5_6.cshtml。

　　步骤 3:测试运行视图 Exam5_6.cshtml,如图 5.18 所示。

图 5.18　PartialViewResult 视图重载运行效果

　　从测试运行可直观看到分部视图没有套用主版页面,通过 PartialViewResult 的回传,页面不会套用\Views_ViewStart.cshtml 文档中定义的主版页面。

5.4.3　RedirectResult

　　RedirectResult 用于跳转到一个指定的 URL,相当于 ASP.NET 中的 Response.

Redirect()方法。使用 Redirect()方法或 RedirectPermanent()方法与 Controller 对应。可使用的方法如下。

（1）RedirectResult Redirect(string url)。

（2）RedirectResult RedirectPermanent(string url)。

各方法和参数意义如下。

（1）url 表示重定向的统一资源路径。

（2）Redirect()用于暂时性重定向,搜索引擎在访问新内容的同时会保存旧网址。

（3）RedirectPermanent()用于永久性重定向。

【例 5-7】　创建 MVC 页面,在 HomeController 中创建 Action,测试 RedirectResult 类以及 Redirect()和 RedirectPermanent()方法。

步骤 1：编写 Action 代码如下。

```
public ActionResult Exam5_7()
{
    return Redirect("/Home/Exam5_5");
}
public ActionResult Exam5_7_2()
{
    return RedirectPermanent("/Home/Exam5_5");
}
```

步骤 2：测试运行网站,浏览器中分别输入"http：//localhost：62107/Home/Exam5_7"和"http：//localhost：62107/Home/Exam5_7_2",跳转后地址栏中始终显示 http：//localhost：62107/Home/Exam5_5,视图中显示的始终是 Exam5_7.cshtml 视图的内容。

5.4.4　RedirectToRouteResult

RedirectToRouteResult 同样用于重定向到指定的 Action,ASP.NET MVC 会根据指定的路由名称或路由信息(RouteValue Dictionary)来生成 URL 地址进行跳转。通常使用 RedirectToAction()和 RedirectToRoute()方法与 Controller 对应。

RedirectToAction()可以使用的重载方法如下。

（1）RedirectToRouteResult RedirectToAction(string actionName)。

（2）RedirectToRouteResult RedirectToAction(string actionName, string controllerName)。

（3）RedirectToRouteResult RedirectToAction(string actionName, object routeValues)。

（4）RedirectToRouteResult RedirectToAction(string actionName, string controllerName, object routeValues)。

各参数意义如下。

（1）actionName 表示要跳转的当前控制器中的目标 Action。

（2）controllerName 表示要跳转的目标控制器。

（3）routeValues 表示跳转时通过网址路由传递的参数。

RedirectToRoute()可以使用的重载方法如下。

（1）RedirectToRouteResult RedirectToRoute(string routeName)。

（2）RedirectToRouteResult RedirectToRoute(string routeValues)。

（3）RedirectToRouteResult RedirectToRoute(string routeName, string routeValues)。
各参数意义如下。

（1）routeName 表示要跳转时使用的路由名称。

（2）routeValues 表示跳转时通过网址路由传递的参数。

【例 5-8】 创建 MVC 页面，在 HomeController 中创建 Action，测试 RedirectToRouteResult
类及相关方法。

步骤 1：编写 Action 代码如下。

```
public ActionResult Exam5_8()
{
    return RedirectToAction("Exam5_5");
}
public ActionResult Exam5_8_2()
{
    return RedirectToAction("Exam5_5","home");
}
public ActionResult Exam5_8_3()
{
    return RedirectToAction("Exam5_5", "home",new { sno = 1001 });
}
```

步骤 2：测试运行网站视图中显示的始终是 Exam5_7.cshtml 视图的内容，在浏览器中
分别输入"http://localhost:62107/Home/Exam5_8"和"http://localhost:62107/Home/
Exam5_8_2"，跳转后地址栏中始终显示 http://localhost:62107/Home/Exam5_5。

输入"http://localhost:62107/Home/Exam5_8_3"地址栏中网址显示为 http://
localhost:62107/Home/Exam5_5? sno＝1001。RedirectToRoute()方法将在第 7 章路由
器中详细讲解。

5.4.5 ContentResult

ContentResult 用于使用字符串、内容类型和内容编码返回简单的纯文本内容，可以指
定文档类型以及编码形式。通过 Controller 类中的 Content()方法返回 ContentResult 对
象。如果方法返回的是非 ActionResult 对象，则 ASP.NET MVC 通过 toString()方法将返
回对象直接转为字符串作为 ContentResult 对象。

Content()可以使用的重载方法如下。

（1）ContentResult Content(string content)。

（2）ContentResult Content(string content, string contentType)。

（3）ContentResult Content(string content, string contentType, Encoding contentEncoding)。

各参数意义如下。

（1）content 表示要写入的文本内容。

（2）contentType 表示文本内容的 MIME 类型。

（3）contentEncoding 表示文本内容的编码方式，Encoding 为枚举类型，包括 UTF7、BigEndianUnicode、Encoding、ASCII、UTF32 等枚举值。

【例 5-9】 创建 MVC 页面，在 HomeController 中创建 Action，测试 ContentResult 类及相关方法。

步骤 1：编写 Action 代码如下。

```
public ActionResult Exam5_9()
{
    string str = "文本内容";
    return Content(str);
}
```

步骤 2：添加视图 Exam5_9.cshtml。

步骤 3：测试运行视图 Exam5_9.cshtml，如图 5.19 所示。

图 5.19 ContentResult 视图运行效果

5.4.6 EmptyResult

EmptyResult 用于返回一个空的结果，当控制器方法返回一个 null 时，ASP.NET MVC 则将其转换成 EmptyResult 对象。

【例 5-10】 创建 MVC 页面，在 HomeController 中创建 Action，测试 EmptyResult 类及相关方法。

步骤 1：编写 Action 代码如下。

```
public ActionResult Exam5_10()
{
    return new EmptyResult();
}
```

步骤 2：浏览器中输入"http://localhost:62107/Home/Exam5_10"，测试运行效果如图 5.20 所示。"return new EmptyResult();"也可以简单写为"return null;"，都返回空网页。

图 5.20　EmptyResult 视图运行效果

5.4.7　JavaScriptResult

JavaScriptResult 用于返回 JavaScript 对象,本质上仍是一个文本内容,只是将 ContentType 设置为 application/x－javascript。通常使用 JavaScript(string script)方法与 Controller 对应,参数 script 表示要在客户端运行的 JavaScript 代码。

【例 5-11】　创建 MVC 页面,在 HomeController 中创建 Action,测试 JavaScriptResult 类及 JavaScript()方法。

步骤 1:编写 Action 如下。

```
public JavaScriptResult Exam5_11()
{
    return JavaScript("alert('你好!');");
}
```

步骤 2:添加视图 Exam5_11.cshtml。

步骤 3:测试运行视图 Exam5_11.cshtml,如图 5.21 所示。

图 5.21　JavaScriptResult 视图运行效果

5.4.8　JsonResult

JsonResult 用于返回一个 Json 结果,本质上仍是一个文本内容,只是将 ContentType 设置为 application/x-javascript。默认情况下 ASP.NRT MVC 不允许 GET 请求返回 Json 结果,要解除此限制,需要在生成 JsonResult 对象时,将其 JsonRequestBehavior 属性设置为 JsonRequestBehavior.AllowGet,使用 Json()方法与 Controller 对应。

Json()方法可以使用的重载方法如下。

(1) JsonResult Json(object data, string contentType)。

（2）JsonResult Json（object data，string contentType，Encoding contentEncoding）。

（3）JsonResult Json（object data，JsonRequestBehavior behavior）。

（4）JsonResult Json（object data，string contentType，JsonRequestBehavior behavior）。

（5）JsonResult Json（object data，string contentType，Encoding contentEncoding，JsonRequestBehavior behavior）。

各参数意义如下。

（1）data 表示要序列化的 JavaScript 对象。

（2）contentType 表示内容 MIME 类型，默认情况为 application/json。

（3）contentEncoding 表示编码方式。

（4）behavior 表示 Json 请求行为，用于设置是否允许客户端的请求，AllowGet 为允许，DenyGet 为不允许。

【例 5-12】 创建 MVC 页面，在 HomeController 中创建 Action，测试 JsonResult 及 Json（）方法。

步骤 1：编写 Action 代码如下。

```
public ActionResult Exam5_12()
{
    return Json(new
    {
        id = 1,
        name = "Tom",
        date = DateTime.Now
    },JsonRequestBehavior.AllowGet);
}
```

步骤 2：浏览器中输入"http://localhost:62107/Home/Exam5_12"，测试运行效果如图 5.22 所示。

图 5.22 Json 视图运行效果

5.4.9 FileResult

FileResult 用于返回文件，包含 FilePathResult、FileContentResult 和 FileStreamResult 三个子类。三者区别在于向客户端传递文件的形式，FilePathResult 通过路径传送文件，FileContentResult 通过二进制数据的方式传送文件，而 FileStreamResult 是通过 Stream 流的方式传送文件。三个类都可以使用 File（）方法与 Controller 对应，File（）方法可以使用的重载方法如下。

（1）FileContentResult File(byte[] fileContents，string contentType)。

（2）FileContentResult File(byte[] fileContents，string contentType，string fileDown-loadName)。

（3）FileStreamResult File(Stream fileStream，string contentType)。

（4）FilePathResult File(string fileName，string contentType)。

（5）FilePathResult File(string fileName，string contentType，string fileDownloadName)。

各参数意义如下。

（1）fileName 表示要发送的文件路径。

（2）contentType 表示要发送文件的 MIME 类型。

（3）fileContents 表示要发送到响应的文件内容。

（4）fileStream 表示要发送到响应的流。

（5）fileDownloadName 表示浏览器中显示的文件下载对话框内要使用的文件名。

【例 5-13】 创建 MVC 页面，在 HomeController 中创建 Action，测试 FileContentResult 类及相关方法的使用。

步骤 1：编写 Action 代码如下。

```
public ActionResult Exam5_13()
{
    byte[] fileContent = System.Text.Encoding.UTF8.GetBytes("由数据流生成的文档");
    return File(fileContent, "application/pdf", "数据流文档.pdf");
}
```

步骤 2：浏览器中输入"http://localhost:62107/Home/Exam5_13"，测试运行效果如图 5.23 所示。

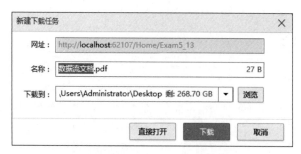

图 5.23　FileContentResult 运行效果

【例 5-14】 创建 MVC 页面，在 HomeController 中创建 Action，测试 FilePathResult 类的使用。

步骤 1：编写 Action 代码如下。

```
public ActionResult Exam5_14()
{
    return File("/Content/文档.txt", "text/plain", "文档1.txt");
}
```

步骤 2：浏览器中输入"http://localhost:62107/Home/Exam5_13"，测试运行效果如图 5.24 所示。

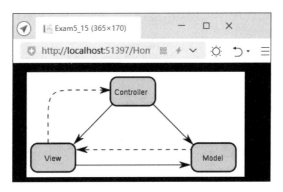

图 5.24　FilePathResult 运行效果

【例 5-15】　创建 MVC 页面，在 HomeController 中创建 Action，测试 FileStreamResult 类及相关方法的使用。

步骤 1：编写 Action 代码如下。

```
public ActionResult Exam5_15()
{
    System.IO.FileStream fs = new System.IO.FileStream(Server.MapPath(@"/
Images/1.jpg"),System.IO.FileMode.Open, System.IO.FileAccess.Read);
    string contentType = "image/jpeg";
    return File(fs, contentType);
}
```

步骤 2：浏览器中输入"http://localhost:62107/Home/Exam5_15"，测试运行效果如图 5.25 所示。

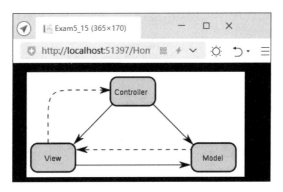

图 5.25　FilePathResult 运行效果

5.4.10　HttpUnauthorizedResult

HttpUnauthorizedResult 表示未经授权访问的错误，ASP.NET MVC 会向客户端发送一个 401 的应答状态。如果在 web.config 中开启了表单验证（authenication mode = "Forms"），则 401 状态会将 URL 转向指定的 loginUrl 链接。

【例5-16】 创建 MVC 页面,在 HomeController 中创建 Action,测试 HttpUnauthorizedResult 类及相关方法的使用。

步骤1:编写 Action 代码如下。

```
public ActionResult Exam5_16()
{
    //进行逻辑判断,若未登录则执行下面语句。
    return new HttpUnauthorizedResult();
}
```

步骤2:添加视图 Exam5_16.cshtml。

步骤3:在 web.config 的<system.web>标签内添加下列属性。

```
<authentication mode="Forms">
<forms loginUrl="~/Home/Login" timeout="200" />
</authentication>
```

步骤4:浏览器中输入"http://localhost:62107/Home/Exam5_16",则测试运行后跳转执行"~/Home/Login",运行效果如图5.26所示。

图 5.26　HttpUnauthorizedResult 运行效果

5.4.11　HttpNoFoundResult

HttpNoFoundResult 表示找不到 Action 错误信息,ASP.NET MVC 会向客户端发送一个404的应答状态。为了页面美观,除了特定需要很少使用。

【例5-17】 创建 MVC 页面,在 HomeController 中创建 Action,测试 HttpNoFoundResult 类及相关方法的使用。

步骤1:编写 Action 代码如下。

```
public ActionResult Exam5_17()
{
    //进行逻辑判断,若满足某些条件则执行下面语句。
    return new HttpNotFoundResult();
}
```

步骤 2：浏览器中输入"http://localhost:62107/Home/Exam5_17"，测试运行效果如图 5.27 所示。

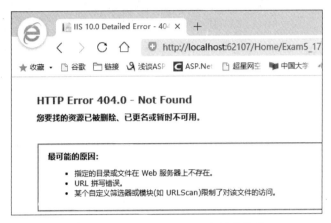

图 5.27　HttpNoFoundResult 运行效果

5.4.12　HttpStatusCodeResult

HttpStatusCodeResult 用于回传自定义的 HTTP 状态代码和消息给客户端。对于某些特殊的 HTTP 响应，可以使用 HttpStatusCodeResult 来响应状态代码。

HttpStatusCodeResult 状态代码可分为如下 5 种。

(1) 1XX：参考信息。

(2) 2XX：成功信息。其中，200 表示网页正常响应，201 表示 Created 服务器端已经成功创建资源。

(3) 3XX：重新导向信息。其中，302 表示 Found，查找这个资源但暂时转移到另一个 URL。301 表示 Moved Permanently，表示 URL 已经发生永久改变，客户端必须转向另一个 URL，且不用保留原 URL 的记录。

(4) 4XX：客户端错误信息。其中，404 Not Found 表示找不到网页，401 Unauthorized 表示拒绝访问。

(5) 5XX：服务器错误信息。其中，服务器发生错误时会响应 5XX 的状态代码，500 Internal Server Error 表示内部服务器错误，也是常见的 HTTP 状态代码。

【例 5-18】　创建 MVC 页面，在 HomeController 中创建 Action，测试 HttpStatusCodeResult 类及相关方法的使用。

步骤 1：编写 Action 代码如下。

```
public ActionResult Exam5_18(int? id)
{
    //参数不正确,直接抛出对应的 HttpStatusCodeResult 结果
    if (id ==null)
    {
        return new HttpStatusCodeResult(System.Net.HttpStatusCode.BadRequest);
```

```
    }
    return View();
}
```

步骤 2：添加视图 Exam5_18.cshtml。

步骤 3：浏览器中输入"http://localhost:62107/Home/Exam5_18"，测试运行效果如图 5.28 所示。

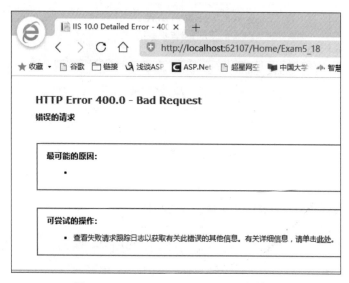

图 5.28　HttpStatusCodeResult 运行效果

上述代码也可以灵活写成如下这种非标准的自定义 HTTP 状态代码，如"HttpStatusCodeResult(400，"缺少相关参数");"来实现。

5.5　小结

本章主要介绍了控制器的作用；对控制器的创建进行了详细的讲解；对动作方法选择器中的属性进行了比较，分析了各自的优缺点和适合的应用；对 ActionResult 各子类分别以实例的形式进行了详细的讲解。

5.6　习题

一、选择题

1. 下列关于 Controller 的基本约束描述中，不正确的是(　　　)。

　　A. Controller 类必须为公有类型

　　B. 控制器名称必须以 Controller 结尾

C. 必须继承自 ASP.NET MVC 内置的 Controller 基类

D. Controller 必须是静态类

2. ASP.NET MVC 5 默认架构创建的 HomeController 类中,包含的公有方法数量是( )。

A. 1   B. 2   C. 3   D. 4

3. 使用 ASP.NET MVC 5 中提供的控制器"包含读/写操作的 MVC 5 控制器"模板创建的项目包含的模板是( )。

A. Details   B. Create   C. Edit   D. 以上所有

4. 下列应用于 Controller 中的 Action 的各属性中,表示 ActionInvoker 不会运行该 Action 的属性是( )。

A. 动作名称   B. 动作别名   C. 无为动作   D. 限定动作

5. 下列动作中用于回传自定义的 HTTP 状态代码和消息给客户端的是( )。

A. HttpStatusCodeResult   B. ViewResult

C. ContentResult   D. EmptyResult

6. 下列属于服务器错误代码的是( )。

A. 201   B. 302   C. 404   D. 500

二、填空题

1. _____在 ASP.NET MVC 中负责控制所有客户端与服务器端的交互,并且负责协调 Model 与 View 之间的数据传递,是 ASP.NET MVC 整体运作的核心角色。

2. 控制器中所有动作方法必须为_____,任何非公有的方法,如 private 或 protected 类型的方法都_____为动作方法。

3. 选择器在查找动作时,对 Action 的名称字符_____大小写。

4. 使用 ASP.NET MVC 5 中提供的控制器"包含读/写操作的 MVC 5 控制器"模板创建 Create、Edit、Delete 等活动,都包含默认的_____和_____修饰的两个动作。

5. 通过_____属性可以为动作设置别名,选择器将根据_____的名称来决定方法的调用,选择适当的 Action。

6. 客户端错误信息代码中,_____表示找不到网页,_____表示拒绝访问。

三、简答题

1. 简述 ActionResult 的子类型有哪些。

2. 简述如何设置非 Action 方法。

3. 简述如何改变 Action 的名字。

4. 请简述控制器的作用。

5. 请简述编写控制器的基本要求。

综合实验五:图像上传模块

主要任务:

创建 ASP.NET MVC 应用程序,为图书封面上传模块添加控制器和视图,实现图像上传的基本功能。

实验步骤：

步骤 1：在 Visual Studio 2017 菜单栏中选择"文件"→"新建"→"项目"选项。

步骤 2：创建 ASP.NET MVC 应用程序，命名为"综合实验五"。

步骤 3：在网站的 Model 文件夹上右击，创建模型类 BookModel.cs，编辑代码如下。

```
using System.ComponentModel.DataAnnotations;
using System.Linq;
using System.Web;
namespace 综合实验五.Models
{
    public class BookModel
    {
        [Display(Name = "图书 ISBN")]
        [Required(ErrorMessage = "请输入图书 ISBN!")]
        public string BookIsbn { get; set; }
        [Display(Name = "图书名称")]
        [Required(ErrorMessage = "请输入图书名称!")]
        public string BookTitle { get; set; }
        [Display(Name = "图书封面")]
        [Required(ErrorMessage = "请上传图书封面!")]
        [ValidateFile]
        public HttpPostedFileBase BookImage { get; set; }
    }
}
```

步骤 4：在 BookModel.cs 文件中添加文件验证属性类 ValidateFileAttribute，编辑代码如下。

```
public class ValidateFileAttribute : ValidationAttribute
{
    public override bool IsValid(object value)
    {
        int contentLength = 1024 * 1024 * 4;
        string[] fileExtensions = new string[] { ".jpg", ".gif", ".png", ".pdf" };
        var file = value as HttpPostedFileBase;
        if (file ==null)
            return false;
        else if (! fileExtensions. Contains (file. FileName. Substring (file.
FileName.LastIndexOf('.'))))
        {
            ErrorMessage = "允许上传的图书封面类型: " + string. Join (", ",
fileExtensions);
            return false;
        }
        else if (file.ContentLength >contentLength)
```

```
        {
ErrorMessage = "上传图片过大,不能超过" + (contentLength / 1024).ToString() + "MB";
            return false;
        }
        else
            return true;
    }
}
```

步骤 5：右击 Controllers 文件夹,添加 BookControllers 控制器,编辑代码如下。

```
using System.IO;
using System.Web.Mvc;
using 综合实验五.Models;
namespace 综合实验五.Controllers
{
    public class BookController : Controller
    {
        public ActionResult UploadFile()
        {
            return View();
        }
        [HttpPost]
        public ActionResult UploadFile(BookModel book)
        {
            if (ModelState.IsValid)
            {
                var fileName = book.BookImage.FileName;
                var filePath = Server.MapPath(string.Format("~/{0}", "File"));
                book.BookImage.SaveAs(Path.Combine(filePath, fileName));
                ModelState.Clear();
            }
            return View();
        }
    }
}
```

步骤 6：右击 UploadFile()方法,添加视图 UploadFile.cshtml,编辑代码如下。

```
@model 综合实验五.Models.BookModel
@{
    ViewBag.Title = "BookImageUploadFile";
}
<h2>BookImageUploadFile</h2>
<form id="uploadFileSub" action="/Book/UploadFile" method="post" enctype=
"multipart/form-data">
    <fieldset>
```

```
<ul class="lifile">
    <li>
        @Html.LabelFor(m =>m.BookIsbn)<br />
        @Html.TextBoxFor(m =>m.BookIsbn, new { maxlength = 50 })
        @Html.ValidationMessageFor(m =>m.BookIsbn)
    </li>
    <li>
        @Html.LabelFor(m =>m.BookTitle)<br />
        @Html.TextBoxFor(m =>m.BookTitle, new { maxlength = 200 })
        @Html.ValidationMessageFor(m =>m.BookTitle)<br />
    </li>
    <li>
        @Html.LabelFor(m =>m.BookImage)
        @Html.TextBoxFor(m =>m.BookImage, new { type = "file" })
        @Html.ValidationMessageFor(m =>m.BookImage)
        <span id="warning" style="color:red;font-size:large;"></span>
    </li>
    <li>
        <input type="submit" value="提交" />
    </li>
</ul>
</fieldset>
</form>
```

步骤 7：测试运行结果如图 5.29 所示。

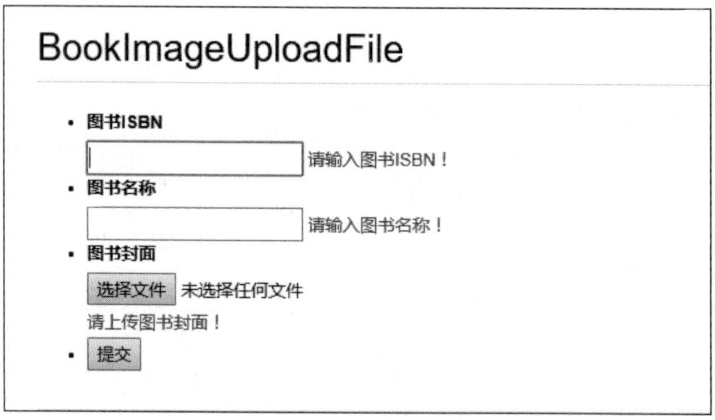

图 5.29 图片上传测试运行结果

第**6**章

视　图

本章导读

视图是 ASP.NET MVC 中显示处理数据的用户界面,作为用户和系统之间的沟通桥梁,负责将 Controller 传过来的数据转换为指定格式显示给用户。本章将学习如何显示数据并进行必要的逻辑处理,如何进行数据删除、修改等视图的核心内容。

本章要点

* 视图的创建
* 强类型与弱类型
* Razor 视图引擎
* HTML Helper 类
* 分部视图

6.1　视图简介

在 ASP.NET MVC 中,视图存储在视图文件夹 Views 中。Controllers 类中的每个公有方法(Action)对应一个视图,在 Views 文件夹中会包含一个与控制器同名的子文件夹,该文件夹中存储与控制器中方法对应的所有视图。例如,HomeController 控制器中所有公有方法对应的视图存储在视图文件夹的 Home 子文件夹中,StudentController 控制器中所有操作方法对应的视图存储在视图文件夹的 Student 子文件夹中,如图 6.1 所示。

ASP.NET MVC 支持多种类型的视图文件,具体如表 6.1 所示。

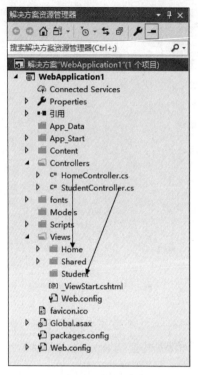

图 6.1　控制器与视图的对应关系

表 6.1　视图中的文件类型

文件扩展名	说　　明
.cshtml	C♯ Razor 视图，支持带有 HTML 标签的 C♯ 页面
.vbHTML	Visual Basic Razor 视图，支持带有 HTML 标签的 Visual Basic 页面
.aspx	ASP.NET Web 网页
.ascx	ASP.NET 用户自定义控件
.HTML 或.htm	传统的 HTML 静态页面

6.2　向视图中传递数据

ASP.NET MVC 视图中的数据通常由控制层的 Action 传递，可以使用 MVC 中特有的 ViewData、ViewBag、TempData、Model 等对象进行传值，也可以使用 Web 开发中常用的 Session、Cookies 等对象传值。按传递对象类型的不同可以分为"强类型传值"和"弱类型传值"两大类。

视频讲解

6.2.1 弱类型传值

所谓弱类型传值简单理解就是从控制层传递到视图中的数据为 object 类型,在视图中使用时需要进行一定的类型转换,主要有 ViewData、ViewBag 和 TempData 三种传递方式,各类型定义语法如下。

(1) ViewData 获取或设置视图数据字典,返回视图数据字典。

```
public ViewDataDictionary ViewData { get; set; }
```

(2) ViewBag 获取动态视图数据字典,返回动态视图数据字典。

```
[Dynamic]  public dynamic ViewBag { get; }
```

(3) TempData 获取或设置临时数据字典,返回临时数据字典。

```
public TempDataDictionary TempData { get; set; }
```

ViewData 和 TempData 分别是 ViewDataDictionary 和 TempDataDictionary 类型,这两种类型均实现了 IDictionary 接口,都是字典类型,具有 public object this[string key] { get; set; }公有索引器和 public void Add(string key, object value)公有方法,对应有如下两种赋值方式。

- 索引器赋值:

```
ViewData["key"]=value;
TempData["key"]=value;
```

- 方法赋值:

```
ViewData.Add("key", value);
TempData.Add("key", value);
```

ViewBag 则为 dynamic 动态类型,网站运行时自动进行类型转换,不需要进行任何类型转换,可以为其添加任意属性并进行赋值,使用简单,可读性好。

【例 6-1】 创建 ASP.NET MVC 页面,使用 ViewDate、ViewBage 和 TempData 分别传递数据,测试三种传递方式调用时的差异及时效性。

步骤 1:添加"数据传递测试.cshtml"页面,编辑代码如下。

```
<HTML>
<head>
<meta name="viewport" content="width=device-width" />
<title>ViewDataViewBag数据传递测试</title>
</head>
<body>
<div>
<p>ViewData["Num"](需要进行类型转换):@((int)ViewData["Num"] +1) </p>
<p>ViewData["Num2"](需要进行类型转换):@((int)ViewData["Num2"] +1) </p>
<p>ViewBag.Num(不需要进行类型转换):@(ViewBag.Num +1)</p>
```

```
<p>TempData["Num"](需要进行类型转换):@((int)TempData["Num"] +1)</p>
<a href="数据时效性测试">第二次调用进行数据传递</a>
</div>
</body>
</HTML>
```

步骤 2：添加"数据时效性测试.cshtml"页面，编辑代码如下。

```
<HTML>
<head>
<meta name="viewport" content="width=device-width" />
<title>TestTempData</title>
</head>
<body>
<div>
<p>TempData["Num"](已访问过 1 次):@TempData["Num"] </p>
<p>TempData["Num2"](未访问过):@TempData["Num2"] </p>
<p>ViewData["Num"](已访问过 1 次):@ViewData["Num"]  </p>
<p>ViewBag.Num2(未访问过):@(ViewBag.Num +1)</p>
</div>
</body>
</HTML>
```

步骤 3：编辑 Action 代码如下。

```
public ActionResult 数据传递测试()
{
    ViewData["Num"] = 100;
    ViewData.Add("Num2", 200);
    ViewBag.Num = 100;
    ViewBag.Num2 = 200;
    TempData["Num"] = 100;
    TempData["Num2"] = 200;
    return View();
}
public ActionResult 数据时效性测试()
{
    return View();
}
```

步骤 4：运行"数据传递测试.cshtml"页面，运行结果如图 6.2 所示。

步骤 5：单击"第二次调用进行数据传递"超链接，跳转到"数据时效性测试.cshtml"页面，运行结果如图 6.3 所示。

由上述实例可明显看出，ViewData 和 TempData 为字典类型，在前端页面使用的时需要进行类型转换。ViewBag 为动态类型，运行时自动进行类型转换，不需要进行任何类型转换。

ViewData 和 ViewBag 只有在当前页面中有效，而 TempData 类型则可以作为临时变

图 6.2　数据传递测试

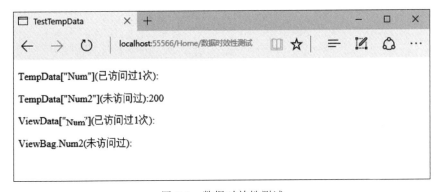

图 6.3　数据时效性测试

量在后台各 Action 之间传值，Controller 每次执行请求时，会从 Session 中获取 TempData，而后清空 Session。因此 Tempdata 数据最多只能经过一次 Controller 传递，并且每个元素最多只能访问一次，之后将被删除。图 6.3 里的 TempData["Num"]为 null，也说明了 TempData 访问一次后被清空。在视图中被访问过的 TempData 对象，如需要继续保留其值，可以通过 TempData.Keep("key")方法实现。

6.2.2　强类型传值

视频讲解

ASP.NET MVC 也提供使用原始数据类型直接向视图中传递数据的强类型传值方法。强类型传值的方法可以提供丰富的智能输入提示信息和编译检查。强类型传值可以通过直接创建强类型视图实现，也可以通过在普通视图的头部添加@model 语句，在视图中识别控制器传入的对象类型实现。

【例 6-2】　新建 ASP.NET MVC 页面，创建强类型视图，在视图中使用强类型对象 Model 传值。

步骤 1：在模型文件夹 Models 中新建 Student.cs 文件，编辑 Student 类代码如下。

```
namespace WebApplication5.Models
{
```

```
public class Student
{
    public string SNo
    {   get;
        set;
    }
    public string SName
    {
        get;
        set;
    }
    public int SAge
    {
        get;
        set;
    }
    public Student(string no, string name, int age)
    {
        SNo = no;
        SName = name;
        SAge = age;
    }
}
```

步骤 2：在 View 文件夹的 Home 子文件夹上右击，选择"添加"→"视图"选项，添加新视图，相关设置如图 6.4 所示。

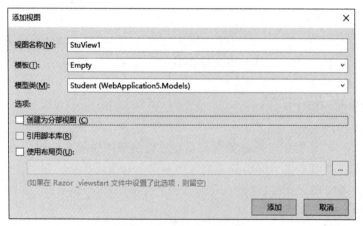

图 6.4　添加强类型视图

步骤 3：在 StuView1.cshtml 页面头部自动生成@model 模型声明，编辑页面代码如下。

```
@model WebApplication5.Models.Student
```

```
@{
    Layout = null;
}
<HTML>
<head>
<title>StuView1</title>
</head>
<body>
<div>
<p>学号：@Model.SNo</p>
<p>姓名：@Model.SName</p>
<p>年龄：@Model.SAge</p>
</div>
</body>
</HTML>
```

步骤 4：编辑控制器中的 StuView1() 方法，代码如下。

```
public ActionResult StuView1()
{
    WebApplication5.Models.Student stu = new Models.Student("001", "LiMing", 18);
    return View(stu);
}
```

步骤 5：运行 StuView1.cshtml 页面，运行结果如图 6.5 所示。

图 6.5　网站运行结果

在 StuView1.cshtml 页面源代码中使用了强类型对象 @Model，该对象完整形式为 this.ViewData.Model，相当于.NET 平台做的一个简单封装，@this.ViewData.Model.SNo 可以简化地写为 @Model.SNo，@Model 就是与视图数据关联的模型。

除了传递单一对象以外，也可以通过控制器将集合数据向视图进行传递，使用 List 集合类或 IEnumerable 接口对象都可以实现。

【例 6-3】　新建 ASP.NET MVC 页面，创建普通视图，在普通视图中使用强类型，并由控制器向视图中传递对象集合。

步骤 1：在控制器中新建 Action，命名为 StuListView1，编辑代码如下。

```
public ActionResult StuListView1()
```

```
{
    List<WebApplication5.Models.Student>list = new List<Models.Student>();
    WebApplication5.Models.Student stu;
    //向 List 集合中添加 5 名学生信息
    for (int i = 1; i <=5; i++)
    {
        string no = "00" +i.ToString();
        string name = "stu" +i.ToString();
        int age = 17 +i;
        stu = new Models.Student(no, name, age);
        list.Add(stu);
    }
    return View(list);
}
```

步骤 2：在 StuListView1()方法上右击，内容菜单中选择"添加视图"，添加普通视图 StuListView1.cshtml，编辑代码如下。

```
@using WebApplication5.Models      @* 引入命名空间 *@
@model List<WebApplication5.Models.Student>
@{
    Layout = null;
}
<!DOCTYPE HTML>
<HTML>
<head>
<meta name="viewport" content="width=device-width" />
<title>StuListView1</title>
</head>
<body>
<div>
<table>
<tr>
<td>学号</td>
<td>姓名</td>
<td>年龄</td>
</tr>
        @foreach (Student stu in Model)
        {
            <tr>
            <td>@stu.SNo</td>
            <td>@stu.SName</td>
            <td>@stu.SAge</td>
            </tr>
```

```
            }
    </table>
    </div>
    </body>
    </HTML>
```

步骤 3：运行 StuListView1.cshtml 页面，结果如图 6.6 所示。

图 6.6　页面运行结果

上述学生列表的显示也可以使用 List 模板创建强视图快速实现。在"步骤 2"添加视图时，可以按图 6.7 进行设置。

图 6.7　添加 List 模板视图

视图页 StuListView1.cshtml 将会自动生成源代码，极大减少代码编写量，代码如下。

```
@model IEnumerable<WebApplication5.Models.Student>
@{
    Layout = null;
}
<!DOCTYPE HTML>
<HTML>
<head>
<meta name="viewport" content="width=device-width" />
```

```
<title>StuListView1</title>
</head>
<body>
<p>
        @HTML.ActionLink("Create New", "Create")
</p>
<table class="table">
<tr>
<th>
                @HTML.DisplayNameFor(model =>model.SNo)
</th>
<th>
                @HTML.DisplayNameFor(model =>model.SName)
</th>
<th>
                @HTML.DisplayNameFor(model =>model.SAge)
</th>
<th></th>
</tr>
    @foreach (var item in Model){
<tr>
<td>
                @HTML.DisplayFor(modelItem =>item.SNo)
</td>
<td>
                @HTML.DisplayFor(modelItem =>item.SName)
</td>
<td>
                @HTML.DisplayFor(modelItem =>item.SAge)
</td>
<td>
                @HTML.ActionLink("Edit", "Edit", new { /* id=item.PrimaryKey */ }) |
 @HTML.ActionLink("Details", "Details", new { /* id=item.PrimaryKey */ })|
                @HTML.ActionLink("Delete", "Delete", new { /* id=item.PrimaryKey */ })
</td>
</tr>
    }
</table>
</body>
</HTML>
```

　　自动生成的代码中，model 被声明为 IEnumerable 接口集合，HTML.DisplayFor()、
HTML.DisplayNameFor()、HTML.ActionLink()等 HTML 辅助方法，将在后续章节详细

讲解。页面运行结果如图 6.8 所示。

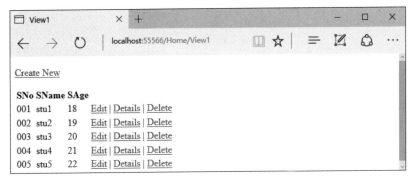

图 6.8　页面运行结果

通过上述实例可直观发现,强类型传值具有智能输入提示和编译检查等优点,但控制器中每个 Action 只可以向视图传递一个强类型数据,若需要传递多种类型的数据仍需要使用弱类型传值实现。

6.3　Razor 视图引擎

Razor 是专门为开发 ASP.NET Web 应用程序而设计的全新语法,它并不是一种新的程序设计语言,只是一种允许向网页中嵌入基于服务器的 Visual Basic 或 C♯代码的标记语法。区别于以往 ASP.NET 中<%…%>角括号书写的代码,Razor 使用@符号表示代码段,其既拥有传统 ASP.NET 标记的能力,又有效减少了代码冗余,增强了代码的可读性,具有更好的 Visual Studio 智能感知,一经推出就深受 ASP.NET MVC 开发者的爱戴。

在 Razor 语法中@符是最重要的符号,被用于每一个 Razor 服务器代码段的开始。网页加载时,服务器在向浏览器返回页面之前,会执行页面内的服务器代码创建动态内容。

下面将以 C♯为例讲解 Razor 的基本语法。

6.3.1　单行内容输出

输出单行表达式(变量和函数)时只需要以@开头即可。

【例 6-4】　新建 ASP.NET MVC 页面,创建视图,在 HTML 标签内添加 Razor 语句,显示当前的系统时间。

步骤 1:在.cshtml 文件内,添加 Razor 语句如下。

```
<HTML>
<head>
<meta name="viewport" content="width=device-width" />
<title>SingleLine</title>
</head>
```

```
<body>
<div>
        @DateTime.Now
</div>
</body>
</HTML>
```

步骤2：运行网站，执行结果如图6.9所示。

图 6.9　单行 Razor 语句执行结果

6.3.2　多行内容输出

输出多行 Razor 代码需要将代码封装于 @{ … } 中，并按 C♯ 规范将每条代码以分号结尾。

【例 6-5】 新建 ASP.NET MVC 页面，创建视图，在 HTML 标签内添加 Razor 语句，显示学生的姓名、年龄信息。

步骤 1：在.cshtml 文件内，添加 Razor 语句如下。

```
<HTML>
<head>
<meta name="viewport" content="width=device-width" />
<title>MultLines</title>
</head>
<body>
<div>
        @{
            string name = "li ming";
            int age = 20;
        }
        姓名：@name
<br/>
        年龄：@age
</div>
</body>
</HTML>
```

步骤 2：运行网站，执行结果如图 6.10 所示。

图 6.10　多行 Razor 语句的执行结果

6.3.3　表达式的输出

输出的 Razor 代码中如果含有运算符的表达式,需要将其封装于@(…)中。

【例 6-6】　新建 ASP.NET MVC 页面,创建视图,在 HTML 标签内添加 Razor 语句,在表达式中使用运算符。

视频讲解

步骤 1：在.cshtml 文件内,添加 Razor 语句如下。

```
<HTML>
<head>
<meta name="viewport" content="width=device-width" />
<title>Exception</title>
</head>
<body>
<div>
      @(3.2+5)
      @(2 >1 ? "正确":"错误")
</div>
</body>
</HTML>
```

步骤 2：运行网站,执行结果如图 6.11 所示。

图 6.11　Razor 表达式语句的执行结果

6.3.4　包含文字的输出

当输出的 Razor 代码包含其他文字时,需要以@：开头。

【例 6-7】　新建 ASP.NET MVC 页面,创建视图,在 HTML 标签内添加 Razor 语句,

Razor 代码块内输出普通文本。

步骤 1：在.cshtml 文件内，添加 Razor 语句如下。

```html
<HTML>
<head>
<meta name="viewport" content="width=device-width" />
<title>Text</title>
</head>
<body>
<div>
    @{
        string name = "li ming";
        int age = 20;
        @:姓名: @name
<br />
        @:年龄: @age
    }
</div>
</body>
</HTML>
```

步骤 2：运行网站，执行结果如图 6.12 所示。

图 6.12 包含其他文字的 Razor 语句执行结果

6.3.5 HTML 编码

视频讲解

为了防止 XSS 跨站点脚本注入攻击，Razor 将自动进行 HTML 编码。在 Razor 内部将首先对内容进行了编码，然后输出到页面上。如@{red}显示时并不会将 red 文字进行加粗显示。如果想输出 HTML 标记的结果，需要设置 Razor 使其不进行编码。

使用 HTML.Raw()方法可以将 HTML 标记恢复原样，在浏览器正常解析。

【例 6-8】 新建 ASP.NET MVC 页面，创建视图，在 HTML 标签内添加 Razor 语句，使用 HTML.Raw()方法显示 HTML 标签的内容。

步骤 1：在.cshtml 文件内，添加 Razor 语句如下。

```html
<HTML>
<head>
<meta name="viewport" content="width=device-width" />
```

```
<title>Encode</title>
</head>
<body>
<div>
        @{string str="<font color='red'>红字</font>";}
</div>
    @str
<br />
    @HTML.Raw(str)
</body>
</HTML>
```

步骤 2：运行网站，执行结果如图 6.13 所示。

图 6.13　HTML 编码的 Razor 语句执行结果

6.3.6　服务器端注释

对于 Razor 中需要注释的内容，可以用 @ * … * @ 将其进行封装，语法结构如下。

`@ * 注释内容，不编译不显示 * @`

编译运行时将不运行也不显示此部分内容，编辑过程中可以选择菜单栏的 ☰ 按钮，或者快捷键 Ctrl＋E、C 进行选中行的注释；可以选择菜单栏的 ⩵ 按钮，或者快捷键 Ctrl＋E、U 取消选中行的注释。

视频讲解

6.3.7　转义字符

@ 在 Razor 有了特定的含义，如果要输出 @ 就需要使用 Razor 中的转义字符来实现。@@ 就是 @ 的转义字符，如 @@age 输出时将表示 @age，下面的代码将输出相同的结果。

```
<p>@@ABC</p>
<p>&#64;ABC</p>
```

视频讲解

6.3.8　Razor 中的分支结构

C＃ 中的 if…else 条件结构以及 switch…case 多分支结构在 Razor 语法下均可以正常

视频讲解

163

使用,下面以实例分别进行讲解。

1. if…else 条件结构

if…else 条件语法结构如下。

```
@if (条件表达式)
{
    语句块 1;
}
else
{
    语句块 2;
}
```

Razor 语法要求以 if 语句开始,首先计算条件表达式的值,如果值为 true 将执行语句块 1,否则执行语句块 2。

【例 6-9】 新建 ASP.NET MVC 页面,创建视图,在 HTML 标签内添加 Razor 语句,使用 if…else 条件结构输出两个整数的最大值。

步骤 1:在.cshtml 文件内,添加 Razor 语句如下。

```
<HTML>
<head>
<title>Getmax</title>
</head>
<body>
    @{int a = 5, b = 3, max;
    }
    @if (a >b)
    {
        max=a;
    }
    else
    {
        max=b;
    }
    最大值: @max
</body>
</HTML>
```

步骤 2:运行网站,执行结果如图 6.14 所示。

2. switch…case 多分支结构

switch…case 多分支语法结构如下。

```
@switch(表达式)
{
    case 常量 1:
        语句块 1;
```

图 6.14 Razor 中 if···else 条件分支语句执行结果

```
        break;
    case 常量 2:
        语句块 2;
        break;
    ...
    default:
        语句块 m;
        break;
}
```

首先计算 switch 后表达式的值,如果表达式的值与某个 case 后面的常量值相同,则执行该 case 语句后面的若干语句块直到遇到 break 为止。如果该 case 语句中没有 break 语句,将继续执行后面所有语句,直到遇到 break 语句为止。若没有某个常量的值与表达式的值相同,则执行 default 后面的语句块 m。default 语句为可选项,如果 switch 语句中表达式的值不与任何 case 的常量值相同,且没有 default 语句将不做任何处理。

【例 6-10】 新建 ASP.NET MVC 页面,创建视图,在 HTML 标签内添加 Razor 语句,使用 switch···case 多分支结构输出还有几天到周末。

步骤 1:在.cshtml 文件内,添加 Razor 语句如下。

```
@{
    string day = DateTime.Now.DayOfWeek.ToString();
    string message = "";
}


<HTML>
<head>
<meta name="viewport" content="width=device-width" />
<title>GetWeekEnd</title>
</head>
<body>
<div>
    @switch (day)
    {
        case "Monday":
            message = "This is the first weekday.";
            break;
        case "Thursday":
```

```
            message = "Only one day before weekend.";
            break;
        case "Friday":
            message = "Tomorrow is weekend!";
            break;
        default:
            message = "Today is " +day;
            break;
    }
        @message
</div>
</body>
```

步骤2：运行网站，执行结果如图6.15所示。

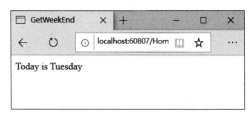

图6.15　Razor中switch…case多分支结构运行结果

注意：

switch(表达式)中的表达式可以为 int、char、string 等数据类型。

6.3.9　Razor 中的循环结构

视频讲解

C♯中的 for 循环、while 循环、do…while 循环以及 foreach 迭代循环在 Razor 语法中均可以正常使用，下面用实例分别讲解 for 循环和 foreach 迭代循环在 Razor 中的使用。

1. for 循环

for 循环语法结构如下。

@for(表达式1;表达式2;表达式3)
{
　　语句块;
}

for 循环是编程语言中最常使用的循环语句，由三个表达式和循环体内的语句块组成。初始执行表达式1，然后计算表达式2是否为真，如果为真执行循环体内语句块，再执行表达式3，然后再计算表达式2，执行循环体语句块，执行表达式3，…，如此循环直至表达式2为假，循环结束。

循环体中的语句块可以只有一条语句，也可包含多条或者零条语句，当只有一条语句时，大括号{}可以省略。

【例6-11】　创建 ASP.NET MVC 页面，创建视图，在 HTML 标签内添加 Razor 语句，

使用 for 循环计算 1 到 100 的和。

步骤 1：在.cshtml 文件内，添加 Razor 语句如下。

```
<HTML>
<head>
<title>GetSum</title>
</head>
<body>
<div>
        @{int sum=0; }
        @{ for (int i = 1; i <=100; i++)
            {
                sum +=i;
            }
        }
        1+2+…+100=@sum
</div>
</body>
</HTML>
```

步骤 2：运行网站，执行结果如图 6.16 所示。

图 6.16　Razor 中的 for 循环结构运行结果

2. foreach 迭代循环

foreach 迭代循环语法结构如下。

```
foreach(var 迭代变量 in 集合或数组)
{
    语句块;
}
```

foreach 迭代循环是 C♯ 中特有的一种循环结构，可以对某个集合或者数组进行迭代访问。for 循环对于集合或数组的遍历需要设置循环条件，设置对不同位置的元素进行遍历的规则，而 foreach 循环则只需要说明要访问的集合或者数组即可。唯一不方便地点在于迭代变量在循环内是只读，无法对其值进行修改和删除操作。

【例 6-12】　新建 ASP.NET MVC 页面，创建视图，在 HTML 标签内添加 Razor 语句，使用 foreach 迭代循环统计某一成绩表中优秀和不及格的学生人数（成绩＜60 为不及格，成绩≥90 为优秀）。

步骤 1：在.cshtml 文件内，添加 Razor 语句如下。

```
@{ int[] scores ={ 45, 9, 97, 57, 67, 75, 93, 56, 74, 69, 83, 74, 64, 56 };}
```

```html
<HTML>
<head>
<title>GetScores</title>
</head>
<body>
<div>
        @{ int num1 = 0, num2 = 0;
            foreach (int s in scores)
            {
                if (s < 60)
                {
                    num1++;
                }
                if (s >= 90)
                {
                    num2++;
                }
            }
        }
        优秀人数：@num2
<br />
        不及格人数：@num1
</div>
</body>
</HTML>
```

步骤2：运行网站，执行结果如图6.17所示。

图6.17　Razor中的foreach迭代循环执行结果

6.4　HTML Helper 类

HTML Helper 类是 ASP.NET MVC 框架中提供的可自动生成 HTML 标签的类。在开发 View 时通常需要许多 HTML 标签，书写相对比较烦琐，为了降低开发的复杂度，类似于 ASP.NET 中对于控件的使用，MVC 中将 HTML 标签的标准写法包装成 HTML 辅助方法，通过使用 HTML 辅助方法快速构建 HTML 标签和内容，使 View 开发更快速，并可避免不必要的语法错误。同时，也可以使用扩展方法在 HTML Helper 类中添加生成控件的自定义方法。

6.4.1　ActionLink()方法输出超链接

超链接是 View 页面开发时最常用的 HTML 标签，使用 HTML.ActionLink()辅助方法可以生成文字链接，并可对其文字部分自动进行 HTML 编码，具体方法的语法结构如下。

视频讲解

（1）@HTML.ActionLink(string linkText,string actionName)

ActionLink 方法最基本的用法，参数 linkText 表示超链接显示的文字，参数 actionName 表示将跳转到本视图所在控制器中的目标 action。其中链接文字部分不可为空字符串、空白字符串以及 null 值，否则将抛出 The Value cannot be null or empty 的异常。

（2）@HTML.ActionLink(string linkText,string actionName,string controllerName)

跳转到本视图所在控制器以外控制器的链接方法，参数 controllerName 表示将要跳转到的控制器路径及控制器名。

（3）@HTML.ActionLink(string linkText,string actionName,object routeValue)

跳转同时通过路由传递参数，routeValue 为通过表单路由传递的参数。例如，@HTML.ActionLink("链接文字","ActionName",new{name=li,age=10})是向控制器传递了两个参数 name=li,age=10。

（4）@HTML.ActionLink(string linkText,string actionName,object routeValue,object HTMLAttributes)

向超链接传入额外的 HTML 属性，参数 HTMLAttributes 表示传递额外的 HTML 属性。如@HTML.ActionLink("链接文字","ActionName", new{id=001},new{@class="black"})方法设置超链接的 CSS 样式表中使用的 class 属性为 black。在套用的 CSS 样式用到的 class 属性名称为 C♯的关键字，所以需要使用@class 的方式。如果输出 HTML 属性包括减号"−"时，需要使用"_"下画线代替。例如 data−value 属性，需要写为 data_value。

（5）@HTML.ActionLink(string linkText,string actionName,string controllerName,object routeValue,object HTMLAttributes)

跳转超链接中可以设置超链接显示的文字，跳转到指定控制器路由的目标 action，并可以通过路由传递参数以及额外的 HTML 属性。

【例 6-13】　新建 ASP.NET MVC 页面，使用 HTML.ActionLink()方法编写超链接，测试上述 5 种 ActionLink()辅助方法。

步骤 1：新建.cshtml 页面，编辑代码如下。

```
@{
    Layout = null;
}
<!DOCTYPE HTML>
<HTML>
```

```
<head>
<meta name="viewport" content="width=device-width" />
<title>ActionLink 测试</title>
</head>
<body>
<div>
        @HTML.ActionLink("重载方法 1", "linkAction")
        @HTML.ActionLink("重载方法 2", "linkAction", "Home")
        @HTML.ActionLink("重载方法 3", "linkAction", new { name = "li", age = 10 })
        @HTML.ActionLink("重载方法 4", "linkAction", new { name = "li", age = 10 },
new { style = "font-size:x-large" })
        @HTML.ActionLink("重载方法 5", "linkAction", "Home", new { name = "li", age
= 10 }, new { style = "font-size:x-large" })
</div>
</body>
</HTML>
```

步骤 2：运行页面，运行结果如图 6.18 所示。

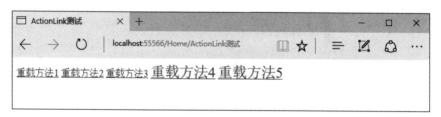

图 6.18　ActionLink()辅助方法测试运行结果

步骤 3：查看网页源文件，对应的 HTML 代码如下。

```
<HTML>
    <head>
        <meta name="viewport" content="width=device-width" />
        <title>ActionLink 测试</title>
    </head>
    <body>
        <div>
            <a href="/Home/linkAction">重载方法 1</a>
            <a href="/Home/linkAction">重载方法 2</a>
            <a href="/Home/linkAction? name=li&age=10">重载方法 3</a>
            <a href="/Home/linkAction? name=li&age=10" style="font-size:x-
large">重载方法 4</a>
            <a href="/Home/linkAction? name=li&age=10" style="font-size:x-
large">重载方法 5</a>
        </div>
    </body>
</HTML>
```

6.4.2 BeginForm()方法输出表单

HTML.BeginForm()方法的主要功能是用来产生＜form＞标签,通常使用 using 调用来实现自动产生表单结尾,常用的形式如下。

（1）BeginForm(string actionName,string controllerName)

生成表单最基本的用法,参数 actionName 为表单提交后的目标 Action,参数 视频讲解 controllerName 为表单提交后的目标 Controller。

（2）BeginForm(string actionName,string controllerName,FormMethod method)

生成表单并指定表单的提交方式,参数 method 为表单的提交方式,包括 Post 和 Get 两种方式,未赋值时默认为 Post 方式。

（3）BeginForm(string actionName,string controllerName, object routeValue, FormMethod method)

指定表单的提交方式并通过路由传值,参数 routeValue 表示通过表单路由传递的值。

【例6-14】 创建 ASP.NET MVC 页面,使用 HTML.BeginForm()方法生成表单,测试上述 3 种 BeginForm()辅助方法。

步骤 1:新建.cshtml 页面,编辑代码如下。

```html
<HTML>
<head>
<meta name="viewport" content="width=device-width" />
<title>BeginForm测试</title>
</head>
<body>
    @using (HTML.BeginForm("BeginForm", "Home"))
    {
<li>BeginForm重载方法 1</li>
    }
    @using (HTML.BeginForm("BeginForm", "Home",FormMethod.Get))
    {
<li>BeginForm重载方法 2</li>
    }
    @using (HTML.BeginForm("BeginForm", "Home", new { name = "li", age = 10 },
FormMethod.Get))
    {
<li>BeginForm重载方法 3</li>
    }
<div>
</div>
   </body>
</HTML>
```

步骤 2:运行页面,运行结果如图 6.19 所示。

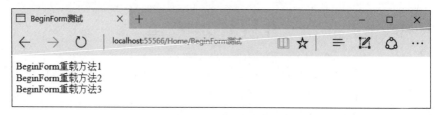

图 6.19 BeginForm()辅助方法测试运行结果

步骤 3：查看网页源文件，对应的 HTML 代码如下。

```
<HTML>
    <head>
        <meta name="viewport" content="width=device-width" />
        <title>BeginForm测试</title>
    </head>
    <body>
        <form action="/Home/BeginForm" method="post"><li>BeginForm 重载方法 1</
li></form>
        <form action="/Home/BeginForm" method="get"><li>BeginForm 重载方法 2</
li></form>
        <form action="/Home/BeginForm? name=li&amp;age=10" method="get"><li>
BeginForm 重载方法 3</li></form>
    </body>
</HTML>
```

实际应用中也可以配合 HTML.EndForm() 使用，以产生</form>表单结尾。

```
@using (HTML.BeginForm("BeginForm", "Home"))
 {
        <li>BeginForm 重载方法 1</li>
 }
```

与下列形式等价。

```
@HTML.BeginForm("BeginForm", "Home")
        <li>BeginForm 重载方法 1</li>
@HTML.EndForm()
```

在例 6-14 中如果想要用 HTML 表单实现文件上传的功能，则必须在输出的<form>表单标签加上一个 enctype 属性，且内容必须设定为 multipart/form-data，编辑代码如下。

```
 @using ( HTML. BeginForm ( " Upload "," File ", FormMethod. Post, new { enctype =
"multipart/form-data"}))
 {
@HTML.TextBox("File1","",new{type="file",size="25"})
<input type="submit"/>
 }
```

HTML 辅助方法中并没有 File 方法，需要用 TextBox()方法来代替，并将传入的第三个参数 type 属性修改成 file。

6.4.3　Label()方法输出标签

标签用于显示文本信息，是 View 页面开发时最常用的文字显示容器，可以使用 HTML.Label()辅助方法产生标签，具体使用方法如下。

视频讲解

（1）@HTML.Label(string text)

最基本的用法，参数 text 为标签显示的文字。

（2）@HTML.ActionLink(string Text,object HTMLAttributes)

参数 HTMLAttributes 为对文本设置的 HTML 属性。

【例 6-15】　新建 ASP.NET MVC 页面，使用 HTML.Label()方法生成表单，测试上述两种 Label()辅助方法。

步骤 1：新建 cshtml 页面，编辑页面源代码如下。

```
<HTML>
<head>
<meta name="viewport" content="width=device-width" />
<title>Label 测试</title>
</head>
<body >
<div>
        @HTML.Label("普通 Label")
<br />
        @HTML.Label("设置了 HTML 属性的 Label", new { style = "color:red;font-
family:Verdana;font-size:x-large;font-style:italic" })
</div>
</body>
</HTML>
```

步骤 2：页面运行结果如图 6.20 所示。

图 6.20　Label()辅助方法测试运行结果

步骤 3：查看网页源文件，对应的 HTML 代码如下。

```
<HTML>
<head>
<meta name="viewport" content="width=device-width" />
```

```
<title>Label 测试</title>
</head>
<body >
<div>
<label for="">普通 Label</label>
<br />
<label for="" style="color:red;font-family:Verdana;font-size:x-large;font-style:italic">设置了 HTML 属性的 Label</label>
</div>
</body>
</HTML>
```

6.4.4 TextBox()方法输出文本框

视频讲解

文本是在 View 页面开发时最常用的输入输出标签,用于在网页中显示或输入文本信息,使用 HTML.TextBox()辅助方法可以产生文本框,具体使用方法如下。

(1) @HTML.TextBox(string textName)

基本的使用方法,参数 textName 表示当前 form 内可唯一确定文本框的 ID。

(2) @HTML.TextBox(string textName,string value)

参数 value 表示标签文本框的值。

(3) @HTML.TextBox(string textName,string value,object HTMLAttributes)

参数 HTMLAttributes 表示文本框的 HTML 属性。

【例 6-16】 创建 ASP.NET MVC 页面,使用 HTML. TextBox ()方法生成表单,测试上述 3 种 TextBox ()辅助方法。

步骤 1:新建 cshtml 页面,编辑代码如下。

```
<HTML>
<head>
<meta name="viewport" content="width=device-width" />
<title>TextBox 测试</title>
</head>
<body>
<div>
        普通文本框:@HTML.TextBox("txt1")<br />
        设置文本内容的文本框:@HTML.TextBox("txt2","预设文本值")<br />
        设置 HTML 属性的文本框:@HTML.TextBox("txt3","设置了 HTML 属性", new { style = "color:red;font-size:x-large;font-style:italic" })<br />
</div>
</body>
</HTML>
```

步骤 2:页面运行结果如图 6.21 所示。

步骤 3:查看网页源文件,对应的 HTML 代码如下。

图 6.21 TextBox() 辅助方法测试运行结果

```
<HTML>
<head>
<meta name="viewport" content="width=device-width" />
<title>TextBox测试</title>
</head>
<body>
<div>
        普通文本框: <input id="txt1" name="txt1" type="text" value="" /><br />
        设置文本内容的文本框: <input id="txt2" name="txt2" type="text" value="预设
文本值" /><br />
        设置 HTML 属性的文本框: <input id="txt3" name="txt3" style="color:red;font-
size:x-large;font-style:italic" type="text" value="设置了 HTML 属性" /><br />
</div>
</body>
</HTML>
```

6.4.5 Password() 方法输出密码框

密码框是在 View 页面开发时常用的加密输入输出标签,使用 HTML.Password() 辅助方法可以产生密码框,具体使用方法如下。

视频讲解

(1) @HTML.Password(string name)

基本的使用方法,参数 name 表示当前 form 内可唯一确定密码框的 ID。

(2) @HTML.Password(string name, object value)

参数 value 表示密码框的值,通常设置为空。

(3) @HTML.Password(string name, string value, object HTMLAttributes)

参数 HTMLAttributes 表示密码框的 HTML 属性。

【例 6-17】 新建 ASP.NET MVC 页面,使用 HTML.Password() 方法生成表单,测试上述 3 种 Password() 辅助方法。

步骤 1:新建 cshtml 页面,编辑代码如下。

```
<HTML>
<head>
<meta name="viewport" content="width=device-width" />
<title>Password测试</title>
```

```
</head>
<body>
<div>
        普通密码框：@HTML.Password("pwd1")<br />
        设置内容的密码框：@HTML.Password("pwd2", "密文显示")<br />
        设置 HTML 属性的密码框：@HTML.Password("pwd3", "密文显示", new { style =
"color:red;font-size:x-large;font-style:italic" })<br />
</div>
</body>
</HTML>
```

步骤 2：页面运行结果如图 6.22 所示。

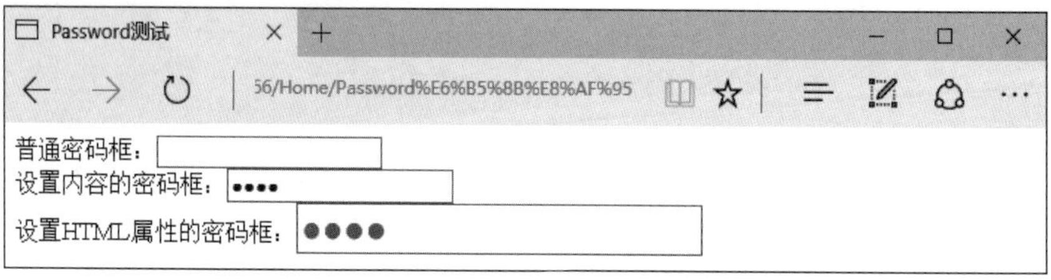

图 6.22 Password()辅助方法测试运行结果

步骤 3：查看网页源文件，对应的 HTML 代码如下。

```
<HTML>
<head>
<meta name="viewport" content="width=device-width" />
<title>Password测试</title>
</head>
<body>
<div>
        普通密码框：<input id="pwd1" name="pwd1" type="password" /><br />
        设置内容的密码框：<input id="pwd2" name="pwd2" type="password" value="密
文显示" /><br />
        设置 HTML 属性的密码框：<input id="pwd3" name="pwd3" style="color:red;font
-size:x-large;font-style:italic" type="password" value="密文显示" /><br />
</div>
</body>
</HTML>
```

6.4.6 TextArea()方法输出多文本区域

视频讲解

多文本区域是在 View 页面开发时常用的文本块输入输出标签，使用 HTML.TextArea()
辅助方法可以产生文本区域控件，具体使用方法如下。

（1）@HTML.TextArea(string textName)

基本的使用方法，参数 textName 表示当前 form 内唯一确定多文本区域的 ID。

（2）@HTML.TextArea(string textName,string value)

参数 value 表示多文本区域的值。

（3）@HTML.TextArea(string textName,string value,object HTMLAttributes)

参数 HTMLAttributes 表示多文本区域的 HTML 属性。

（4）@HTML.TextArea(string textName,string value,int rows,int columns,object HTMLAttributes)

参数 rows 表示多文本输入区域的行数,参数 columns 表示多文本输入区域的列数。

【例 6-18】 创建 ASP.NET MVC 页面,使用 HTML.TextArea()方法生成多文本区域,测试上述 4 种 TextArea()辅助方法。

步骤 1：新建 cshtml 页面,编辑代码如下。

```
<HTML>
<head>
<meta name="viewport" content="width=device-width" />
<title>TextArea 测试</title>
</head>
<body>
<div>
        普通多文本区域：@HTML.TextBox("txt1")<br />
        设置文本内容的多文本区域：@HTML.TextArea("txt2", "预设文本值")<br />
        设置 HTML 属性的多文本区域：@HTML.TextArea("txt3", "设置了 HTML 属性", new
{ style ="color:red;font-size:x-large;font-style:italic" })<br />
        设置行列的多文本区域：@HTML.TextArea("txt4", "设置了行数和列数和 HTML 属性",5,
4, new { style = "color:red;font-size:x-large;font-style:italic" })<br />
</div>
</body>
</HTML>
```

步骤 2：页面运行结果如图 6.23 所示。

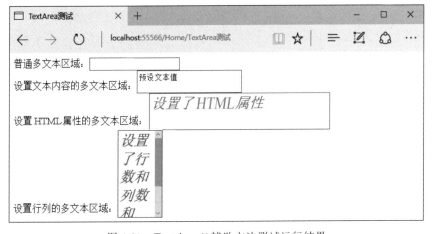

图 6.23 TextArea()辅助方法测试运行结果

步骤3：查看网页源文件，对应的 HTML 代码如下。

```
<HTML>
<head>
<meta name="viewport" content="width=device-width" />
<title>TextArea 测试</title>
</head>
<body>
<div>
        普通多文本区域：<input id="txt1" name="txt1" type="text" value="" /><br />
        设置文本内容的多文本区域：<textarea cols="20" id="txt2" name="txt2" rows="2">
预设文本值</textarea><br />
        设置 HTML 属性的多文本区域：<textarea cols="20" id="txt3" name="txt3" rows="2"
style="color:red;font-size:x-large;font-style:italic">
        设置了 HTML 属性</textarea><br />
        设置行列的多文本区域：<textarea cols="4" id="txt4" name="txt4" rows="5"
style="color:red;font-size:x-large;font-style:italic">
设置了行数和列数和 HTML 属性</textarea><br />
</div>
</body>
</HTML>
```

6.4.7 RadioButton()方法输出单选按钮

视频讲解

单选按钮是以文字形式呈现的选择项，允许从互斥的选择项中选择一项，是实现单选功能最常使用的一种方式。使用 HTML.RadioButton()辅助方法可以产生单选按钮，具体使用方法如下。

（1）@HTML.RadioButton(string GroupName，object value)

基本的使用方法，参数 GroupName 表示的单选按钮所属组的 ID，GroupName 相同的单选按钮为同一组，组内最多一项被选中。参数 value 表示单选按钮的值。

（2）@HTML.RadioButton(string GroupName，object value，bool isChecked)

参数 isChecked 表示选中状态，true 为选中，false 为未选中，默认值为 false。

（3）@HTML.RadioButton(string GroupName，object value，bool isChecked，object HTMLAttributes)

参数 HTMLAttributes 表示单选按钮的 HTML 属性。

【例6-19】 新建 ASP.NET MVC 页面，使用 HTML.RadioButton()方法生成单选按钮，测试上述 3 种 RadioButton()辅助方法。

步骤1：新建 cshtml 页面，编辑代码如下。

```
<HTML>
<head>
<meta name="viewport" content="width=device-width" />
<title>RadioButton 测试</title>
```

```
</head>
<body>
<div>
        选择正确答案：
        @HTML.RadioButton("answer1", "A")      A．地球是圆的
        @HTML.RadioButton("answer1", "B")      B．地球是方的
        @HTML.RadioButton("answer1", "C")      C．地球是扁的
        @HTML.RadioButton("answer1", "D")      D．地球是椭圆的
<br />
        性别：@HTML.RadioButton("sex1", "M", true)男 @HTML.RadioButton("sex1", "F")女
<br />
        明白该用法：
        @HTML.RadioButton("like1", "Y", true, new { id = "like_Y" })是
        @HTML.RadioButton("like1", "N", new { id = "like_N" })否<br />
<br />
</div>
</body>
</HTML>
```

步骤 2：页面运行结果如图 6.24 所示。

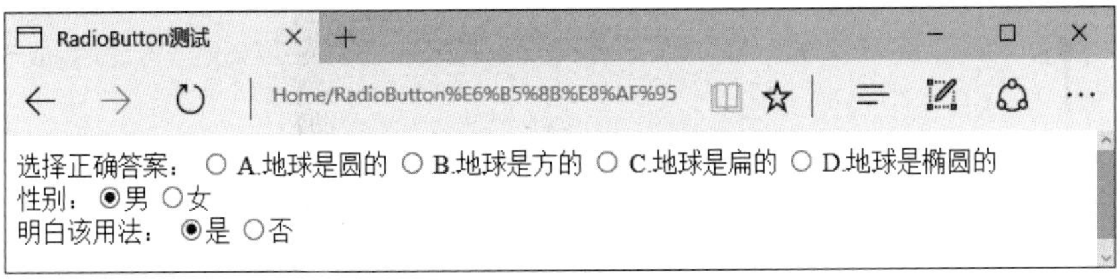

图 6.24　RadioButton()辅助方法测试运行结果

步骤 3：查看网页源文件，对应的 HTML 代码如下。

```
<HTML>
<head>
<meta name="viewport" content="width=device-width" />
<title>RadioButton测试</title>
</head>
<body>
<div>
        选择正确答案：
<input id="answer1" name="answer1" type="radio" value="A" />   A．地球是圆的
<input id="answer1" name="answer1" type="radio" value="B" />   B．地球是方的
<input id="answer1" name="answer1" type="radio" value="C" />   C．地球是扁的
<input id="answer1" name="answer1" type="radio" value="D" />   D．地球是椭圆的
<br />
        性别：<input checked="checked" id="sex1" name="sex1" type="radio" value=
"M" />男 <input id="sex1" name="sex1" type="radio" value="F" />女
<br />
```

明白该用法：

```
<input checked="checked" id="like_Y" name="like1" type="radio" value="Y" />是
<input id="like_N" name="like1" type="radio" value="N" />否<br />
<br />
</div>
</body>
</HTML>
```

6.4.8　CheckBox()方法输出复选框

视频讲解

复选框允许从选择项中选择多个，是实现多选功能最常使用的一种方式。使用HTML.CheckBox()辅助方法可以产生复选框，具体使用方法如下。

（1）@HTML.CheckBox(string name)

基本的使用方法，参数name表示的复选框名称的ID。

（2）@HTML. CheckBox (string name，bool isChecked)

参数isChecked表示选中状态，true为选中，false为未选中，默认值为false。

（3）@HTML.CheckBox(string name，bool isChecked，object HTMLAttributes)

参数HTMLAttributes表示复选框的HTML属性。

【例6-20】　新建 ASP.NET MVC 页面，使用 HTML.CheckBox()方法生成复选框，测试上述 3 种 CheckBox()辅助方法。

步骤 1：新建 cshtml 页面，编辑代码如下。

```
<HTML>
<head>
<meta name="viewport" content="width=device-width" />
<title>CheckBox 测试</title>
</head>
<body>
<div>
        选择正确答案：
        @HTML.CheckBox("answer_A")      A. 三角形有三个角
        @HTML.CheckBox("answer_B")      B. 三角形有三条边
        @HTML.CheckBox("answer_C")      C. 三角形有三个顶点
        @HTML.CheckBox("answer_D")      D. 三角形有三个锐角
<br />
        同意该说法：
        @HTML.CheckBox("agree1", true, new { id = "like_Y" })是
<br />
</div>
</body>
</HTML>
```

步骤 2：页面运行结果如图 6.25 所示。

图 6.25　CheckBox() 辅助方法测试运行结果

步骤 3：查看网页源文件，对应的 HTML 代码如下。

```
<HTML>
<head>
<meta name="viewport" content="width=device-width" />
<title>CheckBox 测试</title>
</head>
<body>
<div>
        选择正确答案：
< input id="answer_A" name="answer_A" type="checkbox" value="true" /><input name
="answer_A" type="hidden" value="false" />  A. 三角形有三个角
< input id="answer_B" name="answer_B" type="checkbox" value="true" /><input name
="answer_B" type="hidden" value="false" />  B. 三角形有三条边
< input id="answer_C" name="answer_C" type="checkbox" value="true" /><input name
="answer_C" type="hidden" value="false" />  C. 三角形有三个顶点
< input id="answer_D" name="answer_D" type="checkbox" value="true" /><input name
="answer_D" type="hidden" value="false" />  D. 三角形有三个锐角
<br />
        同意该说法：
< input checked="checked" id="like_Y" name="agree1" type="checkbox" value=
"true" /><input name="agree1" type="hidden" value="false" />是
<br />
</div>
</body>
</HTML>
```

6.4.9　DropDownList() 方法输出下拉列表

下拉列表可以将选择项放在一个下拉式菜单中，通过下拉的形式进行选择。下拉菜单内的选项只能实现单选，可以用来替代一组单选按钮，并且比单选按钮列表的占用位置更小，使用 HTML.DropDownList() 辅助方法可以产生下拉列表，具体使用方法如下。

（1）@HTML.DropDownList(string name,IEnumerable<SelectListItem> selectList)

基本的使用方法，参数 name 表示下拉列表名称的 ID。参数 selectList 表示下拉列表

视频讲解

的选择项内容,通常是在控制器中构建的集合。

（2）@HTML.DropDownList（string name, IEnumerable＜SelectListItem＞ selectList, object HTMLAttributes）

参数 HTMLAttributes 表示下拉列表的 HTML 属性。

（3）@HTML.DropDownList（string name, IEnumerable＜SelectListItem＞ selectList, string optionLabel）

参数 optionLabel 表示初始时下拉列表显示的内容,该内容如果不在选择项内,则会将其添加到选择项中。

【例 6-21】 创建 ASP.NET MVC 页面,使用 HTML.DropDownList()方法生成下拉列表,测试上述 DropDownList()辅助方法。

步骤 1：控制器中构建 IEnumerable＜SelectListItem＞类型的集合 List,包含一周 7 天。

```
public ActionResult DropDownList测试()
{
    List<SelectListItem>List = new List<SelectListItem>();
    for (int i = 0; i <7; i+ *+ *)
    {
        List.Add(new SelectListItem { Text = ((DayOfWeek)i).ToString(), Value =
i.ToString() });
    }
    ViewBag.List = List;
    return View();
}
```

步骤 2：新建 cshtml 页面,编辑代码如下。

```
<HTML>
<head>
<meta name="viewport" content="width=device-width" />
<title>DropDownList测试</title>
</head>
<body>
<div>
        请选择幸运日：
        @HTML.DropDownList("weekDay", ViewBag.List as IEnumerable<SelectListItem>)
<br />
        请选择星期几开始（默认为今天）：
        @HTML.DropDownList("weekToday", ViewBag.List as IEnumerable<SelectListItem>,
DateTime.Now.DayOfWeek.ToString())
</div>
</body>
</HTML>
```

步骤 3：页面运行结果如图 6.26 所示。

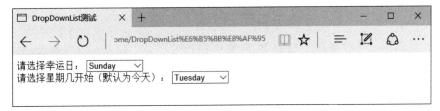

图 6.26 DropDownList()辅助方法测试运行结果

步骤 4：查看网页源文件，对应的 HTML 代码如下。

```
<HTML>
<head>
<meta name="viewport" content="width=device-width" />
<title>DropDownList 测试</title>
</head>
<body>
<div>
        请选择幸运日：
<select id="weekDay" name="weekDay"><option value="0">Sunday</option>
<option value="1">Monday</option>
<option value="2">Tuesday</option>
<option value="3">Wednesday</option>
<option value="4">Thursday</option>
<option value="5">Friday</option>
<option value="6">Saturday</option>
</select>
<br />
        请选择星期几开始(默认为今天)：
<select id="weekToday" name="weekToday"><option value="">Tuesday</option>
<option value="0">Sunday</option>
<option value="1">Monday</option>
<option value="2">Tuesday</option>
<option value="3">Wednesday</option>
<option value="4">Thursday</option>
<option value="5">Friday</option>
<option value="6">Saturday</option>
</select>
</div>
</body>
</HTML>
```

6.4.10　ListBox()方法输出列表框

视频讲解

列表框相当于一个扩展的下拉列表,可将选择项放在一个列表框中全部显示,或者显示部分选项,其余放置于下拉列表中。使用 HTML.ListBox()辅助方法可以产生列表框,具体使用方法如下。

(1) @HTML.ListBox(string name,IEnumerable＜SelectListItem＞ selectList)

基本的使用方法,参数 name 表示列表框名称的 ID。参数 selectList 表示列表框的选择项内容,通常是在控制器中构建的集合。

(2) @HTML.ListBox(string name,IEnumerable＜SelectListItem＞selectList,object HTMLAttributes)

参数 HTMLAttributes 表示列表框的 HTML 属性。

(3) @HTML.ListBox(string name,IEnumerable＜SelectListItem＞ selectList,string optionLabel)

参数 optionLabel 表示初始时列表框显示的内容,该内容如果不在选择项内,则将其添加到选择项中。

【例 6-22】　新建 ASP.NET MVC 页面,使用 HTML.ListBox()方法生成列表,测试上述 ListBox()辅助方法。

步骤 1: 控制器中构建 IEnumerable＜SelectListItem＞类型的集合 List,包含 A～G 共7 个大写字母。

```
public ActionResult ListBox测试()
{
    List<SelectListItem>List = new List<SelectListItem>();
    for (char ch='A';ch<='G';ch++)
    {
        List.Add(new SelectListItem { Text = ch.ToString(), Value = ch.ToString() });
    }
    ViewBag.List = List;
    return View();
}
```

步骤 2: 新建 cshtml 页面,编辑代码如下。

```
<HTML>
<head>
<meta name="viewport" content="width=device-width" />
<title>ListBox测试</title>
</head>
<body>
<div>
        请选择字母:
        @HTML.ListBox("Letters", ViewBag.List as IEnumerable<SelectListItem>)
```

```
<br />
        请选择对应的字母:
        @HTML.ListBox("Letters2", ViewBag.List as IEnumerable<SelectListItem>,new {
style="color:red;font-size:x-large;font-style:italic" })
</div>
</body>
</HTML>
```

步骤 3: 页面运行结果如图 6.27 所示。

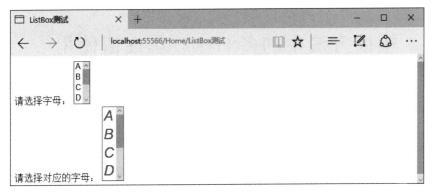

图 6.27　ListBox()辅助方法测试运行结果

步骤 4: 查看网页源文件,对应的 HTML 代码如下。

```
<HTML>
<head>
<meta name="viewport" content="width=device-width" />
<title>ListBox测试</title>
</head>
<body>
<div>
        请选择字母:
<select id="Letters" multiple="multiple" name="Letters">
<option value="A">A</option>
<option value="B">B</option>
<option value="C">C</option>
<option value="D">D</option>
<option value="E">E</option>
<option value="F">F</option>
<option value="G">G</option>
</select>
<br />
        请选择对应的字母:
<select id="Letters2" multiple="multiple" name="Letters2" style="color:red;
font-size:x-large;font-style:italic"><option value="A">A</option>
<option value="B">B</option>
```

```
<option value="C">C</option>
<option value="D">D</option>
<option value="E">E</option>
<option value="F">F</option>
<option value="G">G</option>
</select>
</div>
</body>
</HTML>
```

6.4.11 辅助方法中的多 HTML 属性值使用

View 页面中通常包含若干 HTML 标签,为了设置其样式和外观统一,需要在辅助方法中传递多个 HTML 属性值,此时可以通过创建 HTMLAttribute 集合并在多个标签使用来实现。

【例 6-23】 新建 ASP.NET MVC 页面,在控制器中创建 HTMLAttribute 集合,在视图页面中为多个 HTML 辅助方法生成的控件进行属性设置,实现相同的主题和样式。

步骤 1:控制器中构建 HTMLAttribute 集合测试()方法,设置相关属性值。

```
public ActionResult HTMLAttribute集合测试()
{
    IDictionary<string, object>attr = new Dictionary<string, object>();
    attr.Add("size", "32");
    attr.Add("style", "color:red;");
    ViewData["HTMLAttributes"] = attr;
    return View();
}
```

步骤 2:新建 cshtml 页面,编辑代码如下。

```
<HTML>
<head>
<meta name="viewport" content="width=device-width" />
<title>HTMLAttribute集合测试</title>
</head>
<body>
    @{
        var HTMLAttribute = ViewData["HTMLAttributes"] as IDictionary<string, object>;
    }
<div>
        @HTML.Label("lblName", "姓名: ", HTMLAttribute)
        @HTML.TextBox("name", "", HTMLAttribute)<br/>
        @HTML.Label("lblPwd", "密码: ", HTMLAttribute)
        @HTML.Password("password", "", HTMLAttribute)<br/>
        @HTML.Label("lblTel", "电话: ", HTMLAttribute)
```

```
        @HTML.TextBox("tel", "", HTMLAttribute)<br/>
</div>
</body>
</HTML>
```

步骤 3：页面运行结果如图 6.28 所示。

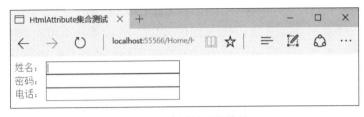

图 6.28   多属性运行结果

步骤 4：查看网页源文件，对应的 HTML 代码如下。

```
<HTML>
<head>
<meta name="viewport" content="width=device-width" />
<title>HTMLAttribute集合测试</title>
</head>
<body>
<div>
<label for="lblName" size="32" style="color:red;">姓名: </label>
<input id="name" name="name" size="32" style="color:red;" type="text" value=""
/><br/>
<label for="lblPwd" size="32" style="color:red;">密码: </label>
< input id = "password" name = "password" size = "32" style = "color:red;" type =
"password"value="" /><br/>
<label for="lblTel" size="32" style="color:red;">电话: </label>
<input id="tel" name="tel" size="32" style="color:red;" type="text" value=""
/><br/>
</div>
</body>
</HTML>
```

6.5   分部视图

在 ASP.NET WebForm 的开发中，开发人员可以根据应用程序的需求，方便地定义和编写用户控件（User Control）。用户控件能够提高应用程序的复用性，只要对用户控件进行修改，就可以实现所有页面中该控件的自动更新。在 ASP.NET MVC 中也可以使用分部视图（Partial View）来实现类似的功能，不但可以减少重复的代码，也利于将页面模块化。

视频讲解

6.5.1　分部视图简介

在 ASP.NET MVC 中 Partial View 可以简单地理解为一个 View 片段,这个 View 片段是其他多个 View 中都包含的部分,例如应用程序中每一页上都显示的股票行情、多个页面中显示的一个日历控件或者是使用 AJAX 技术的登录框等。

Partial View 实现的是部分 HTML 显示逻辑封装,方便重复引用。网站公用的分部视图默认放置于 View\Shared 目录,所有 Controller 下的 Action 或 View 都可以载入,如图 6.29 所示。

图 6.29　公用的分部视图

6.5.2　创建分部视图

建立分部视图与建立视图的步骤一样,在项目的/Views/Shared 目录上右击,在弹出的快捷菜单中选择"添加"→"视图"命令。接着,选中"创建为分部视图"复选框,如图 6.30 所示。

6.5.3　使用 HTML.Partial()载入分部视图

ASP.NET MVC 的 HTML.Partial()辅助方法是一个专门用来载入分部视图的方法,可以在 View 中直接加载分部视图,具体使用方法如下。

(1) @HTML.Partial(string partialViewName)

参数 partialViewName 表示要呈现的分部视图名称。例如,@HTML.Partial("_test")表示呈现当前视图所在文件夹下的_test 视图,如果没有找到,则搜索 Shared 文件夹下的

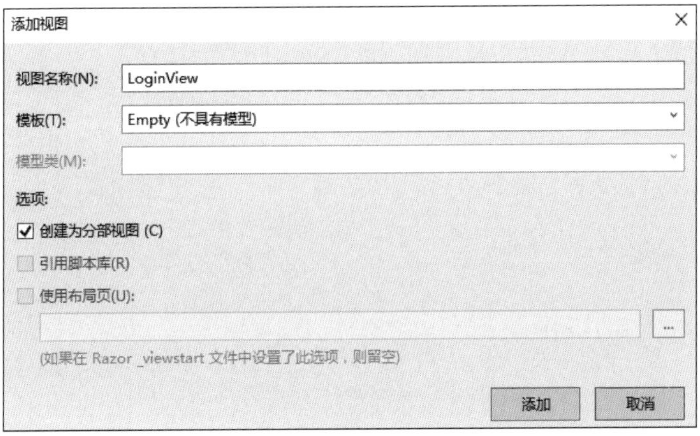

图 6.30　创建分部视图

_test 视图。

（2）@HTML.Partial(string partialViewName，object model)

参数 model 表示用于分部视图的模型。例如，@HTML.Partial("ajaxPage"，Model)表示使用 Model 模型呈现 ajaxPage 分部视图。

（3）@HTML.Partial(string partialViewName，ViewDataDictionary viewDate)

参数 viewDate 表示用于分部视图的视图数据字典。例如，HTML.Partial("ajaxPage"，ViewData["Model"])表示使用 ViewData["Model"]数据字典呈现 ajaxPage 分部视图。

【例 6-24】　新建 ASP.NET MVC 页面，在/Views/Shared 目录上创建分部视图，视图页面中使用 HTML.Partial()方法加载分部视图，测试上述 Partial()辅助方法。

步骤 1：新建分部视图 CopyPage.cshtml 页面，编辑代码如下。

```
<HTML>
<head>
<meta http-equiv="Content-Type" content="text/HTML; charset=utf-8" />
<meta name="viewport" content="width=device-width" />
<title>CopyPage</title>
</head>
<body>
<div>
<p>版权所有 &copy; XXXXXX 辽 ICP 备 XXXXXX 号</p>
<p>地址：XXXXXXXXXXXX</p>
<p>邮编：XXXXXX</p>
<p>电话：XXXX-XXXXXXXX</p>
</div>
</body>
</HTML>
```

步骤 2：在视图中添加测试页面 CopyPage.cshtml，编辑代码如下。

```
@{
    Layout = null;
```

```
}
<!DOCTYPE HTML>
<HTML>
<head>
<meta name="viewport" content="width=device-width" />
<title>Partail测试</title>
</head>
<body>
<div>
        @HTML.Partial("CopyPage")
</div>
</body>
</HTML>
```

步骤3：页面运行结果如图6.31所示。

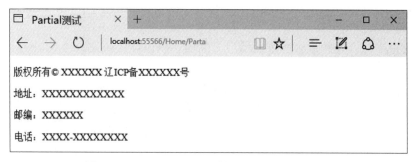

图 6.31　HTML. Partial()辅助方法测试运行结果

利用上述方式可实现分部视图的载入，并直接调用页面中传递的数据。在一个页面里，如果载入了多个分部视图，从每个分部视图都可以存取原页面的 ViewData、TempData 及 Model 等数据，所有从 Controller 传入的数据模型可以共用于各个分部视图之间。

在载入分部视图时，可以通过 HTML.Partial()辅助方法传入另一个 Model 数据，从而实现分部视图内部与载入该视图页面使用不同的模型数据，同时也可以将视图页面中的一部分数据作为分部视图页面中的数据使用。

下面以 AccountController 的 Login 页面为例进行分析，该页面在登录失败时会传入上一页输入的数据，当从视图页面中载入另一个分部视图时，可以传入一个 object 类型的参数作为分部视图的模型数据，编辑视图代码如下。

```
@model LoginModel
@{
    ViewBag.Title="登录";
}
@HTML.Partial("LoginFail", (object)Model.UserName)
```

接着在/Views/Account 目录下新增一个名为 LoginFail 的分部视图，其内容如下。

```
@model System.String
从视图页面传入的模型数据为：@Model
```

由上述描述可知,在一般视图页面中的 Model 与 LoginFail 分部视图里的 Model 是截然不同的两个模型。

6.5.4 使用 HTML.Action()载入分部视图

分部视图除了直接从视图页面载入外,也可以如同一般视图页面一样在 Controller 中通过方法调用,如 GetCopyPage()这个动作方法也可以在 Controller 中直接返回分部视图 CopyPage.cshtml。

```
Public ActionResult GetCopyPage()
{
    return PartialView();
}
```

在视图页面使用 HTML.Action()可以载入 GetCopyPage()这个 Action 的执行结果。

```
@HTML.Action("GetCopyPage")
```

通过 HTML.Action()和 HTML.Partial()载入的分部视图结果是一样的,但载入的过程却有较大差别。使用 HTML.Partial()载入分部视图是通过 HTMLHelper 直接读取 CopyPage.cshtml 文件执行显示结果,使用 HTML.Action()方法则是通过 HTMLHelper 再一次对 IIS 进行请求,需要重新执行一遍 Controller 的生命周期。

6.6 小结

本章主要介绍了视图的基本特征及使用;对弱类型传值和强类型传值进行了详细的讲解;将 Razor 视图中的各种输出及流程结构与 C♯ 进行了对比应用;详细地介绍了 HTMLHelper 类中的常用辅助方法;对于分部视图的两种载入方法进行了详细的讲解。

6.7 习题

一、选择题

1. 在 ASP.NET MVC 应用程序中,默认的母版页面是( )。

    A. Templet.cshtml   B. MasterPage.aspx

    C. Sample.aspx   D. _Layout.cshtml

2. 在 ASP.NET MVC 应用程序中,表示将内容视图加载到当前母版页面位置的代码是( )。

    A. @RenderBody()   B. @ContentPlaceholder()

    C. @RenderScripts   D. Content

3. 在 Global.asax 文件中 ASP.NET MVC 应用程序第一次启动时执行的方法是（　　）。

    A. Page_Load()　　　　　　　　　　　B. Application_Start()

    C. BundleConfig()　　　　　　　　　　D. RouteConfig()

4. 强类型视图中声明的视图绑定的模型关键字是（　　）。

    A. @Model　　　　B. @model　　　　C. @Type　　　　D. @type

5. 强类型视图中访问控制器传递的模型数据，可使用的关键字是（　　）。

    A. @Model　　　　　B. @model　　　　C. @Data　　　　D. @data

二、填空题

1. 在视图页面中输出单一变量时，只要在 C# 语句之前加上_____符号即可。

2. 在页面中执行多行 C# 代码时，必须在前后加上_____符号。

3. 要原封不动地输出字符串，可以利用_____辅助方法实现。

4. 在 View 中输出 ASP.NET MVC 的超链接通常会用_____辅助方法，该方法用于产生文字链接。

5. HTML Helper 类中_____辅助方法用来产生<form>标签。

6. HTML Helper 类中_____辅助方法用来载入分部视图。

7. HTML Helper 类中_____辅助方法用来从控制器载入分部视图。

8. Razor 视图对应的扩展名是_____和_____。

三、简答题

1. 简述 MVC 中 View 的作用。

2. 简述 ASP.NET MVC 应用程序中的 ViewData。

3. 简述 ASP.NET MVC 应用程序中的 ViewBag 和 ViewData 之间的区别。

4. 简述 ASP.NET MVC 应用程序中的 TempData。

5. 简述 ASP.NET MVC 应用程序中的 HTML Helper 类的作用。

6. 简述 ASP.NET MVC 应用程序中的一个视图是否可在多个 Controller 中共享。

综合实验六：视图分页显示

主要任务：

创建 ASP.NET MVC 应用程序，添加视图显示商品信息，实现视图的分页显示功能。

实验步骤：

步骤 1：使用 SQL Server 2012 数据库管理系统中 Cosmetics 数据库的 tb_product 数据表，添加部分测试数据，如图 6.32 所示。

步骤 2：Visual Studio 2017 菜单栏中选择"文件"→"新建"→"项目"选项，创建 ASP.NET MVC 应用程序，命名为"综合实验六"。

步骤 3：在应用程序上右击，选择"添加"→"新建项"选项，选择"ADO.NET 实体数据模型"，单击"添加"按钮。

步骤 4：在"实体数据模型向导"窗口的"选择模型内容"项中，选择"来自数据库的 EF

	pid	pname	photo	price	pnums	salenums	mess	state
1	7	相宜本草隔离乳	../../image/相宜本草隔离乳.jpg	75.00	899	98	水嫩亮彩防晒乳	有货
2	9	相宜本草洁面乳	../../image/相宜本草洁面乳.jpg	48.00	1889	321	水萦保湿	有货
3	14	雅诗兰黛乳液	../../image/雅诗兰黛乳液.jpg	284.00	800	376	活肤原生乳液	有货
4	15	雅诗兰黛红石榴活肤水	../../image/雅诗兰黛活肤水.jpg	286.00	600	289	红石榴精华	有货
5	17	雅诗兰黛眼部修护	../../image/雅诗兰黛眼部修护.jpg	644.00	666	211	雅诗兰黛眼部修护	有货
6	19	相宜本草精华液	../../image/相宜本草精华液.jpg	67.00	578	433	相宜本草精华液	有货
7	20	相宜本草保湿水	../../image/相宜本草保湿水.jpg	54.00	489	211	相宜本草保湿水	有货
8	22	相宜本草眼霜	../../image/相宜本草眼霜.jpg	88.00	400	222	相宜本草眼霜	有货
9	23	相宜本草面膜	../../image/相宜本草面膜.jpg	66.00	300	156	相宜本草面膜	有货
10	29	雅诗兰黛洗面奶	../../image/雅诗兰黛洗面奶.jpg	266.00	400	0	雅诗兰黛洗面奶	有货

图 6.32 tb_product 表测试数据

设计器"项,单击"下一步"按钮。

步骤 5：在"实体数据模型向导"窗口的"选择您的数据连接"项中,单击"新建连接"按钮,弹出"连接属性"窗口,"数据源"项选择为 Microsoft SQL Server（SqlClient）,"服务器名"项设置为.\sqlexpress,"选择或输入数据库名称"项设置为 Cosmetics,单击"确定"按钮。

步骤 6：默认将连接字符串保存到 App.Config 文件的 cosmeticsEntities 标签内,单击"下一步"按钮。

步骤 7：在"实体数据模型向导"窗口的"选择您的版本"项中,选择"实体框架 6.x"版本,单击"下一步"按钮。

步骤 8：在"实体数据模型向导"窗口的"选择您的数据库对象和设置"项中,选择数据库对象"表",选中"确定所生成的对象名称的单复数形式"复选框,单击"完成"按钮,如图 6.33 所示。

图 6.33 选择数据库对象

步骤 9：Visual Studio 将开始加入 EF 的程序包，以及自数据库中查询待导入的对象，并打开 EDM Designer 编辑页面，如图 6.34 所示。

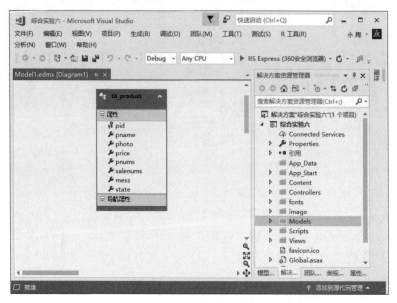

图 6.34　模型关系图

步骤 10：选择"项目"→"管理 NuGet 程序包"命令，如图 6.35 所示。搜索 PagedList 关键字，下载 PagedList 和 PagedList.Mvc 程序包，如图 6.36 所示。

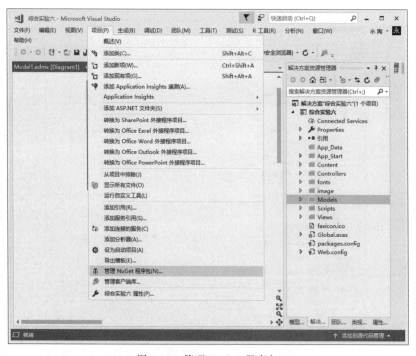

图 6.35　管理 NuGet 程序包

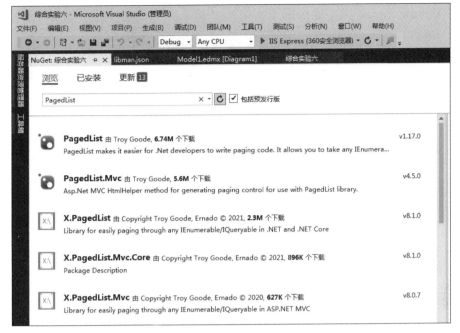

图 6.36　下载程序包

步骤 11：在应用程序"引用"文件夹上右击，如图 6.37 所示。选择"添加引用"，添加对 PagedList.dll 和 PagedList.Mvc.dll 程序集的引用，如图 6.38 所示。

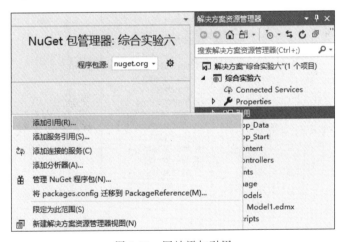

图 6.37　网站添加引用

步骤 12：在应用程序根目录添加文件夹 image，添加部分测试图片，如图 6.39 所示。

步骤 13：右击 Controllers 文件夹，添加 ProductControllers 控制器，编辑代码如下。

```
using PagedList;
using System;
using System.Linq;
using System.Linq.Expressions;
using System.Web.Mvc;
```

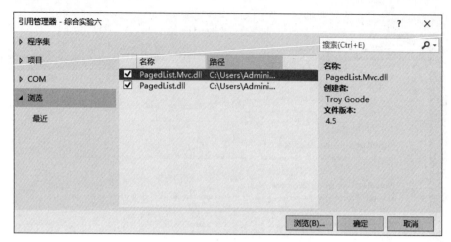

图 6.38　添加程序集引用

图 6.39　image 文件夹内容

```
using 综合实验六.Models;

namespace 综合实验六.Controllers
{
    public class ProductController : Controller
    {
        private CosmeticsEntities db = new CosmeticsEntities();
        // GET: Product
        public ActionResult Index(int? page)
        {
            var productList = from s in db.tb_product select s;
```

```
        productList = productList.OrderByDescending(a =>a.salenums);
        int pageNumber = page ?? 1;
        int pageSize = 4;
         IPagedList<tb_product> productPagedList = productList.ToPagedList
(pageNumber, pageSize);
            return View(productPagedList);
    }
    //分页条件查询并排序
     public IQueryable<tb_product> LoadPageItems<Tkey>(int pageSize, int
pageIndex, out int total, Expression<Func<tb_product, bool>>whereLambda, Func<
tb_product, Tkey>orderbyLambda, bool isAsc)
    {
        total = db.Set<tb_product>().Where(whereLambda).Count();
        if (isAsc)
        {
            var temp = db .Set<tb_product>().Where(whereLambda)
                        .OrderBy<tb_product, Tkey>(orderbyLambda)
                        .Skip(pageSize * (pageIndex -1))
                        .Take(pageSize);
            return temp.AsQueryable();
        }
        else
        {
            var temp = db .Set<tb_product>().Where(whereLambda)
                        .OrderByDescending<tb_product, Tkey>(orderbyLambda)
                        .Skip(pageSize * (pageIndex -1))
                        .Take(pageSize);
            return temp.AsQueryable();
        }
    }
}
```

步骤14：右击 Index()方法，添加视图 Index.cshtml，编辑代码如下。

```
@using 综合实验六.Models
@using PagedList.Mvc;
@modelPagedList.IPagedList<tb_product>
@{
    ViewBag.Title = "Index";
}
<h2>产品首页</h2>
@{
        <table class="table" style="width:42%">
            @foreach (var item in Model)
            {
```

```
        <tr style="width:391px">
            <td rowspan="4"><img src="@item.photo" height="300" /></td>
            <td>@Html.DisplayFor(modelItem =>item.pname)</td>
        </tr>
        <tr>
            <td>@Html.DisplayFor(modelItem =>item.price)</td>
        </tr>
        <tr>
            <td>@Html.ActionLink("详情", "Details", new { id = item.pid })</td>
        </tr>
        <tr>
            <td>@Html.ActionLink("加入购物车", "JoinCart","Cart", new { id =
item.pid },"")</td>
        </tr>
        }
    </table>
}
<div>
    每页@Model.PageSize 条记录,共 @Model.PageCount 页,当前第 @Model.PageNumber 页
    @Html.PagedListPager(Model, page =>Url.Action("Index", new { page }))
</div>
```

步骤15：页面分页测试运行结果如图 6.40 所示。

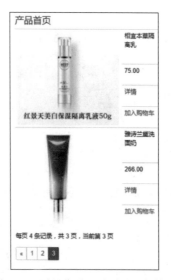

图 6.40　页面分页显示测试运行结果

第 7 章

网 址 路 由

本章导读

ASP.NET MVC 中所有的 Web 应用程序都至少需要一个网址路由来说明该 URL 将被映射到的控制器和调用的方法。本章将学习 ASP.NET MVC 中如何使用默认路由并进行限制,如何设置某些特定功能的特性路由,如何进行路由选择等路由设置中的核心内容。

本章要点

- 路由基础
- 路由声明
- 路由匹配限制
- 路由约束
- 路由选择

7.1 网址路由的基础

在传统的 ASP.NET Web 应用程序中,访问时每个 URL 都与磁盘上的一个文件对应。而在 ASP.NET MVC 应用程序中,URL 不再对应于服务器上的文件,而是被映射成对控制器中方法的调用。实现这种对应关系的系统被称为网址路由(URL Routing),简称路由。每一个 ASP.NET MVC 的 Web 应用程序至少需要一个网址路由来说明 URL 到控制器和调用方法的映射关系。

7.1.1 网址路由的作用

一组网址路由组成一个应用程序的路由规则集合,简称路由集(RouteCollection),路由集中的路由按照某种约定,将请求的 URL 与各种模式进行匹配,识别 URL 并做出响应。

视频讲解

网址路由在 ASP.NET MVC 中主要有两个用途：一个是比对浏览器传入的 HTTP 请求，另一个是将网址重写返回给浏览器进行显示。

从网址路由作用的角度可以将 ASP.NET MVC 执行的生命周期分为三个阶段。第一阶段为网址路由的比对阶段，ASP.NET MVC 客户端浏览器向服务器发出 HTTP 请求，通过网址路由查找路由表。第二阶段是执行 Controller 中的 Action 阶段，找到对应的 Controller 和 Action 进行处理。第三阶段是重写 URL 并向客户端呈现 View 的阶段，将信息返回给客户端。三个阶段的流程如图 7.1 所示。

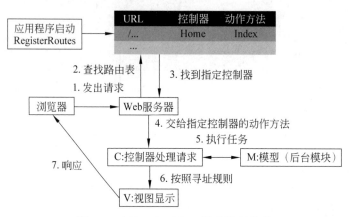

图 7.1　ASP.NET MVC 路由执行流程

网址路由具有如下优点。

（1）可以根据系统需求，灵活地划分请求规则，不同模块的请求对应不同的 URL。

（2）可以屏蔽页面的物理路径，不能根据 URL 分析视图文件在网站目录中的位置，从而提高系统的安全性。

（3）有利于搜索引擎优化，将 URL 请求统一规范，页面在维护中发生变化 URL 也可保持不变。

7.1.2　ASP.NET MVC 5 路由分类

视频讲解

在 ASP.NET MVC 5 中包含两种形式的路由：一种是创建 Web 应用程序时，在解决方案的 App_Start 文件夹中 RouteConfig.cs 默认注册的基于约定的传统路由，简称传统路由；另一种是 ASP.NET MVC 5 特有的基于属性的特性路由，简称特性路由。特性路由使用 C# 语句进行定义，作用于方法或控制器上。根据需求可以在同一个项目中组合使用这两种路由。

7.2　传统路由

7.2.1　默认路由

视频讲解

ASP.NET MVC 应用程序中所有的请求都是通过路由规则去映射的，该规则在创建网站时就在解决方案中被默认注册,保存在 App_Start 文件夹中的 RouteConfig.cs 文件的 RegisterRoutes 静态方法中,该方法中包含了网址路由各基本属性的设置。网站运行时在全局应用程序类 Global.asax.cs 文件中进行调用执行。

Application_Start()方法的默认代码如下。

```
public class MvcApplication : System.Web.HttpApplication
{
    protected void Application_Start()
    {
        AreaRegistration.RegisterAllAreas();
        WebApiConfig.Register(GlobalConfiguration.Configuration);
        RouteConfig.RegisterRoutes(RouteTable.Routes);
        BundleConfig.RegisterBundles(BundleTable.Bundles);
        AuthConfig.RegisterAuth();
    }
}
```

当 ASP.NET MVC 程序运行时,首先触发执行 Application_Start()方法,在方法内调用执行 RouteConfig.RegisterRoutes()方法,并将网站的路由集 RouteTable.Routes 对象传入 RouteConfig 类的静态方法 RegisterRoutes()中,在 RegisterRoutes()方法内对整个网站的路由进行相关设置。

在解决方案中打开 Global.asax.cs 文件,代码中包含 ASP.NET MVC Web 程序运行入口的 Application_Start()方法。在方法中执行 RouteConfig.RegisterRoutes(RouteTable. Routes)实现对注册路由方法的调用,并通过参数传递了 RouteTable.Routes 对象。RouteTable 是系统定义的存储应用程序 URL 路由的类,该类中只包含一个静态的 RouteCollection 类型的属性 Routes,用来存储网址的路由集。RouteCollection 类是.NET 框架中定义的 ASP.NET MVC 路由集合类,封装了 ASP.NET MVC 路由中所有的属性和方法。

打开 App_Start 文件夹中的 RouteConfig.cs 文件,RouteConfig.cs 中默认代码如下。

```
public class RouteConfig
{
    public static void RegisterRoutes(RouteCollection routes)
    {
        routes.IgnoreRoute("{resource}.axd/{*pathInfo}");
        routes.MapRoute(
        name: "Default",
        url: "{controller}/{action}/{id}",
        defaults: new { controller = "Home", action = "Index", id = UrlParameter.
Optional }
        );
    }
}
```

在 RouteConfig 类中定义了注册路由的静态方法 RegisterRoutes(),方法中包含路由集类型的参数 routes,在方法内可以对网站路由集 RouteTable.Routes 对象进行设置。

注意:

(1) 方法中"routes.IgnoreRoute("{resource}.axd/{ * pathInfo}");"命令用来设置忽略路由,可以定义不需要由路由进行处理的网址。用户访问时会将浏览器中的网址与方法中参数的规则字符串进行比对,如果比对成功将不使用路由,而由 IIS 服务器进行响应。

(2) 规则字符串中的{resource}表示名称为 resource 的路由变量,用于接收地址栏中输入字符串值,可以接受任何合法的标识符。

(3) {resource}.axd 表示所有以.axd 结尾的字符串,用于避免访问时将 ASP.NET Web Form 网址误当作路由进行解析。

(4) { * pathInfo}中 pathInfo 是路由变量,前面加星号 * 代表所有的意思,pathInfo 变量将获取客户端地址栏输入的除了{resource}.axd/以外所有的网址。

(5)命令"routes.IgnoreRoute("{resource}.axd/{ * pathInfo}");"的作用是只要网址中出现.axd 结尾的字符串,就不使用路由进行解析。

routes.MapRoute(name,url,default)方法用来定义网址路由的扩展方法,参数 name 表示新定义的路由名,参数 url 表示路由的格式字符串,参数 defaults 用于设置路由中各参数的默认值。

```
routes.MapRoute(
        name: "Default",
        url: "{controller}/{action}/{id}",
        defaults: new { controller = " Home", action = " Index", id =
UrlParameter.Optional }
        );
```

表示新添加的网址路由名为 Default,URL 格式为{controller}/{action}/{id}。例如,输入网址 user/show/001,则 controller 路由值为 user,action 值为 show,id 值为 001。如果网址缺省则默认 controller 路由值为 Home,action 值为 Index,没有 id 参数。

id 参数的默认值被设置为 UrlParameter.Optional,表示该参数为可选参数,在 URL 路径中可以为该参数赋值也可以不赋值。此种赋值方式不需要为 id 赋一个无意义的值,就可以对/Home/Index 和/Home 都能正常匹配。

7.2.2 URL 路由声明

视频讲解

routes.MapRoute(name,url,default)方法中的第二个参数 url 表示一种类似统一资源路径的 URL 路由模式,简称 URL 模式。该模式是一种由固定的字符串常量和用{}标识的占位符变量组成的字符串。例如,{controller}/{action}/{id}就是一个基本的 URL 模式,声明了网址由 3 个占位符变量以及两个字符串常量/组成。

URL 模式的基本语法结构如下。

{占位符变量 1}字符串常量 1{占位符变量 2}字符串常量 2...{占位符变量 n}字符串常量 n

占位符变量可以是单一的字符也可以是一个字符串,类似于函数中变量的功能;字符串常量则是一个固定的字符或者字符串，如比较常见的斜杠/。表 7.1 通过示例说明 URL 模式和实际 URL 的匹配规则。

表 7.1　URL 模式和实际 URL 的匹配举例

URL 模式	实际 URL	是否可匹配	参数赋值
{controller}/{action}/{id}	/localhost/Home/Index/1	是	controller 变量值：Home action 变量值：Index id 变量值：1
{table}/Details.aspx	/Products/Details.aspx	是	table 变量值：Products
blog/{action}/{entry}	/blog/show/123	是	action 变量值：show entry 变量值：123
{type}/{year}/{month}/{day}	/sales/2020/3/5	是	type 变量值：sales year 变量值：2020 month 变量值：3 day 变量值：5
{locale}/{action}	/US/show	是	locale 变量值：US action 变量值：show
{language}-{country}/{action}	/en-us/show	是	language 变量值：en country 变量值：us action 变量值：show

{controller}/{action}是最常见的 URL 模式，在实际的 ASP.NET MVC 应用程序中{controller}和{action}这两个占位符变量是 ASP.NET MVC 约定中必不可少的组成部分，其中 controller 对应要执行的控制器名，action 对应方法名。这两个占位符变量可以在字符串的任意位置，如果缺少则可能会出现找不到路径的错误。

URL 模式匹配字符串中的重要原则如下。

（1）字符串常量必须严格匹配，比对时 URL 中的字符串和路由模式中的字符串常量必须完全一致。

（2）匹配中大小写不敏感，即 URL 模式匹配不区分大小写。

（3）所有未包含在大括号内的信息均将被作为一个字符串常量进行比对。

（4）不能以斜杠/或波浪线～字符作为 URL 模式字符串的开头，字符串常量中不能包含问号？字符。

（5）两个占位符变量之间必须由字符串常量作为间隔，即占位符变量不能连续。

7.2.3　自定义路由

对于简单的 ASP.NET MVC 应用程序，默认的路由表已经可以很好地完成工作了。针对某些特定的路由需求，则需要创建自定义路由来实现。自定义网址路由与其他自定义对象类似，是网站开发者自主按路由的基本语法规则创建的对象。

下面通过实例来讲解如何为 ASP.NET MVC 应用程序添加自定义路由。

【例 7-1】　在 D 盘 ASP.NET MVC 应用程序目录中创建 chapter7 子目录，将其作为网站根目录,创建一个名为 example7-1 的 MVC 项目,创建自定义路由,实现在某日志网站 URL 中的按日期对内容进行访问功能。

步骤 1:修改 RouteConfig.cs 文件中的默认路由表,在默认路由前面添加自定义路由,命名为 Blog,处理按日期访问日志这一请求,编写代码如下。

```
public class RouteConfig
    {
        public static void RegisterRoutes(RouteCollection routes)
        {
            routes.IgnoreRoute("{resource}.axd/{*pathInfo}");
            routes.MapRoute(
            name: "Blog",
            url: "Archive/{date}",
defaults: new { controller = "Archive", action ="Entry", date="20180109" }
);
            routes.MapRoute(
            name: "Default",
            url: "{controller}/{action}/{id}",
            defaults: new { controller = " Home ", action = " Index ", id =
UrlParameter.Optional }
            );
        }
    }
```

步骤 2:添加控制器 ArchiveController.cs,编辑代码如下。

```
public class ArchiveController : Controller
{
    public ActionResult Entry(string date)
    {
        ViewData["date"] = date;
        return View();
    }
}
```

步骤 3:添加 Entry.cshtml 视图,编辑视图代码如下。

```
@{
    ViewBag.Title = "Entry";
}
<h2>访问的日志日期:@ViewData["date"].ToString() </h2>
```

步骤 4:测试运行网站,输入网址/Archive 将由 Blog 路由匹配,参数 controller 默认值为 Archive,参数 action 默认值为 Entry,参数 date 默认值为 20180109,网页显示如图 7.2 所示。

输入网址/Archive/20190301,则参数 controller 默认值为 Archive,参数 action 默认值为 Entry,参数 date 赋值为 20190301,网页显示如图 7.3 所示。

图 7.2　自定义路由默认值演示

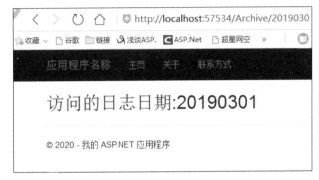

图 7.3　自定义路由赋值演示

通常将自定义路由放置于默认路由之前,因为路由匹配时总是按代码的先后顺序执行,如果多个路由都能匹配同一个 URL,则会使用优先匹配的路由。如果将自定义路由放在默认路由之后,那么先调用的将始终是默认路由,自定义路由就不起作用了。

7.2.4　路由匹配限制

为了避免网址被预期以外的 URL 路由比对成功,可以在注册路由时加上限制,只有满足限制才可以对路由进行比对,ASP.NET MVC 提供了包含(Constraints)和命名空间(Namespaces)两种限制方式。

1. 包含(Constraints)限制

包含限制语法结构如下。

```
Constraints: new{controller="控制器列表",action="方法列表"}
控制器列表=控制器 1|控制器 2|…
方法列表=方法 1|方法 2|…
```

只有网址中的控制器名包含在控制器列表中,并且方法名包含在方法列表中,该网址才可以被匹配访问。

【例 7-2】　在 chapter7 目录中创建一个名为 example7-2 的项目,路由器中添加 Constraints 限制,实现在访问时对地址中控制器名和方法名进行比对限制。

步骤 1：修改 RouteConfig.cs 文件中的默认路由表，在命名为 Test 的路由中添加 Constraints 限制，编写代码如下。

```
public class RouteConfig
{
    public static void RegisterRoutes(RouteCollection routes)
    {
        routes.IgnoreRoute("{resource}.axd/{*pathInfo}");
        routes.MapRoute(
            name: "Test",
            url: "{controller}/{action}/{id}",
          defaults:new { controller = "Home", action = "Index", id = UrlParameter.
Optional },
            constraints: new { controller = "User", action = "show|edit" }
        );
    }
}
```

步骤 2：添加控制器 UserController.cs，编辑代码如下。

```
public class UserController : Controller
{
    public ActionResult Index()
    {
        return View();
    }
    public ActionResult Show()
    {
        return View();
    }
}
```

步骤 3：添加 Index.cshtml 视图和 Show.cshtml 视图，不需要对其进行编辑。

步骤 4：测试运行网站，输入网址/User/show，由 Test 路由匹配，参数 controller 值为 User，参数 action 值为 show，满足路由中的 Constraints 中 controller 和 action 限制，网页显示如图 7.4 所示。

输入网址/User/Index，由 Test 路由匹配，参数 controller 默认值为 User，参数 action 默认值为 Index，不满足路由中的 Constraints 中的 action 限制，网页显示如图 7.5 所示。

Constraints 属性中除了以列举的形式设置控制器名和方法名，也可以使用正则表达式来指定一个路由限制，借助正则表达式强大的功能，可以设置各种复杂的约束条件，设定特定的路由限制，正则表达式的用法在前面章节已进行简单介绍，此处直接使用。

【例 7-3】　在 chapter7 目录中创建一个名为 example7-3 的项目，使用正则表达式在路由器中添加 Constraints 限制，实现在访问时对地址中控制器名和方法名进行比对限制。

步骤 1：修改 RouteConfig.cs 文件中的默认路由表，在命名为 Test 的路由中添加 Constraints 限制，编写代码如下。

图 7.4 满足 Constraints 限制演示

图 7.5 不满足 Constraints 限制演示

```
public class RouteConfig
{
    public static void RegisterRoutes(RouteCollection routes)
    {
        routes.IgnoreRoute("{resource}.axd/{*pathInfo}");
        routes.MapRoute(
            name: "Test",
            url: "{controller}/{action}/{id}",
            defaults: new { controller = "Home", action = "Index", id =
UrlParameter.Optional },
            constraints: new{controller = "^H.*",action = "^Index$|^About$",id=
@"\d+"}
        );
    }
}
```

步骤 2：添加控制器 HotelController.cs 和 SchoolController.cs，编辑代码如下

```
public class HotelController : Controller
```

```
{
    public ActionResult Index()
    {
        return View();
    }
    public ActionResult Index2()
    {
        return View();
    }
}
public class SchoolController : Controller
{
    public ActionResult Index()
    {
        return View();
    }
}
```

步骤 3：为 Hotel 控制器添加 Index.cshtml 视图和 Index2.cshtml 视图，为 School 控制器添加 Index.cshtml 视图，所有视图均不需要进行编辑。

步骤 4：测试运行网站，输入网址/Hotel/Index/123，由 Test 路由匹配，参数 controller 值为 Hotel 满足字符 H 开头，参数 action 值为 Index，参数 id 值为 123，满足整数要求，满足路由中 Constraints 的限制，网页显示如图 7.6 所示。

图 7.6　满足 Constraints 限制演示

输入网址/Hotel/Index/abc 不满足参数 id 为整数要求；网址/Hotel/Index2/123 不满足参数 action 为 Index 或者 About 要求；网址/School/Index/123 不满足参数 controller 以 H 开头。上述三个网址均无法使用 Test 路由匹配，提示无法找到资源的错误信息，网页显示如图 7.7 所示。

2. 命名空间（Namespaces）限制

命名空间限制用于限制只有指定命名空间内的控制器才可以进行网址路由的比对。通过添加 Namespaces 限制，只有地址中控制器名包含在命名空间列表中，才可以由该路由进

图 7.7　不满足 Constraints 限制演示

行比对。

命名空间限制语法结构如下。

```
Namespaces: new[] {"命名空间 1","命名空间 2",…}
```

【例 7-4】　在 chapter7 目录中创建一个名为 example7-4 的项目,在路由中添加 Namespaces 限制,在访问时对地址中控制器名和方法名所属命名空间进行比对限制。

步骤 1:修改 RouteConfig.cs 文件中的默认路由表,在命名为 Test 的路由中添加 Namespaces 限制,编写代码如下。

```
public class RouteConfig
{
    public static void RegisterRoutes(RouteCollection routes)
    {
        routes.IgnoreRoute("{resource}.axd/{*pathInfo}");
        routes.MapRoute(
            name: "Test",
            url: "{controller}/{action}/{id}",
            defaults: new { controller = "Home", action = "Index", id =
UrlParameter.Optional },
            Namespaces:new[] {"MvcApplication1"}
            );
    }
}
```

步骤 2:添加控制器 HotelController.cs 和 SchoolController.cs,编辑代码如下。 HotelController.cs 代码:

```
Namespace MvcApplication1
{
    public class HotelController : Controller
    {
```

```
    public ActionResult Index()
    {
        return View();
    }
}
```

SchoolController.cs 代码：

```
{
    public class SchoolController : Controller
    {
        public ActionResult Index()
        {
            return View();
        }
    }
}
```

步骤 3：为 Hotel 控制器和 School 控制器分别添加 Index.cshtml 视图，所有视图均不需要进行编辑。

步骤 4：测试运行网站，输入网址/Hotel/Index/123，由 Test 路由匹配，HotelController 包含在 MvcApplication1 命名空间中，满足路由中 namespaces 的限制，网页显示如图 7.8 所示。

图 7.8　满足 Namespaces 限制演示

步骤 5：测试运行网站，输入网址/School/Index/123，由 Test 路由匹配，SchoolController 包含在 MvcApplication2 命名空间中，不满足路由中 Namespaces 的限制，无法显示网页，如图 7.9 所示。

图 7.9　不满足 Namespaces 限制演示

7.3　特性路由

特性路由(Attribute Routing)是 ASP.NET MVC 5 中的一种新路由,直接在控制器类上由 C♯属性进行定义,可以对 Web 应用程序中的 URL 有更多的控制权。

7.3.1　特性路由的作用

视频讲解

传统路由偏向于通用场景的匹配,而特性路由更适合于专用场景的匹配。例如,在一个电子商务网站中商品控制器 ProductsController 中包含两个显示商品详细信息的 Show( )方法,一个按照商品的编号 pid 显示,另一个按照商品的名称 pname 显示。在程序设计时可以使用面向对象中方法的重载,设计 Show(int pid) 和 Show(string pname)方法来实现,但按传统路由规则在 RouteConfig.cs 文件中进行路由定义时,就难以对同一控制器中的两个同名方法进行区分比对了。同时传统路由规则对于某些特殊格式路由,也很难有效区分比对,如果使用特性路由,就可以很容易实现区分。

7.3.2　特性路由的注册

ASP.NET MVC 应用程序要使用特性路由,需要完成特性路由注册和特性路由声明两个操作。特性路由的注册又可分为只使用特性路由的注册和特性路由和传统路由混合使用的注册两种方法。

1. 只使用特性路由的注册方法

在 ASP.NET MVC 应用程序中如果只使用特性路由,可直接将 WebApiConfig.cs 中默认代码替换如下。

```
public static void RegisterRoutes(RouteCollection routes)
{
    routes.IgnoreRoute("{resource}.axd/{ * pathInfo}");
    routes.MapMvcAttributeRoutes();
}
```

2. 特性路由和传统路由混合使用的注册方法

在 ASP.NET MVC 应用程序中如果要对注册实现特性路由和传统路由混合使用,则可以在 WebApiConfig.cs 的默认代码中进行编辑,添加特性路由的注册代码如下。

```
public static void RegisterRoutes(RouteCollection routes)
{
    routes.IgnoreRoute("{resource}.axd/{ * pathInfo}");
    routes.MapMvcAttributeRoutes();
    routes.MapRoute(name:"Default", url:"{controller}/{action}/{id}",defaults: new
    {controller ="Home", action ="Index", id =UrlParameter.Optional });
}
```

在实际应用中,由于路由混合使用时 ASP.NET MVC 会优先选择先注册的路由,所有特性路由需要置于传统路由之前。

7.3.3 方法的特性路由声明

视频讲解

在 ASP.NET MVC 应用程序完成特性路由的注册以后,还需要在控制器中为使用特性路由的方法或控制器进行特性路由声明,即声明作用于该方法的路由规则。在方法的属性路由声明中可以设置作用于方法的参数名、参数默认值、类型约束等信息,基本语法格式如下。

[Rotue("特性路由模板字符串")]

"特性路由模板字符串"与 URL 路由中约束字符串类似,基本形式如下。

{占位符变量 1}字符串常量 1{占位符变量 2}字符串常量 2…{占位符变量 n}字符串常量 n

其中,占位符变量有"param1|param2=默认值|param3?"等多种形式。

(1) param1 参数表示输入的普通变量;

(2) param2=默认值 表示参数 param2 具有默认值;

(3) param3? 表示参数 param3 为缺省参数。

【例 7-5】 在 chapter7 目录中创建一个名为 example7-5 的项目,在控制器中为方法添加特性路由,在访问时使用特性路由进行比对。

步骤 1:修改 RouteConfig.cs 文件中的默认路由表,再注册特性路由,编写代码如下。

```
public class RouteConfig
{
    public static void RegisterRoutes(RouteCollection routes)
    {
```

```
        routes.IgnoreRoute("{resource}.axd/{*pathInfo}");
        routes.MapMvcAttributeRoutes();
    }
}
```

步骤 2：添加控制器 OrderController.cs，编辑代码如下。

```
public class OrderController : Controller
{
    [Route("Order/SearchProducts/{year}/{month}/{day}")]
    public ActionResult SearchProducts(int year, int month, int day)
    {
        ViewData["date"] = string.Format("{0}年{1}月{2}日", year, month, day);
        return View();
    }
}
```

步骤 3：为 Order 控制器中的 SearchProducts()方法添加 SearchProducts.cshtml 视图，
编辑视图代码如下。

```
@{
    ViewBag.Title = "SearchProducts";
}
<h2>SearchProducts</h2>
<h2>@ViewData["date"]产品信息</h2>
```

步骤 4：测试运行网站，输入网址/Order/SearchProducts/2020/02/06，由方法的特性
路由匹配，执行 Order 控制器中的 SearchProducts()方法，2020 将赋值给 year 变量，02 将
赋值给 month 变量，06 将赋值给 day 变量。网页显示如图 7.10 所示。

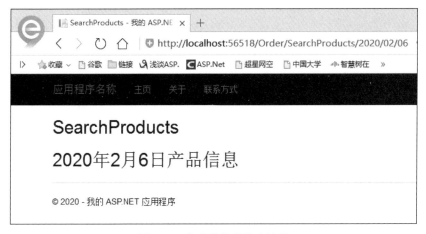

图 7.10　方法的特性路由演示

通过特性路由进行匹配时，也可以使用缺省参数、默认值参数以及参数类型等限制，具
体如例 7-6。

【例 7-6】　在 chapter7 目录中创建一个名为 example7-6 的项目，在控制器中为方法添

加特性路由,在访问时使用特性路由的缺省参数、默认值等限制。

步骤 1:修改 RouteConfig.cs 文件中的默认路由表,注册特性路由,编写代码如下。

```
public class RouteConfig
{
    public static void RegisterRoutes(RouteCollection routes)
    {
        routes.IgnoreRoute("{resource}.axd/{*pathInfo}");
        routes.MapMvcAttributeRoutes();
    }
}
```

步骤 2:添加控制器 ProductController.cs,编辑代码如下。

```
public class ProductController : Controller
{
    [Route("products/{pid?}")]
    public ActionResult ViewByPid(string pid)
    {
        if (!String.IsNullOrEmpty(pid))
        {
            ViewData["product"] = string.Format("按编号{0}查找一件商品信息",pid);
            return View();
        }
        ViewData["product"] = "未输入编号查找所有商品信息";
        return View();
    }

    [Route("products/type/{tid:int=001}")]
    public ActionResult ViewByType(string tid)
    {
        ViewData["product"] = string.Format("按类型编号{0}查找一类商品信息", tid);
        return View();
    }
}
```

步骤 3:为 Product 控制器中的 ViewByPid 和 ViewByType 操作分别添加 ViewByPid.cshtml 和 ViewByType.cshtml 视图,分别编辑视图代码如下。

ViewByPid.cshtml 代码:

```
@{
    ViewBag.Title = "ViewByPid";
}
<h2>ViewByPid</h2>
<h2>@ViewData["product"]</h2>
```

ViewByType.cshtml 代码:

```
@{
    ViewBag.Title = "ViewByType";
}
<h2>ViewByType</h2>
<h2>@ViewData["product"]</h2>
```

步骤4：测试运行网站。在浏览器输入网址/products 时表示没有 pid 参数的访问，页面显示如图 7.11 所示。

图 7.11　方法的特性路由缺省参数演示

输入网址/products/p20190124231 时表示 pid 参数值为 p20190124231 的有参访问，页面显示如图 7.12 所示。

图 7.12　方法的特性路由参数赋值演示

输入网址/products/type 表示 tid 参数使用默认值 001 的访问，页面显示如图 7.13 所示。

输入网址/products/type/002a 表示 tid 参数赋值为 002a 的访问，不满足 tid 参数为整数的限制，页面显示如图 7.14 所示。

7.3.4　控制器的特性路由声明

在 ASP.NET MVC 应用程序中也可以对控制器进行特性路由声明，控制器特性路由可以为整个控制器中的所有方法设置相同的访问路由前缀，控制器特性路由声明与方法的特

图 7.13　方法的特性路由参数默认值演示

图 7.14　方法的特性路由参数类型检测演示

性路由声明类似,语法格式如下。

```
[RouTePiFix("特性路由模板字符串")]
```

"特性路由模板字符串"中包含该控制器中所有方法的路由前缀。

【例 7-7】　在 chapter7 目录中创建一个名为 example7-7 的项目,为控制器方法添加特性路由,在访问时使用特性路由的缺省参数、默认值等限制。

步骤 1:修改 RouteConfig.cs 文件中的默认路由表,注册特性路由。编辑代码如下。

```
public class RouteConfig
{
    public static void RegisterRoutes(RouteCollection routes)
    {
        routes.IgnoreRoute("{resource}.axd/{*pathInfo}");
        routes.MapMvcAttributeRoutes();
    }
}
```

步骤 2:添加控制器 ProductController.cs,编辑代码如下。

```
[RoutePrefix("product")]
public class ProductController : Controller
{
```

```
[Route]
public ActionResult Index()
{
    ViewData["info"] = "商品简介页面";
    return View();
}
[Route("{pid}")]
public ActionResult Show(string pid)
{
    ViewData["info"] = string.Format("显示编号为{0}的商品信息", pid);
    return View();
}
[Route("{pid}/edit")]
public ActionResult Edit(string pid)
{
    ViewData["info"] = string.Format("编辑编号为{0}的商品信息", pid);
    return View();
}
}
```

步骤 3：为 Product 控制器中的 Index、Show 和 Edit 操作分别添加 Index.cshtml、Show.cshtml 和 Edit.cshtml 视图，分别在视图添加一条显示代码。

```
<h2>@ViewData["info"]</h2>
```

步骤 4：测试运行网站。在浏览器输入网址/product 时表示 Index()方法的访问，页面显示如图 7.15 所示。

图 7.15　控制器特性路由的默认访问

输入网址/product/p20190103231 表示 Show()方法的访问，pid 参数值为 p20190103231 的访问，页面显示如图 7.16 所示。

输入网址/products/p20190103231/edit 表示 Edit()方法的访问，pid 参数值为 p20190103231 的访问，页面显示如图 7.17 所示。

控制器上除了可以声明[RouTePiFix]进行前缀比对以外，也可以为其声明[Route]属

图 7.16　控制器特性路由的参数访问

图 7.17　控制器特性路由的参数访问 2

性,这种属性将应用于控制器中的所有方法,也称为控制器的默认属性,可以将待操作的方法名按参数形式进行捕获。

控制器默认路由设置的基本语法结构如下。

```
[Route("{actionName}|{actionName=默认值}")]
```

(1) 参数 actionName 表示输入的方法名;

(2) 参数 actionName=默认值　表示方法名参数具有默认值。

【例 7-8】　在 chapter7 目录中创建一个名为 example7-8 的项目,在控制器中为方法添加特性路由,在访问时使用特性路由的缺省参数、默认值等限制。

步骤 1:修改 RouteConfig.cs 文件中的默认路由表,注册特性路由,编写代码如下。

```
public class RouteConfig
{
    public static void RegisterRoutes(RouteCollection routes)
    {
        routes.IgnoreRoute("{resource}.axd/{*pathInfo}");
        routes.MapMvcAttributeRoutes();
    }
}
```

步骤 2:添加控制器 ProductController.cs,编辑代码如下。

```
[RoutePrefix("product")]
[Route("{action=Index}")]
public class ProductController : Controller
{
    public ActionResult Index()
    {
        ViewData["info"] = "商品简介页面";
        return View();
    }

    public ActionResult Show()
    {
        ViewData["info"] = "显示商品信息";
        return View();
    }
    [Route("{pid}/edit")]
    public ActionResult Edit(string pid)
    {
        ViewData["info"] = string.Format("编辑编号为{0}的商品信息", pid);
        return View();
    }
}
```

步骤 3：为 Product 控制器中的 Index、Show 和 Edit 操作分别添加 Index.cshtml、Show.cshtml 和 Edit.cshtml 视图，分别在视图添加一条显示代码。

```
<h2>@ViewData["info"]</h2>
```

步骤 4：测试运行网站。在浏览器输入网址/product 时表示 Index()方法的默认访问，页面显示如图 7.18 所示。

图 7.18　控制器特性路由的默认访问

输入网址/product/show 表示 Show()方法的访问，页面显示如图 7.19 所示。

图 7.19　控制器特性路由的参数访问

输入网址 products/p20190103231/edit 表示 Edit()方法的、pid 参数值为 p20190103231 的访问,页面显示如图 7.20 所示。

图 7.20　控制器特性路由的参数访问 2

7.4　路由约束

在声明传统路由和特性路由的参数时也可以添加类型、数值范围等必要的约束条件,通过路由可以对浏览器中输入网址的参数进行约束。

路由约束的语法规则如下。

{参数:约束条件=默认值}

常用的特性路由约束条件如表 7.2 所示,在例 7-8 中已做应用,此处不再进行实例讲解。

表 7.2　ASP.NET MVC 5 特性路由约束条件

约　　束	描　　述	示　　例
alpha	匹配大写或小写拉丁字母字符(A-Z,a-z)	{x:alpha}
bool	匹配布尔值	{x:bool}

续表

约　束	描　述	示　例
datetime	匹配 DateTime 值	{x:datetime}
decimal	匹配 decimal 值	{x:decimal}
double	匹配 64 位浮点值	{x:double}
float	匹配 32 位浮点值	{x:float}
guid	匹配 GUID 值	{x:guid}
int	匹配 32 位整数值	{x:int}
length	匹配具有指定长度的字符串	{x:length(6)}、{x:length(1,20)}
long	匹配 64 位整数值	{x:long}
max	匹配具有最大值的整数	{x:max(10)}
maxlength	匹配具有最大长度的字符串	{x:maxlength(10)}
min	匹配具有最小值的整数	{x:min(10)}
minlength	匹配具有最小长度的字符串	{x:minlength(10)}
range	匹配一个值范围内的整数	{x:range(10,50)}
regex	匹配正则表达式	{x:regex(^\d{3}-\d{3}-\d{4}$)}

7.5　路由的选择

视频讲解

　　传统路由可以集中配置,在配置文件中设置完便可以应用于 ASP.NET MVC 的整个应用程序,同时传统路由也具有很大的灵活性,可以很容易地添加自定义约束对象。特性路由只可以通过指定路由模板字符串来进行约束,仅可以使用 C# 中支持的参数类型,但在具体细节方面,特性路由可以更好地保护控制器中的内容,可以个性化地使用 URL 进行灵活操作。

　　具体选用特性路由还是传统路由,需要根据使用的场景来确定。如果需要集中配置所有的路由而又不希望改变已经存在的应用程序,建议选择传统路由;如果希望同步编辑路由和方法或者需要对应用程序做重大修改,建议选择特性路由。更多时候两种路由同时使用可以实现更强大的功能。

7.6　小结

　　本章主要介绍了网址路由的基本作用;对传统路由进行了示例解析,对自定义路由和路由匹配控制进行了示例讲解;详细地介绍了特性路由的作用以及特性路由的注册方法,对于特性路由在方法和控制器中的应用进行了实例讲解;列举了常用的特性路由约束;对传统路由和特性路由进行了比较,分析了各自的优缺点。

7.7　习题

一、选择题

1. 下列不属于 ASP.NET MVC 执行生命周期阶段的是(　　)。

　　A. 网址路由的比对阶段

　　B. 执行 Controller 中的 Action 阶段

　　C. 重写 URL 并向客户端呈现 View 的阶段

　　D. 解析 C♯代码阶段

2. 路由设置中方法"routes.IgnoreRoute("{resource}.axd/{ * pathInfo}");"的作用是(　　)。

　　A. 用来设置缺省路由

　　B. 用来设置服务器路由

　　C. 用来设置路由保存位置

　　D. 用来设置路由默认值

3. 下列 ASP.NET MVC 5 特性路由可以约束字符串长度的是(　　)。

　　A. float　　　　　　　B. int　　　　　　　　C. length　　　　　　　D. max

4. 下列不属于传统路由优点的是(　　)。

　　A. 集中配置

　　B. 可以应用于整个应用程序

　　C. 可以很容易地添加自定义约束对象

　　D. 可以更好地保护控制器中的内容

5. 下列属于特性路由优点的是(　　)。

　　A. 需要使用正则表达式

　　B. 可以应用于整个应用程序

　　C. 可以很容易地添加自定义约束对象

　　D. 可以更好地保护控制器中的内容

6. 下列 URL 中可以正确地访问 Add(int First,int Second)这一 Action 的是(　　)。

　　A. http://localhost:2180/Home/Add? First＝1&Second＝2

　　B. http://localhost:2180/Home/Add(1,2)

　　C. http://localhost:2180/Home/Add(First,Second)? First＝1&Second＝2

　　D. 以上写法都不对

7. 在 ASP.NET MVC 应用程序的 RouteConfig.cs 文件中注册默认路由配置的方法是

（　　）。

    A. RegisterMap   B. RegisterRoutes   C. LoginMap   D. LoginRoutes

8. 在 RouteConfig.cs 文件中，路由｛controller｝/｛action｝/｛id｝中的 id 是（　　）。

    A. 控制器   B. 动作   C. 视图   D. 数据标识

二、填空题

1. ASP.NET MVC 将用户请求的 URL 地址映射到控制器的_____上。

2. ASP.NET MVC 客户端浏览器向服务器发出 HTTP 请求，通过_____查找路由表。

3. _____路由偏向于通用场景的匹配，而_____路由更适合于专用场景的匹配。

4. 网址路由有利于搜索引擎优化，可以将 URL 请求统一规范，URL 可以保持_____。

5. URL 模式匹配中字符串常量必须严格_____。

6. URL 匹配中_____字符串常量大小写。

7. _____路由可以作用于方法或控制器上使用 C♯语句进行定义。

8. 两个占位符变量之间必须由字符串常量作为间隔，即占位符变量_____连续。

9. _____网址路由与其他自定义对象类似，是网站开发者自主按路由的基本语法规则创建的对象。

10. 如果需要集中配置所有的路由而又不希望改变已经存在的应用程序，建议选择_____路由。

三、简答题

1. 简述什么是特性路由。

2. 简述网址路由的两个主要作用。

3. 从网址路由作用的角度简述 ASP.NET MVC 执行的生命周期的三个阶段。

4. 简述使用网址路由的优点。

5. 简述 URL 模式匹配字符串中需要遵守的原则。

综合实验七：路由黑名单过滤

主要任务：

创建 ASP.NET MVC 应用程序，添加自定义路由，实现网站的黑名单过滤功能。

实验步骤：

步骤 1：在 Visual Studio 2017 菜单栏中选择"文件"→"新建"→"项目"选项，创建 ASP.NET Web 应用程序，命名为"综合实验七"。

步骤 2：在应用程序上右击，选择"添加"→"类"选项，修改文件名为 BlacklistRule.cs，编辑代码如下。

```
using System.Collections.Generic;
```

```
using System.Web;
using System.Web.Routing;

namespace 综合实验七
{
    public class BlacklistRule : IRouteConstraint
    {
        public bool Match (HttpContextBase httpContext, Route route, string
parameterName, RouteValueDictionary values, RouteDirection routeDirection)
        {
            bool blacklisted = false;

            //IP黑名单列表,可以在网站初始运行时从数据库读入该列表
            List<string>ipBlacklist = new List<string>()
            {
            "::1",
            "127.0.0.1",
            "192.168.1.100",
            "192.168.1.101",
            "192.168.1.102",
            "192.168.1.103"
            };

            //用户名黑名单列表
            List<string>usernameBlacklist = new List<string>()
            {
                "liming",
                "songyang"
            };

            //检查 IP
            if(ipBlacklist.Contains(httpContext.Request.UserHostAddress))
            {
                values.Add("reason", "已被列入黑名单,因为 IP 地址: " +httpContext.
Request.UserHostAddress);
                blacklisted = true;
            }

            //检查用户名
            if(httpContext.Profile !=null && usernameBlacklist.Contains(
            httpContext.Profile.UserName.ToLower()))
```

```
            {
                values.Add("reason", "已被列入黑名单,因为用户名: " +httpContext.
Profile.UserName.ToLower());
                blacklisted = true;
            }
            return blacklisted;
        }
    }
}
```

步骤 3:编辑 RouteConfig.cs 文件代码如下。

```
using System.Web.Mvc;
using System.Web.Routing;
namespace 综合实验七
{
    public class RouteConfig
    {
        public static void RegisterRoutes(RouteCollection routes)
        {
            routes.IgnoreRoute("{resource}.axd/{*pathInfo}");
            routes.MapRoute("BlacklistFilter", "{*path}", new { controller =
"Home", action = "Index" },
                new{ isBlacklisted = new BlacklistRule() }
            );
        }
    }
}
```

步骤 4:编辑 Views 文件夹中 Home 子文件夹的 Index.cshtml 页面源文件如下。

```
@{
    ViewBag.Title = "Index";
}
<h2>警告!</h2>
<div>
    你已被列入黑名单
    有任何疑问请通过以下方式与我们联系...
</div>
<fieldset>
    <legend>列入黑名单原因</legend>
    @ViewContext.RouteData.Values["reason"]
</fieldset>
```

步骤 5:测试运行,显示 IP 已被列入黑名单,如图 7.21 所示。

图 7.21　列入黑名单提示

第 8 章

jQuery

本章导读

jQuery 作为一个兼容 CSS 和各种浏览器的轻量级 JavaScript 类库，可以简化 JavaScript 编程任务，使 JavaScript 开发工作变得轻松。本章将学习如何在 ASP.NET MVC 应用程序中使用 jQuery，如何进行 jQuery 中函数及事件的调用，如何通过选择器对标签进行选择性使用等 jQuery 的主要知识点。

本章要点

- JavaScript 基础
- jQuery 基本语法
- jQuery 函数
- jQuery 选择器
- jQuery 应用

8.1 jQuery 简介

视频讲解

  jQuery 全称 JavaScript Query，顾名思义就是 JavaScript 和查询（Query）。作为一个兼容 CSS 和各种浏览器的轻量级辅助 JavaScript 开发类库，jQuery 具有体量小、加载速度快等特点，可以使跨浏览器 Web 开发变得简单无缝。

  jQuery 简化了许多 JavaScript 编程任务，可以使 JavaScript 应用程序开发人员的工作变得分外轻松，同时也是卓越的 DOM 查询工具。jQuery 的目标是"写更少，做更多"，具有的优点如下。

（1）可以通过各种内建的方法，便捷地使用 jQuery 来迭代和遍历 DOM。

（2）可以提供高级的、内置的、通用的选择器，可以同 CSS 一样简单地选择条目。

（3）可以提供易于理解的插件架构，灵活地添加自定义方法。

（4）可以减少导航和 UI 功能的冗余，实现选项卡、CSS、弹出式对话框、动画、过渡等多种效果。

8.2 JavaScript 基础

JavaScript 是一种基于对象和事件驱动的、具有良好安全性能的脚本语言，已经被广泛用于 Web 应用开发，常用于为网页添加各式各样的动态功能，为用户提供更流畅美观的浏览效果。

JavaScript 由 ECMAScript、DOM 和 BOM 三部分组成，如图 8.1 所示。

图 8.1　JavaScript 组成

（1）ECMAScript 由 ECMA-262 定义，提供核心语言的语法和基本对象。

（2）DOM(Document Object Model)，即文档对象模型，提供访问和操作网页内容的方法和接口。

（3）BOM(Browser Object Model)，即浏览器对象模型，提供与浏览器交互的方法和接口。

JavaScript 在客户端浏览器被解析执行，其工作原理如图 8.2 所示。

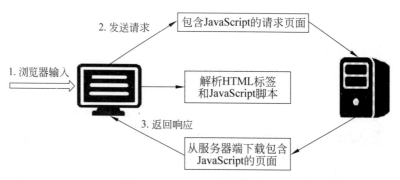

图 8.2　JavaScript 的工作原理

JavaScript 的主要作用如下。

（1）可以嵌入动态文本于 HTML 页面。

（2）可以对浏览器事件做出响应。

（3）可以读写 HTML 元素。

（4）可以在数据被提交到服务器之前验证数据。

（5）可以检测访客的浏览器信息。

（6）可以控制 cookies，包括创建、修改等。

（7）可以基于 Node.js 技术进行服务器端编程。

8.2.1 JavaScript 书写位置

JavaScript 脚本可以包含在项目文档中的任何地方，只要保证代码在被使用前已读取并加载到内存即可，根据代码位置不同可分为引入外部文件和 HTML 内部编辑两种。

1. 引入外部文件

通过＜script type＝"text/javascript" src＝"JS 文件"＞＜/script＞ 语句引用外部的 JS 文件。 视频讲解

```
<script src="1.js" type="text/javascript"></script>
```

通过＜script＞标签引用了外部 1.js 文件，在引入外部文件时 script 标签中不可以写 JavaScript 代码。

2. 存放在 HTML 的＜head＞或＜body＞中

通过在 HTML 的＜head＞或＜body＞中添加＜script＞标签，编辑 JS 脚本进行使用。

```
<HTML>
<head>
</head>
<body>
    <input type="button" onclick="myFunction()" value="显示警告框" />
<script>
function myFunction()
{
    alert("你好,我是一个警告框!");
}
</script>
</body>
</HTML>
```

推荐将 JavaScript 脚本放置于＜body＞代码块底部，页面 HTML 代码从上到下执行，首先加载 CSS，避免 HTML 出现无样式状态；将 JavaScript 代码块放在＜body＞最后，则可以让网页尽快地呈现给用户，减少浏览者的等待时间，避免因为 JavaScript 代码块阻塞网页的呈现。

8.2.2 JavaScript 基本语法

1. 变量声明

JavaScript 属于弱类型，局部变量类型统一定义为 var 类型，运行时根据变量的值确定属于 int、string、double、float 类型中的哪一种。定义变量时可以使用先声明变量再赋值、同时声明和赋值变量等形式。对于全局变量则不需要声明 var 类型直接赋值即可，变量名称由大小写字母、数字、下划线或美元符号组成，但必须以字母、下画线或美元符号开头。

视频讲解

```
<script type="text/javascript">
```

```
    var str="Hello World";          //局部变量,string 类型
    var i=1;                         //局部变量,int 类型
    var pi=3.14;                     //局部变量,float 类型
    var isLock=true;                 //局部变量,bool 类型
    Grade="A"                        //全局变量
</script>
```

注意：JavaScript 中//表示单行注释,/ * … * /表示多行注释,用来注释多行代码。

2. 选择控制语句

1）if 条件语句

```
if(条件)
{
    JavaScript 代码块 1;
}
else
{
    JavaScript 代码块 2;
}
```

如果 if 后面的条件为真,执行 JavaScript 代码块 1,否则执行 JavaScript 代码块 2。条件语句的值只有等于 0,null,"",undefined,NaN,false 时结果才是 false;其他情况的结果都是 true。

2）switch 多分支语句

```
switch (表达式)
{
    case 常量 1 :
        JavaScript 语句块 1;
        break;
    case 常量 2 :
        JavaScript 语句块 2;
        break;
        ...
    default :
        JavaScript 语句块 m;
}
```

计算 switch 后面的表达式值,如果等于常量 1 执行 JavaScript 语句块 1,如果等于常量 2 执行 JavaScript 语句块 2,以此类推,如果都不满足则执行 JavaScript 语句块 m。

3. 循环控制语句

1）for 循环语句

```
for(初始化表达式;条件;增量表达式)
{
    JavaScript 代码块;
}
```

第一步执行初始化表达式;第二步判断条件是否满足,若满足执行循环体内 JavaScript 代码块,不满足则循环结束;第三步执行增量表达式;然后重复执行第二步和第三步,直至循环结束。

2) while 循环语句

```
while(条件)
{
    JavaScript 代码块;
}
```

首先判断 while 语句后的条件是否满足,若满足执行循环体内 JavaScript 代码块,不满足则循环结束;执行完循环体后重复执行条件判断,直至循环结束。

4. 常用的输入、输出语句

JavaScript 中的输出一般使用函数 alert()实现,输入通常使用函数 prompt()实现。

1) alert(message)

alert()方法用于显示带有一条指定消息和一个"确认"按钮的警告框。参数 message 为可选参数,表示要在对话框中显示的纯文本。

【例 8-1】 新建 HTML 页面,在 HTML 标签内添加 JavaScript 语句,测试使用 alert()函数。

步骤 1:在 HTML 源文件内,添加 JavaScript 语句如下。

```
<HTML>
<head>
<script>
function myFunction()
{
    alert("你好,我是一个警告框!");
}
</script>
</head>
<body>
    <input type="button" onclick="myFunction()" value="显示警告框" />
</body>
</HTML>
```

步骤 2:运行网站,执行效果如图 8.3 所示。

2) prompt(message,defaultText)

prompt()方法用于显示可提示用户进行输入的对话框,方法的返回值为用户输入的字符串。参数 message 为可选参数,表示要在对话框中显示的纯文本。参数 defaultText 为可选参数,表示默认的输入文本。

【例 8-2】 新建 HTML 页面,在 HTML 标签内添加 JavaScript 语句,测试使用 prompt()函数。

步骤 1:在 HTML 源文件内,添加 JavaScript 语句如下。

图 8.3　alert()函数的使用

```
<HTML>
    <head>
    </head>
    <body>
        <p id="demo">单击按钮查看输入的对话框。</p>
        <button onclick="myFunction()">点我</button>
        <script>
        function myFunction(){
            var x;
            var name=prompt("请输入你的名字","Tom");
            if (name!=null &&name!=""){
                x="你好 " +name +"!";
                document.getElementById("demo").innerHTML=x;
            }
        }
        </script>
    </body>
</HTML>
```

步骤 2：运行网站，初始执行效果如图 8.4 所示。

步骤 3：对话框输入"小明"，单击"确认"按钮，执行效果如图 8.5 所示。

8.2.3　JavaScript 自定义函数

1. 定义函数

JavaScript 中的函数类似于 C♯ 中的方法，是完成特定任务的代码语句块。除了系统函数以外，用户也可以创建自定义函数。

视频讲解

自定义函数的基本语法格式如下。

```
function 函数名(参数 1, 参数 2, ...,参数 n)
{
```

图 8.4　prompt()函数输出显示

图 8.5　prompt()函数的返回值

　　函数体；
　}

其中，
　　(1) function 是 JavaScript 中定义函数的关键字。
　　(2) JavaScript 的函数中不需要声明返回值及参数类型。

2. 调用函数
函数调用一般和表单元素的事件一起使用，调用格式如下。

事件名="函数名()"；

【例 8-3】　新建 HTML 页面，在 HTML 标签内创建 JavaScript 自定义函数，测试调用
自定义函数。
　　步骤 1：在 HTML 源文件内，添加 JavaScript 语句如下。

```
<HTML>
    <head>
    </head>
    <body>
    <input name="btn" type="button" value="请输入显示的次数"
```

```
        onclick="study(prompt('请输入显示欢迎语次数:',''))" />
    <script>
        function study(count)
        {
            for(var i=0;i<count;i++)
            {
                document.write("<h4>欢迎使用 JavaScript!</h4>");
            }
        }
    </script>
    </body>
</HTML>
```

步骤 2：运行网站，页面初始运行效果如图 8.6 所示。

图 8.6　页面初始运行效果

步骤 3：对话框输入 5，单击"确认"按钮，运行效果如图 8.7 所示。

图 8.7　为自定义函数参数赋值

步骤 4：函数运行效果如图 8.8 所示。

图 8.8 函数运行效果

8.3 jQuery 的使用

jQuery 作为目前广泛使用的一种开源 JS 框架，提供了大量的扩展功能，很多大的互联网公司如 Google、Microsoft、IBM 等都在使用 jQuery。

8.3.1 jQuery 的安装

使用 jQuery 时必须在网页中添加 jQuery，可以通过下载 jQuery 库和内容分发网络 CDN 载入两种方法在网页中添加引用。

视频讲解

1. 下载 jQuery 库

从 jQuery.com 官网下载 jQuery 库，有 Production version 和 Development version 两个版本可供下载。

（1）产品版（Production version）用于实际的网站中，已被精简和压缩。

（2）开发版（Development version）用于测试和开发，有未压缩的可读代码。

jQuery 库其实就是一个 JavaScript 文件，下载以后可以使用 HTML 的＜script＞标签引用。

```
<head>
    <script src="jquery-1.10.2.min.js" type="text/javascript"></script>
</head>
```

修改下载的 jQuery 库文件名进行引用即可，如果下载的文件与网页不在同一目录下，则需要使用虚拟路径的形式对其进行引用。

2. 从 CDN 中载入 jQuery 库

如果不希望下载并存放 jQuery 库，也可以由 CDN 将内容分发给网络进行引用，在 Staticfile CDN、百度、新浪、谷歌和微软等的服务器中都存有 jQuery 库，可通过 CDN 直接载入。

载入百度 CDN 代码如下。

```
<head>
    <script src="https://apps.bdimg.com/libs/jquery/2.1.4/jquery.min.js">
    </script>
</head>
```

载入新浪 CDN 代码如下。

```
<head>
    <script src="https://lib.sinaapp.com/js/jquery/2.0.2/jquery-2.0.2.min.js"><
    /script>
</head>
```

8.3.2　jQuery 基本语法

视频讲解

使用 jQuery 主要分为两个步骤，首先选取 HTML 元素，然后对其执行某些操作。jQuery 基础语法如下。

```
$(selector).action()
```

其中：

（1）美元符号 $ 表示定义 jQuery；

（2）选择符（selector）表示要"查询"或"查找"的 HTML 元素；

（3）action()表示 jQuery 要执行的对元素的操作。

jQuery 常用的示例如下。

```
$(this).hide()          //隐藏当前元素
$("p").hide()           //隐藏所有<p>元素
$("p.test").hide()      //隐藏所有 class="test"的<p>元素
$("#test").hide()       //隐藏 id="test"的元素
```

8.3.3　jQuery 中的函数

如果在文档没有完全加载之前就运行函数，操作可能失败。为了防止文档在完全加载之前运行 jQuery 代码，jQuery 中所有的函数都必须位于 document.ready()函数中，通过这种套装就可以保证在 DOM 加载完成后才对 DOM 进行操作。

jQuery 中函数的基本语法结构如下。

```
$(document).ready(function()
{
    //jQuery 代码块
});
```

上述方法的简洁写法如下。

```
$(function()
{
    //jQuery代码块
});
```

1. jQuery 的隐藏和显示方法

隐藏方法　$(selector).hide(speed,callback);

显示方法　$(selector).show(speed,callback);

可选参数 speed 表示隐藏/显示的速度,可赋值为 slow、fast 或毫秒。可选参数 callback 表示隐藏或显示完成后所执行的函数名称。

```
$("p").hide()                //表示隐藏<p>元素
$("p").hide(1000)            //表示1000毫秒后隐藏<p>元素
$("p").hide(1000,"linear")   //表示1000毫秒后隐藏<p>元素并执行linear函数
```

2. jQuery 的滑动方法

向下滑动元素　$(selector).slideDown(speed,callback);

向上滑动元素　$(selector).slideUp(speed,callback);

切换滑动元素　$(selector).slideToggle(speed,callback);

可选参数 speed 表示滑动的速度,可赋值为 slow、fast 或毫秒。可选参数 callback 表示滑动完成后所执行的函数名称。slideToggle()方法实现的是向上和向下交替滑动。

【例 8-4】　新建 HTML 页面,测试调用 jQuery 切换滑动方法。

步骤 1:在 HTML 源文件内,添加 JavaScript 语句如下。

```
<HTML>
    <head>
        <script src="https://cdn.staticfile.org/jquery/1.10.2/jquery.min.js">
        </script>
        <script>
        $(document).ready(function(){
$("#flip").click(function(){
$("#panel").slideToggle("slow");
});
        });
    </script>
    </head>
    <body>
        <div id="flip">显示或隐藏详情</div>
        <div id="panel">详细内容部分</div>
    </body>
</HTML>
```

步骤 2:运行网站,页面初始执行效果如图 8.9 所示。

步骤 3:单击"显示或隐藏详情",可交替"详细内容部分"滑动显示,执行效果如图 8.10 所示。

图 8.9　页面初始执行效果

图 8.10　页面滑动显示测试执行效果

3. jQuery 获取内容和属性方法

jQuery 提供一系列与文档对象模型 DOM(Document Object Model)相关的方法,使得访问元素和属性变得很容易。最常用的有获得内容的 text()、html()以及 val()方法,获取属性的 attr()方法。

```
$(selector).text()          //设置或返回所选元素的文本内容
$(selector).html()          //设置或返回所选元素的内容
$(selector).val()           //设置或返回表单字段的值
$(selector).attr()          //获取所选元素的属性
```

8.3.4　jQuery 中的事件

视频讲解

事件是指页面对不同访问者的响应,如 HTML 中的在元素上移动鼠标、选取单选按钮、单击元素等都是 jQuery 中常用的事件。jQuery 中的事件处理程序是指当 HTML 中发生某些事件时所调用的方法,在 jQuery 中大多数 DOM 事件都有一个等效的 jQuery 方法,如页面中单击事件对应于 click()方法等。jQuery 中主要事件如表 8.1 所示。

表 8.1　jQuery 中主要事件

事件名	事件触发时间	所属对象
click	当鼠标单击元素时触发事件	鼠标事件
dblclick	当鼠标双击元素时触发事件	鼠标事件
mouseenter	当鼠标指针进入元素时触发事件	鼠标事件
mouseleave	当鼠标指针离开元素时触发事件	鼠标事件
hover	当鼠标指针悬停在元素上时触发事件	鼠标事件
keypress	当键被按下的过程中触发事件	键盘事件
keydown	当键被按下时触发事件	键盘事件
keyup	当键被松开时触发事件	键盘事件
submit	当提交表单时触发事件	表单事件
change	当元素的值改变时触发事件	表单事件
focus	当元素获得焦点时触发事件	表单事件
blur	当元素失去焦点时触发事件	表单事件
resize	当调整浏览器窗口大小时触发事件	文档/窗口事件
scroll	当用户滚动指定的元素时触发事件	文档/窗口事件

【例 8-5】　新建 HTML 页面创建 jQuery 事件，当单击＜p＞元素时触发事件，隐藏当前的＜p＞元素。

步骤 1：在 HTML 源文件内，添加 JavaScript 语句如下。

```
<HTML>
    <head>
        <script src="https://cdn.staticfile.org/jquery/1.10.2/jquery.min.js">
        </script>
        <script>
            $(document).ready(function(){
$("p").click(function(){
$(this).hide();
});
        });
        </script>
    </head>
    <body>
        <p>鼠标单击隐藏段落!</p>
        <p>鼠标单击隐藏段落 2!</p>
    </body>
</HTML>
```

步骤 2：运行网站，页面初始执行效果如图 8.11 所示。

步骤 3：单击段落触发事件隐藏该段落，执行效果如图 8.12 所示。

图 8.11　页面初始执行效果

图 8.12　触发事件隐藏段落执行效果

8.4　jQuery 选择器

选择器是 jQuery 中的重要部分,可以通过选择器对 HTML 单个元素或元素组进行操作。使用 jQuery 选择器可以基于 HTML 元素的 ID、类、类型、属性、属性值等进行选择。

8.4.1　jQuery 基本选择器

jQuery 中所有选择器都以美元符号 $ 开头,常用的有元素、ID、class 等选择器。

1. 元素选择器

jQuery 元素选择器可以基于元素名选取元素。

【例 8-6】　新建 HTML 页面,创建元素选择器,当用户单击按钮后,隐藏 HTML 页面中所有的<p>元素。

步骤 1:在 HTML 源文件内,编辑 jQuery 语句如下。

```
<HTML>
    <head>
        <script src="https://cdn.staticfile.org/jquery/2.0.0/jquery.min.js">
        </script>
        <script>
        $(document).ready(function(){
$("button").click(function(){
  $("p").hide();
});
        });
        </script>
    </head>
    <body>
        <h2>jQuery 元素选择器</h2>
        <p>段落 1</p>
        <p>段落 2</p>
        <button>单击隐藏</button>
    </body>
</HTML>
```

步骤 2：运行网站，页面初始执行效果如图 8.13 所示。

图 8.13　页面初始执行效果

步骤 3：单击"单击隐藏"按钮，隐藏所有的<p>元素，执行效果如图 8.14 所示。

2. ID 选择器

jQuery 的 ID 选择器是基于元素的 ID 属性选取元素。在 HTML 页面中元素的 ID 是唯一的，所以在页面中通过 ID 选择器对元素进行精确选取。

【例 8-7】　新建 HTML 页面，创建 ID 选择器，当用户单击按钮后，隐藏 HTML 页面中 ID 为 test 的元素。

步骤 1：在 HTML 源文件内，编辑 jQuery 语句如下。

```
<HTML>
    <head>
```

图 8.14　元素选择器执行效果

```
<script src="https://cdn.staticfile.org/jquery/2.0.0/jquery.min.js">
</script>
<script>
$(document).ready(function(){
$("button").click(function(){
$("#test").hide();
});
});
</script>
</head>
<body>
    <h2>jQuery 元素选择器</h2>
    <p id="test">段落 1</p>
  <p>段落 2</p>
    <button>单击隐藏</button>
</body>
</HTML>
```

步骤 2：运行网站，页面初始执行效果如图 8.15 所示。

图 8.15　页面初始执行效果

步骤 3：单击"单击隐藏"按钮，隐藏 id＝"test"的元素，执行效果如图 8.16 所示。

图 8.16　ID 选择器执行效果

3. class 选择器

jQuery 的 class 选择器是基于元素的 class 组属性选取元素。在页面中可以设定若干的元素具有相同的 class 属性，页面中通过 class 选择器可以对该组元素进行选取。

【例 8-8】　新建 HTML 页面，创建 class 选择器，当用户单击按钮后，隐藏 HTML 页面中所有 class 属性为 test 的元素。

步骤 1：在 HTML 源文件内，编辑 jQuery 语句如下。

```
<HTML>
    <head>
        <script src="https://cdn.staticfile.org/jquery/2.0.0/jquery.min.js">
        </script>
        <script>
        $(document).ready(function(){
$("button").click(function(){
 $(".test").hide();
});
        });
        </script>
    </head>
    <body>
        <h2>jQuery class 选择器</h2>
        <p class="test">段落 1</p>
        <p class="test">段落 2</p>
        <button>单击隐藏</button>
    </body>
</HTML>
```

步骤 2：运行网站，页面初始执行效果如图 8.17 所示。

步骤 3：单击"单击隐藏"按钮，隐藏 class＝"test"的元素，执行效果如图 8.18 所示。

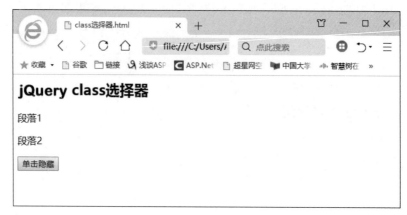

图 8.17　页面初始执行效果

图 8.18　class 选择器执行效果

4. *****选择器**

*****选择器用于选取文档中所有单独的元素。例如，＄(＊)代表包括 HTML、head 和 body 内的所有元素，＄(body.＊)则表示 body 内的所有元素。

5. 组合选择器

可以将多种选择器组合构建为组合选择器。例如，＄("＃test,td,.intro")表示满足 ID 选择器 id＝"test"、满足元素选择器＜td＞元素以及满足 class 选择器 class＝"intro"的所有元素组成的集合。

8.4.2　jQuery 过滤选择器

过滤选择器筛选的条件类似于 CSS 的伪元素，可以通过特定的附加条件筛选出需要的 DOM 元素。

1. 简单过滤选择器

简单过滤选择器是使用最广泛的一种，根据某类过滤规则进行元素的匹配，书写时以冒号(:)开头。过滤选择器基本功能如表 8.2 所示。

表 8.2　简单过滤选择器

选择器	功　　能	返　回
:first	获取第一个元素	单个元素
:last	获取最后一个元素	单个元素
:not(selector)	获取除指定选择器 selector 外的所有元素	元素集合
:even	获取所有索引为偶数的元素,索引号从 0 开始	元素集合
:odd	获取所有索引为奇数的元素,索引号从 0 开始	元素集合
:eq(index)	获取指定索引的元素,索引号从 0 开始	单个元素
:gt(index)	获取大于给定索引的元素,索引号从 0 开始	元素集合
:lt(index)	获取小于给定索引的元素,索引号从 0 开始	元素集合
:header	获取所有标题类的元素,如 h1、h2、h3 等	元素集合
:animated	获取正在执行动画效果的元素	元素集合
:focus	获取当前获取焦点的元素	元素集合

简单过滤选择器的简单示例如下。

```
$("div:first")          //选取 div 中第一个元素
$("div:last")           //选取 div 中最后一个元素
$("div:not(a)")         //选取 div 中不包含 a 的元素集
$("div:even")           //选取 div 中索引为偶数的元素集
$("div:odd")            //选取 div 中索引为奇数的元素集
$("div:eq(5)")          //选取 div 中索引为 5 的元素
$("div:gt(5)")          //选取 div 中索引值大于 5 的元素集
$("div:lt(5)")          //选取 div 中索引值小于 5 的元素集
$(":header")            //选取 div 中所有标题元素集
$(":animate")           //选取 div 中正在执行的动画的元素集
$(":focus")             //选取 div 中当前获取焦点的元素集
```

2. 内容过滤选择器

内容过滤选择器可以根据元素中的文字内容或所包含的子元素特征获取元素,对文字内容以模糊或绝对匹配进行元素定位。内容过滤选择器基本功能如表 8.3 所示。

表 8.3　内容过滤选择器

选择器	功　　能	返　回
:contains(text)	获取包含指定文本 text 的元素	元素集合
:empty	获取不包含元素或者文本内容的空元素	元素集合
:has(selector)	获取含有选择器 selector 匹配元素的元素	元素集合
:parent	获取包含子元素或者文本的元素	元素集合

内容过滤选择器的简单示例如下。

```
$("div:contains("cont1")")          //选取 div 中包含指定"cont1"的元素集
$("div:empty")                      //选取 div 中不包含子元素的元素集
$("div:has(p)")                     //选取 div 中含有子元素 p 的元素集
$("div:parent")                     //选取 div 中含有子元素或者文本的元素集
```

3. 可见性过滤选择器

可见性过滤选择器是根据元素是否可见的特征来获取元素。可见性过滤选择器基本功能如表 8.4 所示。

表 8.4　可见性过滤选择器

选择器	功　　能	返　回
:hidden	获取所有不可见元素,或者 type 为 hidden 的元素	元素集合
:visible	获取所有可见的元素	元素集合

可见性过滤选择器的简单示例如下。

```
$("div:hidden")                                     //选取 div 中所有不可见的元素集
$("div:visible")                                    //选取 div 中所有可见的元素集
```

4. 属性过滤选择器

属性过滤选择器是根据元素的某个属性获取元素。例如,ID 匹配属性值的内容,并包含在[]中。属性过滤选择器基本功能如表 8.5 所示。

表 8.5　属性过滤选择器

选择器	功　　能	返　回
[atrribute]	获取包含指定属性的元素	元素集合
[atrribute＝value]	获取某个指定属性等于特定值 value 的元素	元素集合
[atrribute!＝value]	获取某个指定属性不等于特定值 value 的元素	元素集合
[atrribute^＝value]	获取某个指定属性以特定值 value 开始的元素	元素集合
[atrribute $ ＝value]	获取某个指定属性以特定值 value 结尾的元素	元素集合
[atrribute * ＝value]	获取某个指定属性包含特定值 value 的元素	元素集合
[Selector1][Selector2][Selector3]	获取满足多个条件的复合属性的元素	元素集合

属性过滤选择器的简单示例如下。

```
$("div[id]")                        //选取 div 中所有含有 ID 属性的元素集
$("input[name='basketball']")       //选取 name 属性值为 basketball 的 input 元素集
$("input[name!='basketball']")      //选取 name 属性值不为 basketball 的 input 元素集
$("input[name^='foot']")            //选取所有 name 以'foot'开始的 input 元素集
$("input[name$='ball']")            //选取所有 name 以'ball'结尾的 input 元素集
$("input[name*='dufl']")            //选取所有 name 包含'dufl'的 input 元素集
$("input[id][name$='ball']")        //选取所有含有 id 属性,并且其 name 属性是以 ball
                                    //结尾的 input 元素集
```

5. 子元素过滤选择器

子元素过滤选择器是根据父元素中的某个指定的属性获取所有的子元素。子元素过滤选择器基本功能如表 8.6 所示。

表 8.6　子元素过滤选择器

选择器	功　　能	返　　回
:nth-child(eq|even|odd|index)	获取所有父元素下特定位置的元素	元素集合
:first-child	获取所有父元素下第一个子元素	元素集合
:last-child	获取所有父元素下最后一个子元素	元素集合
:only-child	获取具有单一子元素的父元素中的子元素	元素集合

子元素过滤选择器的简单示例如下。

```
$("div:first-child")        //选取 div 的第一个子元素集
$("div:last-child")         //选取 div 的最后一个子元素集
$("div:only-child")         //选取 div 中包含唯一子元素的元素集
$("div:nth-child(3))")      //选取 div 中下一级子索引为 3 的元素集
```

6. 表单对象属性过滤选择器

表单对象属性过滤选择器是对所选择的表单元素进行过滤，可以方便地获取某些被选中的下拉框、复选框等元素。表单对象属性过滤选择器基本功能如表 8.7 所示。

表 8.7　表单对象属性过滤选择器

选择器	功　　能	返　　回
:enabled	获取所有可用的元素	元素集合
:disabled	获取所有不可用的元素	元素集合
:checked	获取单选框、复选框中所有被选中的元素	元素集合
:selected	获取下拉框中所有被选中的元素	元素集合

表单对象属性过滤选择器的简单示例如下。

```
$("input:enabled")          //选取所有可用的 input 元素集
$("input:disabled")         //选取所有不可用的 input 元素集
$("input:checked")          //选取所有被选中元素集(单选框，复选框)
$("select option:seleced")  //选取所有被选中的元素集(下拉框)
```

8.4.3　jQuery 表单选择器

表单作为 HTML 中一种特殊的元素，在 Web 开发中占据重要作用，操作方法具有某些特殊性和多样性，使用表单选择器可以更加简单灵活地操作表单。为了获取表单中的某个元素或某种类型的元素，可以在 jQuery 选择器中加入表单选择器。表单选择器基本功能如表 8.8 所示。

表 8.8　表单选择器

选择器	功　　能	返　　回
:input	获取所有 input、textarea、select 元素	元素集合
:text	获取所有单行文本框元素	元素集合
:password	获取所有密码框元素	元素集合
:radio	获取所有单选按钮元素	元素集合
:checkbox	获取所有复选框元素	元素集合
:submit	获取所有提交按钮元素	元素集合
:image	获取所有图像域元素	元素集合
:reset	获取所有重置按钮元素	元素集合
:button	获取所有按钮元素	元素集合
:file	获取所有文件域元素	元素集合
:hidden	获取隐藏字段元素	元素集合

8.4.4　jQuery 层次选择器

层次选择器通过 DOM 元素间的层次关系来获取元素，主要的层次关系包括父子、后代、相邻、兄弟等关系。层次选择器基本功能如表 8.9 所示。

表 8.9　层次选择器

选择器	功　　能	返　　回
ancestor descendant	根据祖先元素匹配所有的后代元素	元素集合
parent>child	根据父元素匹配所有的子元素	元素集合
prev+next	匹配所有紧接在 prev 元素后的相邻元素	元素集合
prev~siblings	匹配 prev 元素后所有的兄弟元素	元素集合

8.5　JavaScript 和 jQuery 应用实例

JavaScript 和 jQuery 可以实现很多丰富的功能，在 ASP.NET MVC 网站设计中使用较多，本节介绍几个经常使用的功能。

8.5.1　折叠式菜单

折叠式菜单是网站后台管理中经常使用的技术，可以选择性地展开或折叠某一功能区域，页面展示如图 8.19 所示。

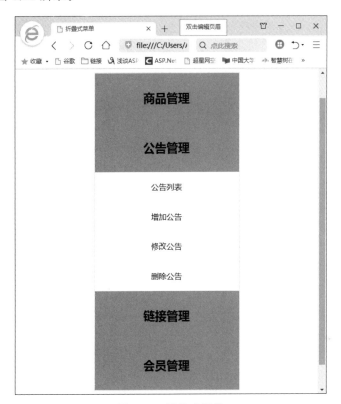

图 8.19　折叠式菜单

实例参考代码如下。

```
<HTML>
<head>
<title>折叠式菜单</title>
</head>
<style type="text/css">
    *{
        padding: 0;
        margin: 0;
        list-style: none;
    }
    .menu-list {
        width: 300px;
        margin: 60px auto;
        border: 2px solid #bbffff;
```

```css
            }
            .menu-head {
                background-color: #aaaaff;
                text-align: center;
                height: 100px;
                line-height: 100px;
            }
            .menu-body>li {
                height: 60px;
                line-height: 60px;
                text-align: center;
            }
    </style>
```

```html
    <script src="https://cdn.staticfile.org/jquery/1.10.2/jquery.min.js">
    </script>
    <script>
            $(function() {
                $(".menu-body").hide().eq(0).show();
                $(".menu-head").click(function() {
                    // 1:
                    $(this).next().toggle();
                    // 2:
                    // $(this).next().show();
                });
            });
    </script>
    <body>
    <div class="menu-list">
    <ul>
    <li>
    <h2 class="menu-head">商品管理</h2>
    <ul class="menu-body">
    <li>商品列表</li>
    <li>增加商品</li>
    <li>修改商品</li>
    <li>删除商品</li>
    </ul>
    </li>
    <li>
    <h2 class="menu-head">公告管理</h2>
    <ul class="menu-body">
    <li>公告列表</li>
    <li>增加公告</li>
    <li>修改公告</li>
    <li>删除公告</li>
```

```
</ul>
</li>
<li>
<h2 class="menu-head">链接管理</h2>
<ul class="menu-body">
<li>链接列表</li>
<li>增加链接</li>
<li>修改链接</li>
<li>删除链接</li>
</ul>
</li>
<li>
<h2 class="menu-head">会员管理</h2>
<ul class="menu-body">
<li>会员列表</li>
<li>增加会员</li>
<li>修改会员</li>
<li>删除会员</li>
</ul>
</li>
</ul>
</div>
</body>
</HTML>
```

8.5.2　表格动态修改

表格(table)是网站管理中输入、输出的基本容器,对 table 中的行数进行动态修改也是网站设计中常用的操作,页面展示如图 8.20 所示。

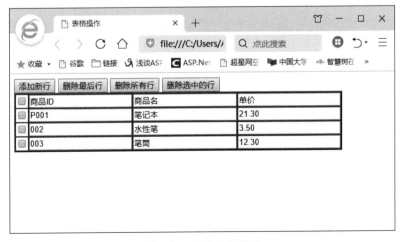

图 8.20　表格动态修改

实例参考代码如下。

```html
<head>
<title>表格操作</title>
<script src="http://libs.baidu.com/jquery/2.0.0/jquery.min.js"></script>
<script type="text/javascript">
    $(document).ready(function() {
        //添加新行
        $("#one").click(function() {
            var $td = $("#trOne").clone();
            $("table").append($td);
            $("table tr:last").find("input").val("");
        });
        //删除最后行
        $("#two").click(function() {
            $("table tr:not(:first):last").remove();
        });
        //删除所有行
        $("#three").click(function() {
            $("tr:not(:first)").remove();
        });
        //删除选中的行
        $("#four").click(function() {
            //遍历选中的 checkbox
            $("[type='checkbox']:checked").each(function() {
                //获取 checkbox 所在行的顺序
                n = $(this).parents("tr").index();
                $("table").find("tr:eq(" +n +")").remove();
            });
        });
        //设置高亮行
        $("tr").mouseover(function() {
            $(this).css("background-color","red");
        });
        $("tr").mouseout(function(){
            $(this).css("background-color","white");
        });
    });
</script>
</head>
<body>
<input type="button" id="one" value="添加新行" />
<input type="button" id="two" value="删除最后行" />
<input type="button" id="three" value="删除所有行" />
<input type="button" id="four" value="删除选中的行" /><br />
<table width="400px" height="50px" border="2px" cellspacing="0" cellpadding="0">
```

```
<tr id="trOne">
<td><input type="checkbox" name=""></td>
<td><input type="" name="" value="商品ID"></td>
<td><input type="" name="" value="商品名"></td>
<td><input type="" name="" value="单价"></td>
</tr>
<tr>
<td><input type="checkbox" name=""></td>
<td><input type="" name="" value="P001"></td>
<td><input type="" name="" value="笔记本"></td>
<td><input type="" name="" value="21.30"></td>
</tr>
<tr>
<td><input type="checkbox" name=""></td>
<td><input type="" name="" value="002"></td>
<td><input type="" name="" value="水性笔"></td>
<td><input type="" name="" value="3.50"></td>
</tr>
<tr>
<td><input type="checkbox" name=""></td>
<td><input type="" name="" value="003"></td>
<td><input type="" name="" value="笔筒"></td>
<td><input type="" name="" value="12.30"></td>
</tr>
</table>
</body>
```

8.5.3　Tab 选项卡

Tab 选项卡是网站显示中经常使用的切换页面内容的容器，可以比较方便地对页面中内容进行切换，页面展示如图 8.21 所示。

页面 HTML 代码如下。

```
<head>
<meta http-equiv="Content-Type" content="text/HTML; charset=utf-8" />
<meta name="description" content="tab 选项卡" />
<title>tab 选项卡式切换效果</title>
<!--JS Includes -->
    <script src="images/jquery.js" type="text/javascript"></script>
    <script src="images/billy.carousel.jquery.min.js" type="text/javascript">
</script>
    <!--CSS Includes -->
    <link rel="stylesheet" href="images/demonstration.css" type="text/css"
media="screen" />
```

图 8.21　Tab 选项卡

```html
    <title>tab 选项测试</title>
</head>

<body>

    <script type="text/javascript">
        $(document).ready( function() {

            $('#tabber').billy({
                slidePause: 5000,
                indicators: $('ul#tabber_tabs'),
                customIndicators: true,
                autoAnimate: false,
                noAnimation: true
            });

        });

    </script>

    <div id="container">
        <h3>jQuery Tab 选项卡</h3>
        <p>单击 tab 页切换</p>
```

```html
<!--The Tabs 标题 -->
<ul id="tabber_tabs">
    <li><a href="#0">Tab One</a></li>
    <li><a href="#1">Tab Two</a></li>
    <li><a href="#2">Tab Three</a></li>
    <li><a href="#3">Tab Four</a></li>
</ul>
<!--Tabbed 内容区 -->
<div id="tabber_clip">
    <ul id="tabber">
        <li><img src="images/desert.jpg" width="900" height="400" alt=
"Desert"></li>
        <li>
            <br />
            面朝大海,春暖花开…
        </li>
        <li><img src="images/wood.jpg" width="900" height="400" alt=
"Wood"></li>
        <li><img src="images/pond.jpg" width="900" height="400" alt=
"Pond"></li>
    </ul>
</div>

</div>

</body>
</HTML>
```

页面.CSS 源代码如下。

```css
body {
    margin: 0;
    padding: 0;
    font: 16px Helvetica, Arial, sans-serif;
    background: #252529;
    color: white;
}

/* Dirty Reset */
ul, ul li{
    display: block;
    padding: 0;
    margin: 0;
    list-style-type: none;
}
```

```css
a, a:link, a:active, a:visited, a:active{
    border: none;
    outline: none;
    color: white;
    text-decoration: none;
}


p { font-size: 14px; line-height: 20px; }


#container{
    display: block;
    width: 900px;
    margin: 40px auto 0;
    padding: 0 0 100px 0;
}


.subtle {
    display: block;
    float: right;
    color: #878793;
    font-size: 11px;
    padding: 20px 0;
}


h3, h2, h1{
    color: white;
}


h3 { padding: 10px 0 0 0; }

hr {
    display: block;
    float: left;
}


/* Indicators */
ul#billy_indicators{
    width: auto;
    margin: 20px 0 0 0;
    float: right;
    display: block;
    z-index: 90;
}


ul#billy_indicators li {
```

```
    display: block;
    width: 9px;
    height: 9px;
    float: left;
    margin: 0 5px 0 0;
}


ul#billy_indicators li a {
    display: block;
    width: 9px;
    height: 9px;
    background: #fff;
    opacity: 0.4;
    -moz-border-radius: 50px;
    -webkit-border-radius: 50px;
}


ul#billy_indicators li.active a { opacity: 1.0; }
ul#billy_indicators li a:hover { opacity: 0.6; }
    ul#billy_indicators li.active a:hover { opacity: 1.0; }


/* Controls */
#clicker {
    display: block;
    float: left;
    margin: 20px 0 0 0;
}


#clicker a {
    background: transparent;
    border: 1px solid white;
    font-size: 12px;
    color: white;
    padding: 5px 10px 4px;
    margin: 0;
    -moz-border-radius: 5px;
    -webkit-border-radius: 5px;
}


#clicker a:hover {
    color: #252529;
    background: white;
}


/* Carousel */
```

```css
#billy_clip{
    width: 900px;
    position: relative; /* For IE */
    overflow: hidden;
    height: 400px;
    z-index:100;
}

ul#billy_scroller{
    width: 9999px;
    height: 400px;
    display: block;
    float: left;
    position: relative;
}

ul#billy_scroller li {
    width: 900px;
    height: 400px;
    float: left;
    display: block;
}

/* Tabber */
ul#tabber{
    width: 9999px;
    height: 400px;
    display: block;
    float: left;
    position: relative;
    margin: 0;
    padding: 0;
}

ul#tabber li {
    width: 900px;
    height: 400px;
    float: left;
    display: block;
}

/* Tabs */
#tabber_clip{
    width: 900px;
    position: relative; /* For IE */
```

```
    overflow: hidden;
    height: 400px;
    z-index:101;
    border-top: 1px solid white;
    border-right: 2px solid white;
    border-bottom: 2px solid white;
    border-left: 1px solid white;
    float: left;
}

ul#tabber_tabs{
    display: block;
    float: left;
    width: 900px;
    padding: 0;
    margin: 10px 0 0 0;
    float: left;
}

ul#tabber_tabs li {
    display: block;
    float: left;
    margin: 0 10px 0 0;
}

ul#tabber_tabs li a {
    padding: 5px 6px 6px;
    display: block;
    font-size: 13px;
    border-top: 1px solid white;
    border-right: 2px solid white;
    border-bottom: none;
    border-left: 1px solid white;
    -moz-border-radius-topleft: 4px;
    -webkit-border-top-left-radius: 4px;
    -moz-border-radius-topright: 4px;
    -webkit-border-top-right-radius: 4px;
}

ul#tabber_tabs li.active a {
    background: white;
    color: #252529;
}

.codetab {
```

```
    padding: 10px;
    width: 880px;
    height: 380px;
    background: #646391;
    font-size: 0.9em;
    overflow: auto;
    display: block;
    float: left;
}
```

8.5.4 万花筒

万花筒可以随着鼠标单击在屏幕燃放烟火，并产生随机的火焰颜色，页面展示如图8.22所示。

图 8.22 万花筒效果图

页面 HTML 代码如下。

```
<!DOCTYPE>
<HTML>
<head>
<title>烟花效果</title>
<style type="text/css">
  *{padding: 0;margin: 0}
  body{overflow: hidden;width: 100%;height: 100%;background: #000; }
  div{position: absolute;background: #000;color: #fff}
</style>
<script src="https://cdn.staticfile.org/jquery/1.10.2/jquery.min.js">
</script>
```

```
</head>
<body>
<script type="text/javascript">
 var firWorks ={
  init : function(){
   var _that = this;
    $(document).bind("click",function(e){
    _that.eventLeft = e.pageX;
    _that.eventTop = e.pageY;
    _that.createCylinder();
    });
  },
  createCylinder : function(event){
   var _that = this;
   this.cHeight = document.documentElement.clientHeight;
   this.cylinder = $("<div/>");
   $("body").append(this.cylinder);

this.cylinder.css({"width":4,"height":15,"background-color":"red","top":this.
cHeight,"left":this.eventLeft});
   this.cylinder.animate({top:this.eventTop},600,function(){
    $(this).remove();
    _that.createFlower();
   })
  },
  createFlower : function(){
   var _that = this;
   for(var i = 0 ; i <30; i++){
    $("body").append($("<div class='flower'></div>"));
   };
   $(".flower").css({"width":3,"height":3,"top":this.eventTop,"left":this.
eventLeft});
   $(".flower").each(function(index, element) {
    var $this = $(this);
    var yhX = Math.random() * 400-200;
    var yhY = Math.random() * 600-300;
    _that.changeColor();
$this.css({"background-color":"#"+_that.randomColor,"width":3,"height":3}).
animate({"top":_that.eventTop-yhY,"left":_that.eventLeft-yhX},500);
    for(var i=0;i<30;i++){
     if(yhX<0){
      _that.downPw($this,"+");
     }else{
      _that.downPw($this,"-");
     }
```

```
        }
    });
    },
    changeColor : function(){
    this.randomColor = "";
    this.randomColor = Math.ceil(Math.random() * 16777215).toString(16);
     while(this.randomColor.length<6){
       this.randomColor = "0"+this.randomColor;
     }
    },
    downPw : function(ele,type){
     ele.animate({"top":"+=30","left":type+"=4"},50,function(){
       setTimeout(function(){ele.remove()},2000);
     })
    }
    };
    firWorks.init();
</script>
</body>
</HTML>
```

8.6   小结

本章主要介绍了 jQuery 的基本作用；对 JavaScript 语法以及函数的定义和调用进行了实例讲解；详细地介绍了 jQuery 函数及其事件，对 jQuery 选择器进行了详细的实例讲解；讲解了常用的 jQuery 应用实例。

8.7   习题

一、选择题

1. 下列关于 JavaScript 中变量名称描述不正确的是(   )。
   A. 可以由大小写字母、数字、下画线或美元符号组成
   B. 可以以字母、下画线和美元符号开头
   C. 可以包含美元符号
   D. 可以包含中文符号

2. 如果 JavaScript 的条件语句结果是 false，则条件语句值可以是(   )。
   A. null   B. " "   C. undefined   D. 以上都是

3. 下列事件中不属于 jQuery 鼠标事件的是(   )。
   A. dblclick   B. keyup   C. mouseenter   D. hover

4. 下列事件中不属于 jQuery 表单事件的是( )。

 A. submit   B. keyup   C. scroll   D. hover

5. 下列选择器中不属于 jQuery 表单选择器的是( )。

 A. :image   B. :button   C. :parent   D. :radio

二、填空题

1. JavaScript 由_____、_____和_____三部分组成。

2. JavaScript 属于_____类型,局部变量类型统一定义为_____类型。

3. JavaScript 中的输出功能一般使用函数_____实现,输入功能通常使用函数_____实现。

4. _____选择器是根据过滤规则进行元素的匹配,书写时都以_____开头。

5. 层次选择器通过 DOM 元素间的层次关系来获取元素,主要的层次关系包括_____、_____、_____、_____等。

6. 查找当前页面内所有的 input 标签对应的选择器是_____。

7. 查找当前页面内所有样式为的 c1 标签和 ID 为 p3 的标签,则对应的选择器是_____。

8. 查找当前页面 ID 为 p3 的标签下面的第一个 input 标签对应的选择器是_____。

三、简答题

1. 简述 jQuery 的优点。

2. 简述 JavaScript 的三个组成部分及各自的主要作用。

第 **9** 章

美妆网的设计与实现

本章导读

设计美妆网站时首先对网站的业务逻辑进行分析,然后进行项目数据库的设计,对网站中各功能模块进行详细设计,在 ASP.NET MVC 架构中对每个控制器中的代码进行设计,最后对网站进行视图设计,实现网站的基本功能。本章以实例的形式学习上述知识点。

本章要点

- 美妆网创建的业务流程
- 美妆网中数据库的创建方法
- ASP.NET MVC 应用程序的创建方法
- ASP.NETMVC 架构中各部分的引用关系

9.1 网站基本设计

9.1.1 权限划分

视频讲解

美妆网是一个在线选购化妆品的网站,其核心思想是为用户提供一个以图像和文字为主的界面,向用户展示化妆品并实现在线选购。它包含用户和管理员两种权限,用户又分为网站会员和网站普通浏览者两种身份。两种权限各自具有的主要功能如下。

1. 用户

(1)普通浏览者可以查看商品以及网站留言。

(2)用户可以查看商品的信息,包括编码、名称、类型、描述、商品状态和图片等。

(3)用户可以查询商品。

(4)会员可以添加商品到购物车。

(5)会员可以在购物车中查看所选商品的编码、名称、单价和数量及总价格。

（6）会员可以在购物车中删除商品,通过单击产品链接可再次购买,更新产品及总产品的数量。

（7）会员可以将购物车中商品进行下单。

（8）会员可以查看自己的订单。

（9）会员可以给网站留言,也可以删除个人留言。

（10）普通浏览者可以注册为会员。

2. 管理员

（1）管理员拥有网站最大管理权限,可以进入管理页面并配置系统信息。

（2）管理员可以管理会员,对会员进行删除。

（3）管理员可以更新产品信息,上传新产品,删除产品。

（4）管理员可以查看和删除网站留言。

9.1.2　网站业务流程

用户首先登录网站,如果用户未注册则须进行注册。在登录时若用户名与密码通过验证,则登录成功;如果用户名不存在或密码不正确,则提示重新登录。用户成功登录之后,进入主页面,会员可以进行查看化妆品信息,选购化妆品,添加购物车,查看自己的订单信息以及修改个人信息等操作。

管理员登录系统,可以进行添加新商品,对现有商品进行增删改操作,管理网站评论,管理订单。用户业务流程如图 9.1 所示,管理员业务流程如图 9.2 所示。

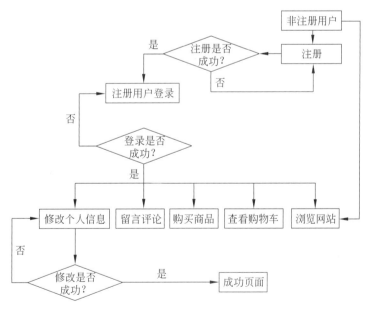

图 9.1　用户业务流程

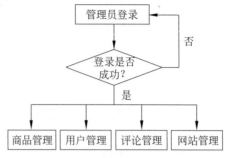

图 9.2 管理员业务流程

9.1.3 系统概要设计

视频讲解

根据系统流程图中所描述的逻辑模型,对流程图中各功能模块进一步分解,将网站按照功能分解为含义明确、功能单一的单元功能模块。模块的划分如图 9.3 所示。

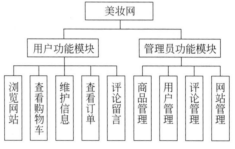

图 9.3 系统功能模块结构图

1. 用户功能模块描述

(1)浏览网站模块:商品浏览、商品分类浏览、按商品名称搜索、查看商品详细信息等功能。

(2)查看购物车模块:添加商品到购物车、购物车信息修改、结账等功能。

(3)用户信息模块:注册新用户、登录、用户修改密码、会员信息管理等功能。

(4)查看订单模块:查询个人订单列表、查询订单详细信息等功能。

(5)评论留言模块:网站留言、查看留言、删除留言等功能。

用户功能模块用例如图 9.4 所示。

2. 管理员功能模块描述

(1)用户管理:查询用户、删除用户等功能。

(2)商品管理:添加、修改、删除商品信息等功能。

(3)网站管理:网站信息的更新和维护等功能。

管理员功能模块的用例如图 9.5 所示。

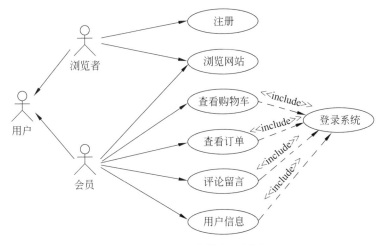

图 9.4　用户功能模块用例图

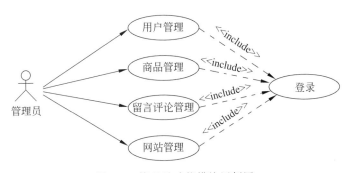

图 9.5　管理员功能模块用例图

9.2　数据库设计

视频讲解

9.2.1　概念设计

概念设计是将需求分析得到的用户需求抽象为信息结构的过程,作为数据模型共同基础,比数据模型更独立于机器、抽象,更加稳定,可将数据要求清晰明确地表达出来。

用户信息属性如图 9.6 所示。

管理员信息属性如图 9.7 所示。

商品信息属性如图 9.8 所示。

购物车信息属性如图 9.9 所示。

订单信息属性如图 9.10 所示。

订单详情信息属性如图 9.11 所示。

留言信息属性如图 9.12 所示。

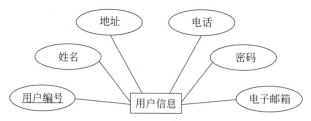

图 9.6　用户信息属性图

图 9.7　管理员信息属性图

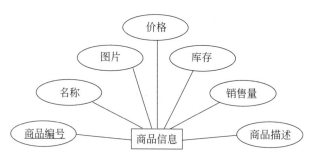

图 9.8　商品信息属性图

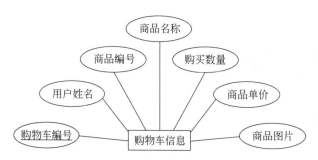

图 9.9　购物车信息属性图

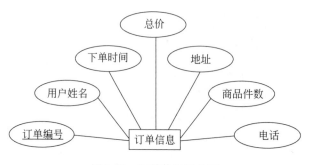

图 9.10　订单信息属性图

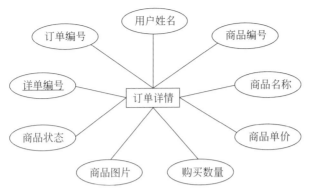

图 9.11　订单详情信息属性图

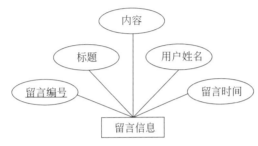

图 9.12　留言信息属性图

9.2.2　逻辑设计

将概念设计中属性及属性之间关系转换成为关系模式,关系模式如下。

用户信息表(<u>用户编号</u>,密码,姓名,电子邮箱,电话,地址)

管理员信息表(<u>管理员编号</u>,密码,姓名,电话)

商品信息表(<u>商品编号</u>,名称,图片,价格,库存,销售量,商品状态,商品描述)

购物车信息表(<u>购物车编号</u>,用户姓名,商品编号,商品名称,商品单价,商品图片,购买数量)

订单信息表(<u>订单编号</u>,用户姓名,下单时间,总价,地址,电话,商品件数)

订单详情信息表(<u>详单编号</u>,订单编号,用户姓名,商品编号,商品名称,商品单价,购买数量,商品图片,商品状态)

留言信息表(<u>留言编号</u>,标题,内容,用户姓名,留言时间)

9.2.3　物理设计

数据库物理设计的目的是选择存储结构,确定存取方法,选择存取路径,确定数据的存放位置。网站设计使用 SQL Server 2012 作为数据库管理系统,从逻辑设计上转换实体以及实体之间关系模式,形成数据库中表以及各表之间关系,确定各数据表如下。

用户信息如表 9.1 所示。

表 9.1　用户信息表

字段名	说　明	类　型	可否为空	主键	外键
uid	用户编号	int	否	是	否
uname	用户姓名	varchar(50)	否	否	否
password	用户密码	varchar(50)	否	否	否
address	用户地址	varchar(50)	否	否	否
tel	用户电话	varchar(50)	否	否	否
email	用户邮箱	varchar(50)	否	否	否

管理员信息如表 9.2 所示。

表 9.2　管理员信息表

字段名	说　明	类　型	可否为空	主键	外键
aid	管理员编号	int	否	是	否
aname	管理员姓名	varchar(50)	否	否	否
password	管理员密码	int	否	否	否
tel	联系电话	varchar(50)	否	否	否

商品信息如表 9.3 所示。

表 9.3　商品信息表

字段名	说　明	类　型	可否为空	主键	外键
pid	商品编号	int	否	是	否
pname	商品名称	varchar(50)	否	否	否
photp	商品图片	varchar(50)	否	否	否
price	商品价格	decimal	否	否	否
pnums	商品库存	int	否	否	否
salenums	商品销量	int	否	否	否
state	商品状态	text	否	否	否
mess	商品描述	text	否	否	否

购物车信息如表 9.4 所示。

表 9.4　购物车信息表

字段名	说　明	类　型	可否为空	主键	外键
cid	购物车编号	int	否	是	否

续表

字段名	说　明	类　型	可否为空	主键	外键
uname	用户姓名	varchar(50)	否	否	否
pid	商品编号	int	否	否	是
pname	商品名称	varchar(50)	否	否	否
price	商品单价	decimal	否	否	否
nums	购买数量	int	否	否	否
photo	商品图片	varchar(50)	否	否	否

订单信息如表 9.5 所示。

表 9.5　订单信息表

字段名	说　明	类　型	可否为空	主键	外键
oid	订单编号	int	否	是	否
uname	用户姓名	varchar(50)	否	否	否
orderTime	下单时间	datatime	否	否	否
allPrice	订单总价	decimal	否	否	否
address	收货地址	varchar(50)	否	否	否
tel	联系电话	int	否	否	否
pcounts	商品件数	int	否	否	否

订单详情信息如表 9.6 所示。

表 9.6　订单详情信息表

字段名	说　明	类　型	可否为空	主键	外键
id	详单编号	int	否	是	否
uname	用户姓名	varchar(50)	否	否	否
oid	订单编号	datatime	否	否	是
pid	商品编号	int	否	否	是
pname	商品名称	varchar(50)	否	否	否
price	商品单价	decimal	否	否	否
nums	购买数量	int	否	否	否
photo	商品图片	varchar(50)	否	否	否
state	商品状态	varchar(50)	否	否	否

留言信息如表 9.7 所示。

表 9.7　留言信息表

字段名	说　明	类　型	可否为空	主键	外键
mid	留言编号	int	否	是	否
title	留言标题	varchar(50)	否	否	否
mess	留言内容	text	否	否	否
uname	用户姓名	varchar(50)	否	否	否
messdate	留言时间	datetime	否	否	否

9.3　系统详细设计

系统详细设计是在系统架构的基础上,通过精化架构、分析用例、设计模块来标识设计元素。系统详细设计阶段可以细化设计元素的行为,精化设计元素的定义,确保用例实现的完备。

9.3.1　用户功能模块设计

用户功能模块主要包括已注册用户登录、网站信息浏览、商品信息浏览、商品详情查看、购物车查看、留言评论、浏览者注册等模块。用户功能模块类图如图 9.13 所示。

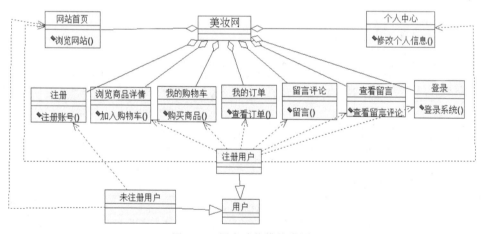

图 9.13　用户功能模块类图

9.3.2　管理员功能模块设计

管理员功能模块主要包括管理员登录、用户信息管理、商品管理、评论管理等功能。管理员功能模块类图如图 9.14 所示。

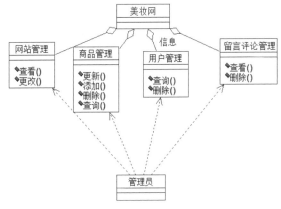

图 9.14　管理员功能模块类图

9.4　数据模型构建

在 ASP.NET MVC 开发流程中，通常先定义数据模型 Model，再搭建控制器 Controller，最后设计视图页面 View。本书第 3 章中已经详细讲述了 EF 中设计模型时的常用形式，此处采用 Database First 模式，由创建好的数据库直接生成 Model 中的代码，在此基础上为实体类添加属性及相关约束。

9.4.1　模型的自动创建

模型的自动创建步骤如下。

步骤 1：创建 Cosmetics 数据库，按表 9.1 ~ 表 9.7 中要求设置各字段，创建后各数据表以及表之间关系如图 9.15 所示。

步骤 2：创建 ASP.NET MVC 应用程序，命名为"美妆网"，如图 9.16 所示。

步骤 3：添加 ADO.NET 实体数据模型，并选择"来自数据库的 EF 设计器"，如图 9.17 所示。

步骤 4：在"连接属性"窗口选择服务器及 Cosmetics 数据库，将连接字符串保存到 App.Config 文件的 CosmeticsEntities 标签内并选择"实体框架 6.x"版本，如图 9.18 所示。

步骤 5：在"实体数据模型向导"界面中，选择"表"数据库对象，选中"确定所生成对象名称的单复数形式"复选框，如图 9.19 所示。

步骤 6：Visual Studio 平台将向项目中加入 EF 的程序包，生成包括数据集合类 Model1.Context.cs，以及各数据表对应的实体类，Models 模型中对象如图 9.20 所示。

9.4.2　实体的属性约束及验证

在自动生成实体数据模型中按网站的功能及对象之间的关系，为生成的各实体类添加约束及验证属性。

视频讲解

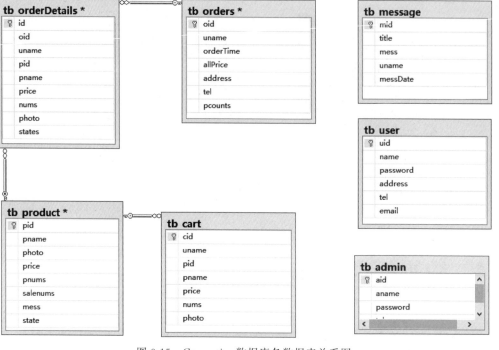

图 9.15　Cosmetics 数据库各数据表关系图

图 9.16　添加新项目

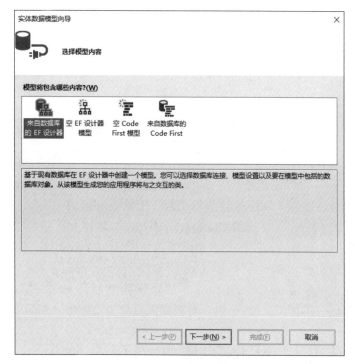

图 9.17　选择数据库优先设计模型

图 9.18　连接属性配置

图 9.19　选择数据库中对象

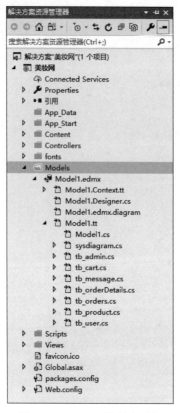

图 9.20　Models 模型中对象

1. 用户信息

由数据库中 tb_user 表对应生成了 Model 中的 tb_user 类,按表 9.1 中说明和类型信息添加显示属性以及类型检查,根据系统功能添加验证属性等约束,编辑代码如下。

```
using System.ComponentModel;
using System.ComponentModel.DataAnnotations;
public partial class tb_user
{
    public tb_user()
    {
        this.uid = 1;
    }
[DisplayName("用户编号")]
public int uid { get; set; }
[DisplayName("用户姓名")]
[Required(AllowEmptyStrings = false, ErrorMessage = "用户名称不能为空")]
public string name { get; set; }

[DisplayName("用户密码")]
[Required(AllowEmptyStrings = false, ErrorMessage = "用户密码不能为空")]
```

```
[DataType(DataType.Password, ErrorMessage = "密码格式输入错误")]
public string password { get; set; }


[Compare("password")]
[Required]
[DisplayName("确认密码")]
[DataType(DataType.Password)]
public string confirmPassword { get; set; }


[DisplayName("用户地址")]
public string address { get; set; }


[DisplayName("用户电话")]
[DataType(DataType.PhoneNumber, ErrorMessage = "电话号码格式不正确")]
public string tel { get; set; }


[DisplayName("用户邮箱")]
[DataType(DataType.EmailAddress, ErrorMessage = "邮箱格式不正确")]
public string email { get; set; }
}
```

2. 管理员信息

由数据库中 tb_admin 表对应生成了 Model 中的 tb_admin 类，按表 9.2 中说明和类型信息添加显示属性以及类型检查，根据系统功能添加验证属性等约束，编辑代码如下。

```
using System.ComponentModel;
using System.ComponentModel.DataAnnotations;

public partial class tb_admin
{
    public tb_admin()
    {
        this.aid = 1;
    }
    [DisplayName("管理员编号")]
    public int aid { get; set; }

    [DisplayName("管理员姓名")]
    [Required(AllowEmptyStrings = false, ErrorMessage = "密码不能为空")]
    public string aname { get; set; }

    [DisplayName("管理员密码")]
    [Required(AllowEmptyStrings = false, ErrorMessage = "密码不能为空")]
    [DataType(DataType.Password, ErrorMessage = "密码格式输入错误")]
    public string password { get; set; }
```

```
    [DisplayName("联系电话")]
    public string tel { get; set; }
}
```

3. 商品信息

由数据库中 tb_product 表对应生成了 Model 中的 tb_product 类,按表 9.3 中说明和类型信息添加显示属性以及类型检查,根据系统功能添加验证属性等约束,编辑代码如下。

```
using System.ComponentModel;
using System.ComponentModel.DataAnnotations;
public partial class tb_product
{
        public tb_product()
        {
            this.pid = 1;
            this.tb_cart = new HashSet<tb_cart>();
        }
        [DisplayName("商品编号")]
        public int pid { get; set; }

        [DisplayName("商品名称")]
        public string pname { get; set; }

[DisplayName("商品图片")]
        public string photo { get; set; }

        [DisplayName("商品价格")]
        [Required(AllowEmptyStrings = false, ErrorMessage = "价格不能为空")]
        [DataType(DataType.Currency, ErrorMessage = "价格格式输入错误")]
        public Nullable<decimal>price { get; set; }

        [DisplayName("商品库存")]
        [Required(AllowEmptyStrings = false, ErrorMessage = "库存不能为空")]
        public Nullable<int>pnums { get; set; }

        [DisplayName("商品销量")]
        public Nullable<int>salenums { get; set; }

        [DisplayName("商品描述")]
        public string mess { get; set; }

        [DisplayName("商品状态")]
        public string state { get; set; }

        [System.Diagnostics.CodeAnalysis.SuppressMessage("Microsoft.Usage",
    "CA2227:CollectionPropertiesShouldBeReadOnly")]
```

```
public virtual ICollection<tb_cart>tb_cart { get; set; }
    }
```

4. 购物车信息

由数据库中 tb_cart 表对应生成了 Model 中的 tb_cart 类,按表 9.4 中说明和类型信息添加显示属性以及类型检查,根据系统功能添加验证属性等约束,编辑代码如下。

```
using System.ComponentModel;
using System.ComponentModel.DataAnnotations;
public partial class tb_cart
{
    public tb_cart()
    {
        this.cid = 1;
    }
    [DisplayName("购物车编号")]
    public int cid { get; set; }

    [DisplayName("用户姓名")]
    public string uname { get; set; }

    [DisplayName("商品编号")]
    public Nullable<int>pid { get; set; }

    [DisplayName("商品名称")]
    public string pname { get; set; }

    [DisplayName("商品单价")]
    public Nullable<decimal>price { get; set; }

    [DisplayName("商品数量")]
    [Required(AllowEmptyStrings = false, ErrorMessage = "数量不可为空")]
    [DataType(DataType.Text, ErrorMessage = "数量格式错误")]
    public Nullable<int>nums { get; set; }

    [DisplayName("商品图片")]
    public string photo { get; set; }

    public virtual tb_product tb_product { get; set; }
}
```

5. 订单信息

由数据库中 tb_order 表对应生成了 Model 中的 tb_order 类,按表 9.5 中说明和类型信息添加显示属性以及类型检查,根据系统功能添加验证属性等约束,编辑代码如下。

```
using System.ComponentModel;
```

```
public partial class tb_orders
{
        public tb_orders()
        {
            this.oid = 1;
        }
        [DisplayName("订单编号")]
        public int oid { get; set; }

        [DisplayName("用户姓名")]
        public string uname { get; set; }

        [DisplayName("下单时间")]
        public Nullable<System.DateTime>orderTime { get; set; }

        [DisplayName("订单总价")]
        public Nullable<decimal>allPrice { get; set; }

        [DisplayName("收货地址")]
        public string address { get; set; }

        [DisplayName("联系电话")]
        public string tel { get; set; }

        [DisplayName("商品件数")]
        public Nullable<int>pcounts { get; set; }
}
```

6. 订单详情信息

由数据库中 tb_orderDetail 表对应生成 Model 中的 tb_orderDetail 类，按表 9.6 中说明和类型信息添加显示属性以及类型检查，根据系统功能添加验证属性等约束，编辑代码如下。

```
using System.ComponentModel;
public partial class tb_orderDetails
{
    public tb_orderDetails()
    {
        this.id = 1;
    }

    [DisplayName("详单编号")]
    public int id { get; set; }

    [DisplayName("订单编号")]
    public Nullable<int>oid { get; set; }
```

```
[DisplayName("用户姓名")]
public string uname { get; set; }

[DisplayName("商品编号")]
public Nullable<int>pid { get; set; }

[DisplayName("商品名称")]
public string pname { get; set; }

[DisplayName("商品单价")]
public Nullable<decimal>price { get; set; }

[DisplayName("购买数量")]
public Nullable<int>nums { get; set; }

[DisplayName("商品图片")]
public string photo { get; set; }

[DisplayName("商品状态")]
public string states { get; set; }
}
```

7. 留言信息

由数据库中 tb_Message 表对应生成了 Model 中的 tb_Message 类,按表 9.7 中说明和类型信息添加显示属性以及类型检查,根据系统功能添加验证属性等约束,编辑代码如下。

```
using System.ComponentModel;
using System.ComponentModel.DataAnnotations;
public partial class tb_message
{
    public tb_message()
    {
        this.mid = 1;
    }

    [DisplayName("留言编号")]
    public int mid { get; set; }

    [DisplayName("留言标题")]
    [Required(AllowEmptyStrings =false,ErrorMessage ="标题不可为空")]
    public string title { get; set; }

    [DisplayName("留言内容")]
    [Required(AllowEmptyStrings = false, ErrorMessage = "内容不可为空")]
    public string mess { get; set; }
```

```
[DisplayName("用户姓名")]
public string uname { get; set; }

[DisplayName("留言时间")]
public Nullable<System.DateTime>messDate { get; set; }
}
```

9.5　控制器构建

构建好数据模型以后,结合网站的功能按模块进行功能开发。按功能模块对应创建 Controller 控制器并规划相应的 Action,针对每个 Action 的功能确定信息输入和输出的 ActionResult,方便后续强类型视图的创建。

9.5.1　管理员功能

将与管理员 tb_admin 类相关的操作,如管理员的登录、注销登录、管理员信息查看、修改管理员信息等功能放在 AdminController 控制器中实现。在网站的 Controllers 文件夹下新建"空 MVC 控制器"文件夹,命名为 AdminController,创建相关 Action,并编辑代码如下。

```
using System.Data;
using System.Data.Entity;
using System.Linq;
using System.Net;
using System.Web.Mvc;
using MeiZhuangPro.Models;

namespace MeiZhuangPro.Controllers
{
    public class AdminController : Controller
    {
        private CosmeticsEntities db = new CosmeticsEntities();

        public ActionResult Login()
        {
            return View();
        }
        //POST:按传入的管理员 id 和密码验证是否成功,成功返回商品页面。
        [HttpPost]
        public ActionResult Login([Bind(Include = "aid,password")] tb_admin ad)
        {
```

```
        var admin = db.tb_admin.Where(a =>a.aid ==ad.aid).FirstOrDefault();
        if (admin ==null)
        {
            return Content("<script>alert('管理员不存在');history.go(-1);</
script>");
        }
        if (admin.password !=ad.password)
        {
            return Content("<script>alert('管理员密码输入错误');history.go(-
1);</script>");
        }
        Session["Role"] = "admin";
        Session["IdInfo"] = admin;
        return RedirectToAction("Index", "Product");
    }
    // GET:返回 Admin 列表信息
    public ActionResult Index()
    {
        if (Session["IdInfo"] ==null)
        {
            return Content("<script>alert('管理员登录已过期或未登录,请重新登
录!');window.location.href='/Admin/Login';</script>");
        }
        return View(db.tb_admin.ToList());
    }

    // GET: 按 id 返回某 Admin 详细信息
    public ActionResult Details(int? id)
    {
        if (id ==null)
        {
            return new HttpStatusCodeResult(HttpStatusCode.BadRequest);
        }
        tb_admin tb_admin = db.tb_admin.Find(id);
        if (tb_admin ==null)
        {
            return HttpNotFound();
        }
        return View(tb_admin);
    }

    // GET: 返回某一待编辑的管理员信息
    public ActionResult Edit(int? id)
    {
        if (id ==null)
```

```
    {
        return new HttpStatusCodeResult(HttpStatusCode.BadRequest);
    }
    tb_admin tb_admin = db.tb_admin.Find(id);
    if (tb_admin ==null)
    {
        return HttpNotFound();
    }
    return View(tb_admin);
}


// POST: 编辑某一 id 值对应的管理员信息
[HttpPost]
[ValidateAntiForgeryToken]
public ActionResult Edit([Bind(Include = "aid,aname,password,tel")] tb_
admin tb_admin)
{
    if (ModelState.IsValid)
    {
        db.Entry(tb_admin).State = EntityState.Modified;
        db.SaveChanges();
        return RedirectToAction("Details",new { id = tb_admin.aid });
    }
    return View(tb_admin);
}
//释放资源
protected override void Dispose(bool disposing)
{
    if (disposing)
    {
        db.Dispose();
    }
    base.Dispose(disposing);
}
    }
}
```

9.5.2 用户功能

将与用户 tb_user 相关的操作（如会员为主体的注册、登录、注销登录、个人信息查看、修改个人信息等功能，以及管理对于会员信息的查看，会员删除等功能）均放在 UserController 控制器中实现。在网站的 Controllers 文件夹下新建"空 MVC 控制器"文件夹，命名为 UserController，创建相关 Action，并编辑代码如下。

```csharp
using System.Data;
using System.Data.Entity;
using System.Linq;
using System.Net;
using System.Web;
using System.Web.Mvc;
using MeiZhuangPro.Models;

namespace MeiZhuangPro.Controllers
{
    public class UserController : Controller
    {
        //创建数据上下文类
        private CosmeticsEntities db = new CosmeticsEntities();

        //GET:显示登录页面
        public ActionResult Login()
        {
            return View();
        }

        //POST:按传入的用户id和密码验证是否成功,成功返回商品页面。
        [HttpPost]
        public ActionResult Login([Bind(Include = "uid,password")] tb_user tb_user)
        {
            var user = db.tb_user.Where(a=>a.uid ==tb_user.uid).FirstOrDefault();
            if (user ==null)
            {
                return Content("<script>alert('用户名不存在');history.go(-1);
</script>");
            }
            if (user.password !=tb_user.password)
            {
                return Content("<script>alert('用户名或密码输入错误');history.go
(-1);</script>");
            }
            Session["Role"] = "user";
            Session["IdInfo"] = user;
            return RedirectToAction("Index", "Product");
        }

        // GET: 返回所有会员信息
        public ActionResult Index()
        {
            if (Session["Role"] ==null)
```

```
    {
        return Content("<script>alert('用户登录已过期或未登录,请重新登录!');
window.location.href='/User/Login';</script>");
    }
    if (Session["Role"].ToString() =="admin")
    {
        return View(db.tb_user.ToList());
    }
    else
    {
        int uid = ((tb_user)Session["IdInfo"]).uid;
        return View(db.tb_user.Where(a =>a.uid ==uid).ToList());
    }
}


// GET: 按 id 返回某一用户详细信息
public ActionResult Details(int? id)
{
    if (id ==null)
    {
        return new HttpStatusCodeResult(HttpStatusCode.BadRequest);
    }
    tb_user tb_user = db.tb_user.Find(id);
    if (tb_user ==null)
    {
        return HttpNotFound();
    }
    return View(tb_user);
}


// GET: 用户注册信息
public ActionResult Register()
{
    return View();
}
//POST: 注册用户信息,注册成功后自动登录
[HttpPost]
[ValidateAntiForgeryToken]
public ActionResult  Register ([Bind (Include = " uid, name, password,
address,tel,email")] tb_user tb_user)
    {
        if (ModelState.IsValid)
        {
            db.tb_user.Add(tb_user);
            db.SaveChanges();
```

```
            return Login(tb_user);
        }
        return View();
    }

    // GET: 按 id 显示某一待修改用户的信息
    public ActionResult Edit(int? id)
    {
        if (id ==null)
        {
            return new HttpStatusCodeResult(HttpStatusCode.BadRequest);
        }
        tb_user tb_user = db.tb_user.Find(id);
        if (tb_user ==null)
        {
            return HttpNotFound();
        }
        return View(tb_user);
    }

    // POST: 按 id 修改某一用户的信息
    [HttpPost]
    [ValidateAntiForgeryToken]
     public ActionResult Edit([Bind(Include = "uid, name, password, address,
tel,email")] tb_user tb_user)
    {
        if (ModelState.IsValid)
        {
            db.Entry(tb_user).State = EntityState.Modified;
            db.SaveChanges();
            return RedirectToAction("Index");
        }
        return View(tb_user);
    }

    // GET: 按 id 返回某一待删除用户的信息
    public ActionResult Delete(int? id)
    {
        if (id ==null)
        {
            return new HttpStatusCodeResult(HttpStatusCode.BadRequest);
        }
        tb_user tb_user = db.tb_user.Find(id);
        if (tb_user ==null)
        {
```

```
            return HttpNotFound();
        }
        return View(tb_user);
    }


    // POST: 按 id 删除某一用户的信息
    [HttpPost, ActionName("Delete")]
    [ValidateAntiForgeryToken]
    public ActionResult DeleteConfirmed(int id)
    {
        tb_user tb_user = db.tb_user.Find(id);
        db.tb_user.Remove(tb_user);
        db.SaveChanges();
        return RedirectToAction("Index");
    }


    // POST: 退出登录信息
    public ActionResult LogOut()
    {
        Session["Role"] = null;
        Session["IdInfo"] = null;
        return RedirectToAction("Index","Product");
    }
    // POST: 释放资源
    protected override void Dispose(bool disposing)
    {
        if (disposing)
        {
            db.Dispose();
        }
        base.Dispose(disposing);
    }
    }
}
```

9.5.3　商品功能

将与商品信息 tb_product 类相关的操作,如商品列表显示、详情、新增商品、删除商品、修改商品等功能,以及商品分页显示、上传商品图片等功能均放在 ProductController 控制器中实现。在网站的 Controllers 文件夹下新建"空 MVC 控制器"文件夹,命名为 ProductController,创建相关 Action,编辑代码如下。

```
using System;
using System.Data;
```

```
using System.Data.Entity;
using System.Linq;
using System.Net;
using System.Web;
using System.Web.Mvc;
using MeiZhuangPro.Models;
using System.IO;
using System.Linq.Expressions;
using PagedList;

namespace MeiZhuangPro.Controllers
{
    public class ProductController : Controller
    {
        private CosmeticsEntities db = new CosmeticsEntities();
        // GET: 分页显示商品
        public ActionResult Index(int? page)
        {
            var productList = from s in db.tb_product select s;
            productList = productList.OrderByDescending(a =>a.salenums);
            int pageNumber = page? ? 1;
            //每页显示多少条
            int pageSize = 4;
            IPagedList<tb_product>productPagedList =
productList.ToPagedList(pageNumber, pageSize);
            return View(productPagedList);
        }


        // GET: Product
        public ActionResult AdminIndex(int? page)
        {
            //if (Session["user"] ==null)
            //{
            //    return Content("<script>alert('用户登录已过期或未登录,请重新登
录!');window.location.href='/User/Login';</script>");
            //}
            var productList = from s in db.tb_product select s;
            productList = productList.OrderBy(a =>a.pid);
            int pageNumber = page? ? 1;
            //每页显示多少条
            int pageSize = 10;
             IPagedList<tb_product>productPagedList = productList.ToPagedList
(pageNumber, pageSize);
            return View(productPagedList);
        }
```

```
//数据分页
    public IQueryable<tb_product> LoadPageItems<Tkey>(int pageSize, int
pageIndex, out int total, Expression<Func<tb_product, bool>>whereLambda, Func<
tb_product, Tkey>orderbyLambda, bool isAsc)
    {
        total = db.Set<tb_product>().Where(whereLambda).Count();
        if (isAsc)
        {
            var temp = db.Set<tb_product>().Where(whereLambda)
                    .OrderBy<tb_product, Tkey>(orderbyLambda)
                    .Skip(pageSize * (pageIndex - 1))
                    .Take(pageSize);
            return temp.AsQueryable();
        }
        else
        {
            var temp = db.Set<tb_product>().Where(whereLambda)
                    .OrderByDescending<tb_product, Tkey>(orderbyLambda)
                    .Skip(pageSize * (pageIndex - 1))
                    .Take(pageSize);
            return temp.AsQueryable();
        }
    }


    // GET: 按 id 显示商品详细信息
    public ActionResult Details(int? id)
    {
        if (id ==null)
        {
            return new HttpStatusCodeResult(HttpStatusCode.BadRequest);
        }
        tb_product tb_product = db.tb_product.Find(id);
        if (tb_product ==null)
        {
            return HttpNotFound();
        }
        return View(tb_product);
    }
    // GET: 显示空白待添加商品信息
    public ActionResult Create()
    {
        return View();
    }


    // POST: 新增商品信息
```

```csharp
[HttpPost]
[ValidateAntiForgeryToken]
public ActionResult Create ([Bind (Include = " pid, pname, photo, price,
pnums, salenums, mess, state")] tb_product tb_product)
{
    HttpPostedFile hpf = System.Web.HttpContext.Current.Request.Files[0];
    string name = hpf.FileName;
    string originalFileName = "";          //原始文件名
    if (name.Contains("."))
    {
        originalFileName =
Path.GetFileNameWithoutExtension(hpf.FileName.ToString());
    }
    string allowExtension = ".jpg|.jpeg|.png|.doc|.docx|.pdf|.xls|.xlsx
|.mp4|.bmp";
    string fileExtension = Path.GetExtension(name);          //文件扩展名
    if (!allowExtension.Contains(fileExtension.ToLower()))
    {
        return Json(new { code = false, message = "文件格式不合法" });
    }
    string path = AppDomain.CurrentDomain.BaseDirectory +"image/";
    if (!System.IO.Directory.Exists(path))
    {
        Directory.CreateDirectory(path);
    }
    string fullpath = path +originalFileName +fileExtension;
    if(System.IO.File.Exists(fullpath))
    {
        System.IO.File.Delete(fullpath);
    }
    hpf.SaveAs(fullpath);
    tb_product.photo="/image/"+originalFileName +fileExtension;
    if (ModelState.IsValid)
    {
        db.tb_product.Add(tb_product);
        db.SaveChanges();
        return RedirectToAction("Index");
    }
    return View(tb_product);
}

// GET: 按 id 显示某一待修改商品信息
public ActionResult Edit(int? id)
{
    if (id ==null)
```

```csharp
            {
                return new HttpStatusCodeResult(HttpStatusCode.BadRequest);
            }
            tb_product tb_product = db.tb_product.Find(id);
            if (tb_product ==null)
            {
                return HttpNotFound();
            }
            return View(tb_product);
        }

        // POST: 按 id 修改某一商品信息
        [HttpPost]
        [ValidateAntiForgeryToken]
        public ActionResult Edit ([Bind (Include = " pid, pname, price, pnums,
salenums,mess,state")] tb_product tb_product)
        {
            HttpPostedFile hpf = null;
            try
            {
                hpf = System.Web.HttpContext.Current.Request.Files[0];
            }
            catch (Exception)
            {
            }
            if (hpf.FileName !="")
            {
                string name = hpf.FileName;
                string originalFileName = "";          //原始文件名
                if (name.Contains("."))
                {
                    originalFileName =
Path.GetFileNameWithoutExtension(hpf.FileName.ToString());
                }
                string allowExtension = ".jpg|.jpeg|.png|.doc|.docx|.pdf|.xls|.xlsx|
.mp4";
                string fileExtension = Path.GetExtension(name);    //文件扩展名
                if (!allowExtension.Contains(fileExtension.ToLower()))
                {
                    return Json(new { code = false, message = "文件格式不合法" });
                }
                string path = AppDomain.CurrentDomain.BaseDirectory +"image/";
                if (!System.IO.Directory.Exists(path))
                {
                    Directory.CreateDirectory(path);
```

```
        }
        string fullpath = path +originalFileName +fileExtension;
        if(System.IO.File.Exists(fullpath))
        {
            System.IO.File.Delete(fullpath);
        }
        hpf.SaveAs(fullpath);
        tb_product.photo = "/image/" +originalFileName +fileExtension;
    }
    else
    {
        var productObj = db.tb_product.AsNoTracking().FirstOrDefault(a =>a.
pid ==tb_product.pid);
        tb_product.photo = productObj.photo;
    }
    if (ModelState.IsValid)
    {
        db.Entry(tb_product).State = EntityState.Modified;
        db.SaveChanges();
        return RedirectToAction("Index");
    }
    return View(tb_product);
}


// GET: 按 id 显示某一待删除商品信息
public ActionResult Delete(int? id)
{
    if (id ==null)
    {
        return new HttpStatusCodeResult(HttpStatusCode.BadRequest);
    }
    tb_product tb_product = db.tb_product.Find(id);
    if (tb_product ==null)
    {
        return HttpNotFound();
    }
    return View(tb_product);
}

// POST: 按 id 删除某一商品信息
[HttpPost, ActionName("Delete")]
[ValidateAntiForgeryToken]
public ActionResult DeleteConfirmed(int id)
{
    tb_product tb_product = db.tb_product.Find(id);
```

```
        db.tb_product.Remove(tb_product);
        db.SaveChanges();
        return RedirectToAction("Index");
    }


    //释放资源
    protected override void Dispose(bool disposing)
    {
        if (disposing)
        {
            db.Dispose();
        }
        base.Dispose(disposing);
    }
    //保存商品图像
    [HttpPost]
    public ActionResult SaveImage(string filePath)
    {
        HttpPostedFile hpf = System.Web.HttpContext.Current.Request.Files[0];
        string name = hpf.FileName;
        string originalFileName = "";              //原始文件名
        if (name.Contains("."))
        {
            originalFileName =
Path.GetFileNameWithoutExtension(hpf.FileName.ToString());
        }
        string currentFileName = DateTime.Now.ToString("yyyyMMddHHmmssfff");
        //新文件名
        string allowExtension = ".jpg|.jpeg|.png|.doc|.docx|.pdf|.xls|.xlsx|.mp4";
        string fileExtension = Path.GetExtension(name);         //文件扩展名
        if (!allowExtension.Contains(fileExtension.ToLower()))
        {
            return Json(new { code=false,message="文件格式不合法" });
        }
        string path = AppDomain.CurrentDomain.BaseDirectory + filePath;
        if (!System.IO.Directory.Exists(path))
        {
            Directory.CreateDirectory(path);
        }
        string fullpath = path + fileExtension;
        if(System.IO.File.Exists(fullpath))
        {
            System.IO.File.Delete(fullpath);
        }
        hpf.SaveAs(fullpath);
```

```
        return Json(new { code = true, message = "上传成功" });
    }
  }
}
```

9.5.4　购物车功能

将与购物车 tb_cart 类相关的操作,如会员添加购物车、修改购物车、结算购物车中商品等功能,放在 CartController 控制器中实现。在网站的 Controllers 文件夹下新建"空 MVC 控制器"文件夹,命名为 CartController,创建相关 Action,并编辑代码如下。

```
using System;
using System.Data;
using System.Data.Entity;
using System.Linq;
using System.Net;
using System.Web.Mvc;
using MeiZhuangPro.Models;

namespace MeiZhuangPro.Controllers
{
    public class CartController : Controller
    {
        private CosmeticsEntities db = new CosmeticsEntities();

        // GET: 显示购物车的初始信息
        public ActionResult Index()
        {
            if (Session["IdInfo"] ==null)
            {
                return Content("<script>alert('用户登录已过期或未登录,请重新登录!');
window.location.href='/User/Login';</script>");
            }
            var user = Session["IdInfo"] as tb_user;
            var tb_cart = db.tb_cart.Where(a =>a.uname ==user.uid.ToString());
            return View(tb_cart.ToList());
        }

        // GET: Cart/Details/5
        public ActionResult Details(int? id)
        {
            if (id ==null)
            {
                return new HttpStatusCodeResult(HttpStatusCode.BadRequest);
```

```
            }
            tb_cart tb_cart = db.tb_cart.Find(id);
            if (tb_cart ==null)
            {
                return HttpNotFound();
            }
            return View(tb_cart);
        }


        public ActionResult JoinCart(int? id)
        {
            if (id ==null)
            {
                return new HttpStatusCodeResult(HttpStatusCode.BadRequest);
            }
            var user = Session["IdInfo"] as tb_user;
            if (user ==null)
            {
                return Content("<script>alert('用户登录已过期或未登录,请重新登录!');
window.location.href='/User/Login';</script>");
            }

             var cart = db.tb_cart.Where(a => a.uname ==user.uid.ToString()).
FirstOrDefault();
            if (cart ==null)
            {
                cart = new tb_cart();
                cart.uname = user.uid.ToString();
                tb_product tb_product = db.tb_product.Find(id);
                if (tb_product ==null)
                {
                    return HttpNotFound();
                }
                cart.pid = id;
                cart.pname = tb_product.pname;
                cart.price = tb_product.price;
                cart.nums = 1;
                cart.photo = tb_product.photo;
                db.tb_cart.Add(cart);
                db.SaveChanges();
                return Content("<script>alert('添加购物车成功');window.location.
href='/Cart/Index';</script>");
            }
            else
            {
```

```
                tb_product tb_product = db.tb_product.Find(id);
                if (tb_product ==null)
                {
                    return HttpNotFound();
                }
                //判断添加的商品 id 是否在购物车已存在
                var myCart = db.tb_cart.Where(a =>a.uname ==user.uid.ToString()).
Where(p =>p.pid ==id).FirstOrDefault();
                if (myCart ==null)
                {
                    myCart = new tb_cart();
                    myCart.uname = user.uid.ToString();
                    myCart.pid = id;
                    myCart.pname = tb_product.pname;
                    myCart.price = tb_product.price;
                    myCart.nums = 1;
                    myCart.photo = tb_product.photo;
                    db.tb_cart.Add(myCart);
                    db.SaveChanges();
                }
                else
                {
                    myCart.nums +=1;
                    db.Entry(myCart).State = EntityState.Modified;
                    db.SaveChanges();
                }

                return Content("<script>alert('添加购物车成功');window.location.
href='/Cart/Index';</script>");
            }
    }


        // GET: Cart/Edit/5
        public ActionResult Edit(int? id)
        {
            if (id ==null)
            {
                return new HttpStatusCodeResult(HttpStatusCode.BadRequest);
            }
            tb_cart tb_cart = db.tb_cart.Find(id);
            if (tb_cart ==null)
            {
                return HttpNotFound();
            }
            ViewBag.pid = new SelectList(db.tb_product, "pid", "pname", tb_cart.pid);
```

```
            return View(tb_cart);
        }


        // POST: Cart/Edit/5
        [HttpPost]
        [ValidateAntiForgeryToken]
        public ActionResult Edit([Bind(Include = "cid,uname,pid,pname,price,
nums,photo")] tb_cart tb_cart)
        {
            if (ModelState.IsValid)
            {
                db.Entry(tb_cart).State = EntityState.Modified;
                db.SaveChanges();
                return RedirectToAction("Index");
            }
            ViewBag.pid = new SelectList(db.tb_product, "pid", "pname", tb_cart.pid);
            return View(tb_cart);
        }


        // GET: Cart/Delete/5
        public ActionResult Delete(int? id)
        {
            if (id ==null)
            {
                return new HttpStatusCodeResult(HttpStatusCode.BadRequest);
            }
            tb_cart tb_cart = db.tb_cart.Find(id);
            if (tb_cart ==null)
            {
                return HttpNotFound();
            }
            return View(tb_cart);
        }


        // POST: Cart/Delete/5
        [HttpPost, ActionName("Delete")]
        [ValidateAntiForgeryToken]
        public ActionResult DeleteConfirmed(int id)
        {
            tb_cart tb_cart = db.tb_cart.Find(id);
            db.tb_cart.Remove(tb_cart);
            db.SaveChanges();
            return RedirectToAction("Index");
        }
```

```
protected override void Dispose(bool disposing)
{
    if (disposing)
    {
        db.Dispose();
    }
    base.Dispose(disposing);
}
}
}
```

9.5.5　订单信息功能

将与订单 tb_Order 类相关的操作，如查看订单、新增订单、修改订单、删除订单等功能，放在 OrderController 控制器中实现。在网站的 Controllers 文件夹下新建"空 MVC 控制器"文件夹，命名为 OrderController，创建相关 Action，编辑代码如下。

```
using System;
using System.Data;
using System.Data.Entity;
using System.Linq;
using System.Net;
using System.Web.Mvc;
using MeiZhuangPro.Models;

namespace MeiZhuangPro.Controllers
{
    public class OrderController : Controller
    {
        private CosmeticsEntities db = new CosmeticsEntities();

        // GET: Order
        public ActionResult Index()
        {
            if (Session["Role"] ==null)
            {
                return Content("<script>alert('用户登录已过期或未登录,请重新登录!');
window.location.href='/User/Login';</script>");
            }
            if (Session["Role"].ToString() =="user")
            {
                var user = Session["IdInfo"] as tb_user;
                return View(db.tb_orders.Where(a =>a.uname ==user.uid.ToString()).
ToList());
```

```
        }
            // var user = Session["user"] as tb_user;
            return View(db.tb_orders.ToList());


    }
    public ActionResult InsertOrder()
    {
        if (Session["IdInfo"] ==null)
        {
            return Content("<script>alert('用户登录已过期或未登录,请重新登录!');
window.location.href='/User/Login';</script>");
        }
        var user = Session["IdInfo"] as tb_user;
        tb_orders order = new tb_orders();
        order.uname = user.uid.ToString();
        order.orderTime = DateTime.Now;

        //计算订单金额
         var cart = db.tb_cart.Where(a => a.uname ==user.uid.ToString()).
ToList();
        decimal? priceTotal = 0;
        //计算订单商品数量
        int productCounts = 0;
        foreach (var c in cart)
        {
            priceTotal +=c.price * c.nums;
            productCounts++;
        }
        order.allPrice = priceTotal;
        var currentUser = db.tb_user.Find(user.uid);
        order.address = currentUser.address;
        order.tel = currentUser.tel;
        order.pcounts = productCounts;
        db.tb_orders.Add(order);
        var resNo = db.SaveChanges();
        if (resNo >0)
        {
            foreach (var myC in cart)
            {
                var orderDetail = new tb_orderDetails();
                orderDetail.oid = order.oid;
                orderDetail.uname = myC. uname;
                orderDetail.pid = myC. pid;
                orderDetail.pname = myC. pname;
                orderDetail.price = myC. price;
```

```
            orderDetail.nums = myC. nums;
            orderDetail.photo = myC. photo;
            orderDetail.states = "未付款";
            db.tb_orderDetails.Add(orderDetail);
            db.SaveChanges();
        }
        foreach (var c in cart)
        {
            db.Entry(c).State = EntityState.Deleted;
            db.tb_cart.Remove(c);
        }
        db.SaveChanges();
        return Content("<script>alert('提交订单成功!');window.location.
href='/Order/Index';</script>");
    }
    else
    {
        return Content("<script>alert('提交订单失败!');window.location.
href='/Cart/Index';</script>");
    }
}
    // GET: Order/Delete/5
public ActionResult Delete(int? id)
{
    if (id ==null)
    {
        return new HttpStatusCodeResult(HttpStatusCode.BadRequest);
    }
    tb_orders tb_orders = db.tb_orders.Find(id);
    if (tb_orders ==null)
    {
        return HttpNotFound();
    }
    return View(tb_orders);
}

// POST: Order/Delete/5
[HttpPost, ActionName("Delete")]
[ValidateAntiForgeryToken]
public ActionResult DeleteConfirmed(int id)
{
    tb_orders tb_orders = db.tb_orders.Find(id);
    db.tb_orders.Remove(tb_orders);
    db.SaveChanges();
    return RedirectToAction("Index");
```

```
        }
        protected override void Dispose(bool disposing)
        {
            if (disposing)
            {
                db.Dispose();
            }
            base.Dispose(disposing);
        }
    }
}
```

9.5.6　订单详情信息功能

将与订单详情 tb_OrderDetails 类相关的操作,如查看订单详情、删除订单详情等功能,放在 OrderDetailController 控制器中实现。在网站的 Controllers 文件夹下新建"空 MVC 控制器"文件夹,命名为 OrderDetailController,创建相关 Action,编辑代码如下。

```
using System;
using System.Data;
using System.Data.Entity;
using System.Linq;
using System.Net;
using System.Web.Mvc;
using MeiZhuangPro.Models;

namespace MeiZhuangPro.Controllers
{
    public class OrderDetailController : Controller
    {
        private CosmeticsEntities db = new CosmeticsEntities();

        // GET: OrderDetail
        public ActionResult Index(int? id)
        {
            if (Session["IdInfo"] ==null)
            {
                return Content("<script>alert('用户登录已过期或未登录,请重新登录!');
window.location.href='/User/Login';</script>");
            }
            if (Session["Role"].ToString() =="user")
            {
                var user = Session["IdInfo"] as tb_user;
                return View(db.tb_orderDetails.Where(a => a.uname ==user.uid.
```

```
ToString()).Where(b =>b.oid ==id).ToList());
            }
            return View(db.tb_orderDetails.Where(b =>b.oid ==id).ToList());
        }
        // GET: OrderDetail/Details/5
        public ActionResult Details(int? id)
        {
            if (id ==null)
            {
                return new HttpStatusCodeResult(HttpStatusCode.BadRequest);
            }
            tb_orderDetails tb_orderDetails = db.tb_orderDetails.Find(id);
            if (tb_orderDetails ==null)
            {
                return HttpNotFound();
            }
            return View(tb_orderDetails);
        }


        // GET: OrderDetail/Delete/5
        public ActionResult Delete(int? id)
        {
            if (id ==null)
            {
                return new HttpStatusCodeResult(HttpStatusCode.BadRequest);
            }
            tb_orderDetails tb_orderDetails = db.tb_orderDetails.Find(id);
            if (tb_orderDetails ==null)
            {
                return HttpNotFound();
            }
            return View(tb_orderDetails);
        }


        // POST: OrderDetail/Delete/5
        [HttpPost, ActionName("Delete")]
        [ValidateAntiForgeryToken]
        public ActionResult DeleteConfirmed(int id)
        {
            tb_orderDetails tb_orderDetails = db.tb_orderDetails.Find(id);
            db.tb_orderDetails.Remove(tb_orderDetails);
            db.SaveChanges();
            return RedirectToAction("Index");
        }
```

```
        protected override void Dispose(bool disposing)
        {
            if (disposing)
            {
                db.Dispose();
            }
            base.Dispose(disposing);
        }
    }
}
```

9.5.7　留言信息功能

将与留言 tb_message 类相关的操作,如查看留言、创建留言、删除留言等功能放在 MessageController 控制器中实现。在网站的 Controllers 文件夹下新建"空 MVC 控制器"文件夹,命名为 MessageController,创建相关 Action,编辑代码如下。

```
using System;
using System.Data;
using System.Data.Entity;
using System.Linq;
using System.Net;
using System.Web.Mvc;
using MeiZhuangPro.Models;
using PagedList;

namespace MeiZhuangPro.Controllers
{
    public class MessageController : Controller
    {
        private CosmeticsEntities db = new CosmeticsEntities();

        // GET: Message
        public ActionResult Index(int? page)
        {
            var messageList = from s in db.tb_message select s;
            messageList = messageList.OrderByDescending(a =>a.messDate);
            int pageNumber = page? ? 1;
            int pageSize = 10;
             IPagedList< tb_message >messagePagedList = messageList.ToPagedList
(pageNumber, pageSize);
            return View(messagePagedList);
        }
```

```
// GET: Message/Create
public ActionResult Create()
{
    return View();
}


[HttpPost]
[ValidateAntiForgeryToken]
public ActionResult Create([Bind(Include = "mid,title,mess")] tb_message
tb_message)
{
    if (ModelState.IsValid)
    {
        tb_message.messDate = DateTime.Now;
        tb_message.uname = (Session["IdInfo"] as tb_user).name;
        db.tb_message.Add(tb_message);
        db.SaveChanges();
        return RedirectToAction("Index");
    }

    return View(tb_message);
}


// GET: Message/Delete/5
public ActionResult Delete(int? id)
{
    if (id ==null)
    {
        return new HttpStatusCodeResult(HttpStatusCode.BadRequest);
    }
    tb_message tb_message = db.tb_message.Find(id);
    if (tb_message ==null)
    {
        return HttpNotFound();
    }
    return View(tb_message);
}


// POST: Message/Delete/5
[HttpPost, ActionName("Delete")]
[ValidateAntiForgeryToken]
public ActionResult DeleteConfirmed(int id)
{
    tb_message tb_message = db.tb_message.Find(id);
    db.tb_message.Remove(tb_message);
```

```
        db.SaveChanges();
        return RedirectToAction("Index");
    }

    protected override void Dispose(bool disposing)
    {
        if (disposing)
        {
            db.Dispose();
        }
        base.Dispose(disposing);
    }
}
```

9.6　创建视图页面

使用 ASP.NET MVC 开发的项目,创建完 Model 模型和 Controller 控制器以后,可以直接套用模板为每个 Action 方法添加对应的视图,生成的视图适当修改就可以满足基本应用,可节省大量程序撰写时间,极大提升开发效率。

9.6.1　主版页面设计

视频讲解

创建每个 Action 对应的视图之前,需要为网站预先创建主版页面。主版页面是各页面的基础部分,放置网站的菜单、登录状态、网站标识等共享信息。网站中将按浏览者、会员、管理员三种权限进行不同功能菜单显示,编辑 Shared 文件夹中的 _Layout.cshtml 页面源文件如下。

```
@using MeiZhuangPro.Models;
<!DOCTYPE HTML>
<HTML>
<head>
<meta http-equiv="Content-Type" content="text/HTML; charset=utf-8"/>
<title>@ViewBag.Title -我的 ASP.NET 应用程序</title>
    @Styles.Render("~/Content/css")
    @Scripts.Render("~/bundles/modernizr")
</head>
<body>
<div class="navbar navbar-inverse navbar-fixed-top">
<div class="container">
        @HTML.ActionLink("美妆网", "Index", "Product", new { area = "" }, new {
@class = "navbar-brand" })
```

```
<div class="navbar-collapse collapse">
<ul class="nav navbar-nav">
                @if (Session["Role"] !=null)
                {
                    if (Session["Role"].ToString() =="admin")
                    {
                        <li>
                            @HTML.ActionLink("管理员: " + ((tb_admin) Session
["IdInfo"]).aname, "Details", "Admin", new { id = ((tb_admin) Session["IdInfo"]).
aid },"")
                        </li>
                        <li>@HTML.ActionLink("用户管理", "Index", "User")</li>
                        <li>@HTML.ActionLink("评论管理", "Index", "Message")</li>
                        <li>@HTML.ActionLink("产品管理", "AdminIndex", "Product")
                        </li>
                        <li>@HTML.ActionLink("订单管理", "Index", "Order")</li>
                        <li>@HTML.ActionLink("退出登录", "LogOut", "User")</li>
                    }
                    else if (Session["Role"].ToString() =="user")
                    {
                        <li>
                            @HTML.ActionLink("会员: " + ((tb_user) Session
["IdInfo"]).name,
                                "Details", "User", new { id = ((tb_user) Session["
IdInfo"]).uid },"")
                        </li>
                        <li>@HTML.ActionLink("产品首页", "Index", "Product")</li>
                        <li>@HTML.ActionLink("我的购物车", "Index", "Cart")</li>
                        <li>@HTML.ActionLink("我的订单", "Index", "Order")</li>
                        <li>@HTML.ActionLink("网站留言", "Index", "Message")</li>
                        <li>@HTML.ActionLink("退出登录", "LogOut", "User")</li>
                    }
                }
                else
                {
                    <li>@HTML.ActionLink("游客", "Regester", "User")</li>
                    <li>@HTML.ActionLink("产品首页", "Index", "Product")</li>
                    <li>@HTML.ActionLink("网站留言", "Index", "Message")</li>
                    <li>@HTML.ActionLink("登录", "Login", "User")</li>
                    <li>@HTML.ActionLink("注册", "Register", "User")</li>
                }
</ul>
</div>
</div>
</div>
```

```
<div class="container body-content">
        @RenderBody()
<hr />
<footer>
<p>&copy; @DateTime.Now.Year -美妆网购物系统</p>
</footer>
</div>
    @Scripts.Render("~/bundles/jquery")
    @Scripts.Render("~/bundles/bootstrap")
    @RenderSection("scripts", required: false)
</body>
</HTML>
```

页面呈现时首先根据 Session["Role"] 的值进行判断,如果 Session["Role"] 的值为
null,则为游客权限,菜单中只包含产品首页、网站留言、登录、注册等功能,如图 9.21 所示。
如果 Session["Role"] 的值为 user,则为会员权限,菜单中包含产品首页、我的信息、我的购
物车、我的订单、网站留言、退出登录等功能,如图 9.22 所示。如果 Session["Role"] 的值为
admin,则为管理员权限,菜单中包含用户管理、评论管理、产品管理、订单管理、退出登录等
功能,如图 9.23 所示。

| 美妆网 | 游客 | 产品首页 | 网站留言 | 登录 | 注册 |

图 9.21　游客菜单

| 美妆网 | 会员:张三 | 产品首页 | 我的信息 | 我的购物车 | 我的订单 | 网站留言 | 退出登录 |

图 9.22　会员菜单

| 美妆网 | 管理员:张三 | 用户管理 | 评论管理 | 产品管理 | 订单管理 | 退出登录 |

图 9.23　管理员菜单

9.6.2　会员功能

会员功能主要包含会员注册、会员登录、会员信息修改、会员信息查看等。以主要页面
为例,创建视图并实现功能。

1. 会员注册

会员注册页面初始时向用户显示输入信息的文本框,用户输入后将信息提交到
UserController 控制器中对应的 Action 中,调用 EF 中方法实现数据插入操作。

在 UserController 控制器的 Register() 方法上右击,选择"添加视图"命令,按图 9.24 所
示选择 Create 模板、tb_user 模型类以及 CosmeticsEntities 数据上下文类创建 Register.
cshtml 页面。

模板可自动生成注册页的主要 HTML 标签,并完成模型字段的绑定,根据需要对

图 9.24 添加 Register 视图

View 中内容进行适当删减、修改实现用户注册的功能。修改后视图页面代码如下。

```
@model MeiZhuangPro.Models.tb_user
<h2>会员注册</h2>
@using(HTML.BeginForm())
{
    @HTML.AntiForgeryToken()
    <div class="form-horizontal">
    @HTML.ValidationSummary(true)
<div class="form-group">
        @HTML.LabelFor(model =>model.name)
<div class="col-md-10">
            @HTML.EditorFor(model =>model.name)
            @HTML.ValidationMessageFor(model =>model.name)
</div>
    </div>

<div class="form-group">
        @HTML.LabelFor(model =>model.password)
<div class="col-md-10">
            @HTML.EditorFor(model =>model.password)
            @HTML.ValidationMessageFor(model =>model.password)
</div>
</div>

<div class="form-group">
        @HTML.LabelFor(model =>model.confirmPassword)
<div class="col-md-10">
            @HTML.EditorFor(model =>model.confirmPassword)
            @HTML.ValidationMessageFor(model =>model.confirmPassword)
```

```
</div>
</div>
<div class="form-group">
        @HTML.LabelFor(model =>model.address)
<div class="col-md-10">
            @HTML.EditorFor(model =>model.address)
            @HTML.ValidationMessageFor(model =>model.address)
</div>
</div>

<div class="form-group">
        @HTML.LabelFor(model =>model.tel)
<div class="col-md-10">
            @HTML.EditorFor(model =>model.tel)
            @HTML.ValidationMessageFor(model =>model.tel)
</div>
</div>

<div class="form-group">
        @HTML.LabelFor(model =>model.email)
<div class="col-md-10">
            @HTML.EditorFor(model =>model.email)
            @HTML.ValidationMessageFor(model =>model.email)
</div>
</div>

<div class="form-group">
<input type="submit" value="Register" class="btn btn-default" />
</div>
</div>
}
<div>
    @HTML.ActionLink("Back to List", "Index")
</div>
@section Scripts{
    @Scripts.Render("~/bundles/jqueryval")
}
```

会员注册页面测试运行效果如图 9.25 所示,视图中用户信息显示的各字段名由 model 模型中 tb_user 类的 DisplayName 属性设置,各字段输入数据类型等有效性验证也由模型中各字段的验证属性约束。

页面初始显示时调用执行 UserController 控制器中默认的无参方法 public ActionResult Register(),单击 Register 注册按钮时调用执行 UserController 控制器中标识为[HttpPost]的 public ActionResult Register(tb_user tb_user)方法,通过 model 模型将页面中用户信息提交给方法进行数据表的写入操作。

图 9.25　会员注册页面测试

2. 会员登录

会员登录页面初始时显示账号和密码两个文本框,当用户输入信息提交后将信息提交到 UserController 控制器中对应的 Action,调用 EF 中方法实现数据表中数据查询操作。在 UserController 控制器中为 Login 方法添加视图,选择 Create 模板、tb_user 模型类以及 CosmeticsEntities 数据上下文类创建 Login.cshtml 页面。

Create 模板自动生成登录页中需要的标签,并完成模型字段的绑定,根据登录功能需要进行适当修改,修改后视图代码如下。

```
@model MeiZhuangPro.Models.tb_user
<h2>用户登录</h2>
@using(HTML.BeginForm())
{
    @HTML.AntiForgeryToken()
<div class="form-horizontal">
        @HTML.ValidationSummary(true)
<div class="form-group">
        @HTML.LabelFor(model =>model.uid)
<div class="col-md-10">
        @HTML.EditorFor(model =>model.uid)
```

```
        @HTML.ValidationMessageFor(model =>model.uid)
</div>
</div>
<div class="form-group">
        @HTML.LabelFor(model =>model.password, "登录密码: ")
<div class="col-md-10">
        @HTML.EditorFor(model =>model.password)
        @HTML.ValidationMessageFor(model =>model.password)
</div>
</div>
<div class="form-group">
<div class="col-md-offset-2 col-md-10">
<input type="submit" value="会员登录" class="btn btn-default" />
                @HTML.ActionLink("管理员登录", "Login","admin")
</div>
</div>
</div>
}
@section Scripts{
    @Scripts.Render("~/bundles/jqueryval")
}
```

会员登录页面测试运行效果如图9.26所示,页面显示时调用执行 UserController 控制器中默认的无参方法 public ActionResult Login(),单击"登录"按钮时调用执行 UserController 控制器中标识为[HttpPost]的 public ActionResult Login(tb_user tb_user) 方法,通过 model 模型将页面中用户信息提交给方法进行数据查询比对。若比对成功将登录角色以及账号等信息存入 Session 对象,并实现页面跳转。

图 9.26　会员登录页面测试

3. 会员详细信息

会员详细信息页面需要用户登录后才可查看,根据传递的账号由控制器中的 Action 调用 EF 方法实现数据查询,显示用户除密码以外其余各字段信息。在 UserController 控制器中为 Details 方法添加视图,选择 Details 模板、tb_user 模型类以及 CosmeticsEntities 数据上下文类创建 Details.cshtml 页面。

Details 模板自动生成会员详细信息页主要的标签,完成模型字段的绑定,根据需要进行修改实现显示用户详细信息的功能,修改后视图代码如下。

```
@model MeiZhuangPro.Models.tb_user
<h2>用户详情</h2>
<div>
<hr />
<dl class="dl-horizontal">
<dt>
        @HTML.DisplayNameFor(model =>model.uid)
</dt>
<dd>
        @HTML.DisplayFor(model =>model.uid)
</dd>

<dt>
        @HTML.DisplayNameFor(model =>model.name)
</dt>
<dd>
        @HTML.DisplayFor(model =>model.name)
</dd>

<dt>
        @HTML.DisplayNameFor(model =>model.address)
</dt>
<dd>
        @HTML.DisplayFor(model =>model.address)
</dd>

<dt>
        @HTML.DisplayNameFor(model =>model.tel)
</dt>
<dd>
        @HTML.DisplayFor(model =>model.tel)
</dd>

<dt>
        @HTML.DisplayNameFor(model =>model.email)
```

```
</dt>
<dd>
        @HTML.DisplayFor(model =>model.email)
</dd>
</dl>
</div>
<p>
    @HTML.ActionLink("编辑", "Edit", new { id = Model.uid }) |
    @HTML.ActionLink("返回首页", "Index")
</p>
```

会员详细信息页面测试运行效果如图9.27所示,会员需要登录后通过菜单中的会员名链接选择查看会员详细信息,会员名链接对应代码:@HTML.ActionLink("会员:" + ((tb_user)Session["IdInfo"]).name, "Details","User", new { id = ((tb_user)Session["IdInfo"]).uid },""),页面显示时通过Session["IdInfo"]对象传递用户的uid值,调用执行UserController控制器中public ActionResult Details(int? id)方法,将查询到的用户信息传递给details.cshtml页面进行显示。

图9.27　会员详细信息页面测试

9.6.3　管理员功能

管理员是整个网站最大的管理权限,具有会员管理、商品管理、订单管理、留言管理等权限,设计时各功能对应的Action均在各实体类对应的Controller中实现。AdminController控制器中只负责管理员登录、管理员详细信息和管理员信息修改三个操作。管理员登录功能、管理员详细信息功能与会员权限中登录与详细信息功能类似,管理员信息修改与商品信息修改功能类似,故不单独介绍管理员功能各视图的设计和实现。

9.6.4 商品显示功能

在商品的控制器 ProductController 中包含 Index、Details、Create、Edit、Delete 等 Action，分别对应于显示商品、查看商品详情、添加商品、修改商品、删除商品等功能。下面以主要页面为例，创建不同类型的视图实现功能。

1. 显示商品

显示商品页面向用户显示商品列表，包括每件商品的名称、单价、图片等主要信息。在 ProductController 控制器的 Index 方法上右击，选择"添加视图"命令，按图 9.28 所示选择 List 模板、tb_product 模型类以及 CosmeticsEntities 数据上下文类创建 Index.cshtml 页面。

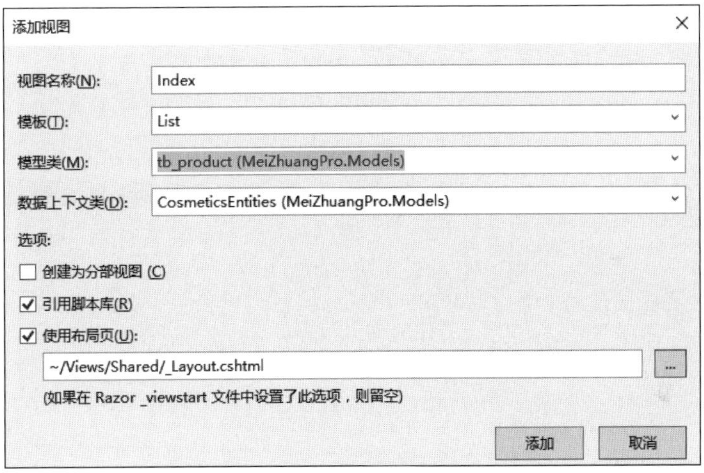

图 9.28 商品的 Index 视图

List 模板自动生成商品信息页的主要标签并实现模型字段的绑定，进行适当修改实现商品列表展示的功能，修改后视图代码如下。

```
@using MeiZhuangPro.Models
@using PagedList.Mvc;
@model PagedList.IPagedList<tb_product>
<h2>产品首页</h2>
@{
<div class="form-group">
    @HTML.Label("商品名", HTMLAttributes: new { @class = "control-label col-md-2" })
<div class="col-md-10">
    @HTML.Editor("pname")
    @HTML.ActionLink("搜索", "Index2")
</div>
</div>
    if (Session["Role"] !=null && Session["Role"].ToString() =="admin")
```

```
        {
            <p>
            @HTML.ActionLink("添加产品", "Create")
            </p>
        }
        else
        {
<table class="table" style="width:42%">
            @foreach (var item in Model)
            {
<tr style="width:391px">
<td rowspan="4"><img src="@item.photo" height="300" /></td>
<td>@HTML.DisplayFor(modelItem =>item.pname)</td>
</tr>
<tr>
<td>@HTML.DisplayFor(modelItem =>item.price)</td>
</tr>
<tr>
<td>@HTML.ActionLink("详情", "Details", new { id = item.pid })</td>
</tr>
<tr>
<td>@HTML.ActionLink("加入购物车", "JoinCart","Cart", new { id = item.pid },"")</
td>

</tr>
            }
</table>
    }
}
<div>
    每页 @Model.PageSize 条记录,共 @Model.PageCount 页,当前第 @Model.PageNumber 页
    @HTML.PagedListPager(Model, page =>Url.Action("Index", new { page }))
</div>
```

显示商品页面测试运行效果如图9.29所示。

单击"加入购物车"按钮,执行CartController控制器中的JoinCart方法,调用EF框架中的方法完成tb_cart表中数据的插入。

2. 查看商品详情

在商品显示页选择某一具体商品时,跳转到商品详情页面并按传入的商品编号显示商品的编号、单价、销量、库存量等详细信息。在ProductController控制器的Details方法上右击,选择"添加视图"命令,选择Details模板、tb_product模型类以及CosmeticsEntities数据上下文类创建Details.cshtml页面。

Details模板自动生成商品详细信息页的主要标签并实现模型字段的绑定,进行适当修改实现查看商品详细信息的功能,修改后视图代码如下。

图 9.29　显示商品页面测试

```
@model MeiZhuangPro.Models.tb_product
<h2>产品详情</h2>
<div>
<dl class="dl-horizontal">
<dt>
        @HTML.DisplayNameFor(model =>model.pname)
</dt>

<dd>
        @HTML.DisplayFor(model =>model.pname)
</dd>

<dt>
        @HTML.DisplayNameFor(model =>model.photo)
</dt>

<dd>
<img src="@Model.photo" height="200"/>
</dd>

<dt>
        @HTML.DisplayNameFor(model =>model.price)
</dt>
```

```
    <dd>
            @HTML.DisplayFor(model =>model.price)
    </dd>


    <dt>
            @HTML.DisplayNameFor(model =>model.pnums)
    </dt>


    <dd>
            @HTML.DisplayFor(model =>model.pnums)
    </dd>


    <dt>
            @HTML.DisplayNameFor(model =>model.salenums)
    </dt>


    <dd>
            @HTML.DisplayFor(model =>model.salenums)
    </dd>


    <dt>
            @HTML.DisplayNameFor(model =>model.mess)
    </dt>


    <dd>
            @HTML.DisplayFor(model =>model.mess)
    </dd>


    <dt>
            @HTML.DisplayNameFor(model =>model.state)
    </dt>


    <dd>
            @HTML.DisplayFor(model =>model.state)
    </dd>


    </dl>
    </div>
```

对于会员和游客两种权限具有将商品"加入购物车"功能,管理员权限具有"编辑"功能,在此通过对 Session["Role"]进行判断,根据权限动态显示各自功能。游客单击"加入购物车"按钮后的操作则在购物车对应的 CartController 中再次进行判断。

```
    <p>
        @if (Session["Role"] !=null && Session["Role"].ToString() =="admin")
        {
```

```
        @HTML.ActionLink("编辑", "Edit", new { id = Model.pid });
    }
    else
    {
        @HTML.ActionLink("加入购物车", "JoinCart","Cart", new { id = Model.pid },"");
        @HTML.Label("|");
        @HTML.ActionLink("返回首页", "Index");
    }
</p>
```

会员和游客对应的商品详情页面测试运行效果如图 9.30 所示,管理员对应的商品详情页面测试运行效果如图 9.31 所示。

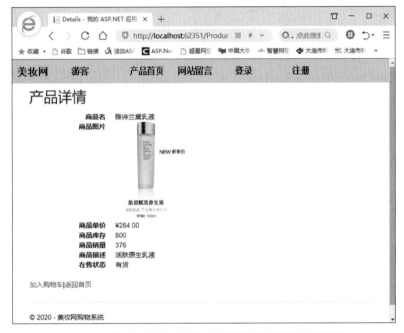

图 9.30 会员和游客对应的商品详情页面测试运行效果

3. 商品编辑

当管理员在商品显示页选择某一具体商品时,跳转到商品编辑页面并按传入的商品编号在文本框中显示商品的编号、单价、销量、库存量等详细信息。在 ProductController 控制器的 Edit 方法上右击,选择"添加视图"命令,选择 Edit 模板、tb_product 模型类,以及 CosmeticsEntities 数据上下文类创建 Edit.cshtml 页面。

Edit 模板自动生成商品详细信息页的主要标签并实现模型字段的绑定,进行适当修改实现商品编辑的功能,修改后视图代码如下。

```
@model MeiZhuangPro.Models.tb_product
<h2>编辑商品</h2>
@using (HTML.BeginForm("Edit", "Product", FormMethod.Post, HTMLAttributes: new {
@enctype = "multipart/form-data" }))
```

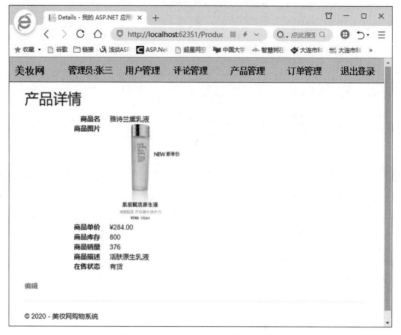

图 9.31　管理员对应的商品详情页面测试运行效果

```
{
    @HTML.AntiForgeryToken()
<div class="form-horizontal">
        @HTML.ValidationSummary(true, "", new { @class = "text-danger" })
        @HTML.HiddenFor(model =>model.pid)


<div class="form-group">
            @HTML.LabelFor(model =>model.pname, HTMLAttributes: new { @class = "
control-label col-md-2" })
<div class="col-md-10">
                @HTML.EditorFor(model =>model.pname, new { HTMLAttributes = new{
@class = "form-control" } })
                @HTML.ValidationMessageFor(model =>model.pname, "", new { @class
= "text-danger" })
</div>
</div>


<div class="form-group">
            @HTML.LabelFor(model =>model.photo, HTMLAttributes: new { @class = "
control-label col-md-2" })
<div class="col-md-10">
<img src="@Model.photo" />
                @HTML.EditorFor(model =>model.photo, new { HTMLAttributes = new{
@type="file",@class = "form-control" } })
                @HTML.ValidationMessageFor(model =>model.photo, "", new { @class
```

```
= "text-danger" })
</div>
</div>


<div class="form-group">
            @HTML.LabelFor(model =>model.price, HTMLAttributes: new { @class =
"control-label col-md-2" })
<div class="col-md-10">
                @HTML.EditorFor(model =>model.price, new { HTMLAttributes =
new{ @class = "form-control" } })
                @HTML.ValidationMessageFor(model =>model.price, "", new { @class
= "text-danger" })
</div>
</div>


<div class="form-group">
            @HTML.LabelFor(model =>model.pnums, HTMLAttributes: new { @class =
"control-label col-md-2" })
<div class="col-md-10">
                @HTML.EditorFor(model =>model.pnums, new { HTMLAttributes = new{
@class = "form-control" } })
                @HTML.ValidationMessageFor(model =>model.pnums, "", new { @class
= "text-danger" })
</div>
</div>


<div class="form-group">
            @HTML.LabelFor(model =>model.salenums, HTMLAttributes: new { @class
= "control-label col-md-2" })
<div class="col-md-10">
                @HTML.EditorFor(model =>model.salenums, new { HTMLAttributes =
new{ @class = "form-control" } })
                @HTML.ValidationMessageFor(model =>model.salenums, "", new { @
class = "text-danger" })
</div>
</div>


<div class="form-group">
            @HTML.LabelFor(model =>model.mess, HTMLAttributes: new { @class =
"control-label col-md-2" })
<div class="col-md-10">
                @HTML.EditorFor(model =>model.mess, new { HTMLAttributes = new
{ @class = "form-control" } })
                @HTML.ValidationMessageFor(model =>model.mess, "", new { @class
= "text-danger" })
```

```
</div>
</div>

<div class="form-group">
        @HTML.LabelFor(model =>model.state, HTMLAttributes: new { @class =
"control-label col-md-2" })
<div class="col-md-10">
            @HTML.EditorFor(model =>model.state, new { HTMLAttributes = new{
@class = "form-control" } })
            @HTML.ValidationMessageFor(model =>model.state, "", new { @class
= "text-danger" })
</div>
</div>

<div class="form-group">
<div class="col-md-offset-2 col-md-10">
<input type="submit" value="保存" class="btn btn-default" />
</div>
</div>
</div>
}
<div>
    @HTML.ActionLink("返回首页", "Index")
</div>
@section Scripts{
    @Scripts.Render("~/bundles/jqueryval")
}
```

管理员权限对应的商品编辑页面测试运行效果如图 9.32 所示。

9.6.5　购物车功能

购物车的控制器 CartController 中包含 Index、Details、Edit、Delete 等 Action，对应于显示购物车列表、查看购物车商品详情、编辑购物车商品数量、删除购物车商品等功能。以主要页面为例，创建不同类型的视图实现上述功能。

1. 购物车列表

购物车列表页面向会员显示其购物车内添加的商品信息，包括商品的名称、单价、图片等主要信息。为 CartController 控制器的 Index 方法添加视图，选择 List 模板、tb_cart 模型类以及 CosmeticsEntities 数据上下文类创建 Index.cshtml 页面。

List 模板自动生成购物车信息页的主要标签并实现模型字段的绑定，进行适当修改实现购物车显示的功能，修改后视图代码如下。

```
@model IEnumerable<MeiZhuangPro.Models.tb_cart>
<h2>我的购物车</h2>
```

图 9.32　管理员权限对应的商品编辑页面测试运行效果

```
<table class="table">
<tr>
<th>
        @HTML.DisplayNameFor(model =>model.uname)
</th>
<th>
        @HTML.DisplayNameFor(model =>model.pname)
</th>
<th>
        @HTML.DisplayNameFor(model =>model.price)
</th>
<th>
        @HTML.DisplayNameFor(model =>model.nums)
</th>
<th>
        @HTML.DisplayNameFor(model =>model.photo)
</th>
<th>
        @HTML.DisplayNameFor(model =>model.tb_product.pname)
</th>
<th></th>
```

```
</tr>

@foreach (var item in Model){
<tr>
<td>
        @HTML.DisplayFor(modelItem =>item.uname)
</td>
<td>
        @HTML.DisplayFor(modelItem =>item.pname)
</td>
<td>
        @HTML.DisplayFor(modelItem =>item.price)
</td>
<td>
        @HTML.DisplayFor(modelItem =>item.nums)
</td>
<td>
<img src="@item.photo" height="50" />
</td>
<td>
        @HTML.DisplayFor(modelItem =>item.tb_product.pname)
</td>
<td>
        @HTML.ActionLink("编辑", "Edit", new { id = item.cid }) |
        @HTML.ActionLink("详情", "Details", new { id = item.cid }) |
        @HTML.ActionLink("删除", "Delete", new { id = item.cid })
</td>

</tr>
}
<tr>
<td colspan="7" style="text-align: center;">@HTML.ActionLink("提交订单",
"InsertOrder","Order")</td>
</tr>
</table>
```

购物车显示页面测试运行效果如图 9.33 所示。

2. 删除购物车商品

删除购物车商品页面向会员显示待删除的商品信息,包括商品的名称、单价、图片等主要信息。为 CartController 控制器的 Delete 方法添加视图,选择 Delete 模板、tb_cart 模型类以及 CosmeticsEntities 数据上下文类创建 Delete.cshtml 页面。

Delete 模板自动生成购物车删除商品页的主要标签并实现模型字段的绑定,进行适当修改实现购物车删除商品的功能,修改后视图页面属性代码如下。

```
@model MeiZhuangPro.Models.tb_cart
```

图 9.33　购物车显示页面测试运行效果

```
<h2>删除购物车中商品</h2>
<h3>确定要删除吗?</h3>
<div>
<dl class="dl-horizontal">
<dt>
        @HTML.DisplayNameFor(model =>model.uname)
</dt>

<dd>
        @HTML.DisplayFor(model =>model.uname)
</dd>

<dt>
        @HTML.DisplayNameFor(model =>model.pname)
</dt>

<dd>
        @HTML.DisplayFor(model =>model.pname)
</dd>

<dt>
        @HTML.DisplayNameFor(model =>model.price)
</dt>

<dd>
        @HTML.DisplayFor(model =>model.price)
</dd>

<dt>
```

```
            @HTML.DisplayNameFor(model =>model.nums)
</dt>

<dd>
            @HTML.DisplayFor(model =>model.nums)
</dd>

<dt>
            @HTML.DisplayNameFor(model =>model.photo)
</dt>

<dd>
<img src="@Model.photo" height="150" />
</dd>

<dt>
            @HTML.DisplayNameFor(model =>model.tb_product.pname)
</dt>

<dd>
            @HTML.DisplayFor(model =>model.tb_product.pname)
</dd>

</dl>

    @using(HTML.BeginForm()) {
        @HTML.AntiForgeryToken()

<div class="form-actions no-color">
<input type="submit" value="删除" class="btn btn-default" />|
            @HTML.ActionLink("返回", "Index")
</div>
    }
</div>
```

删除购物车中商品测试运行效果如图9.34所示。

3. 修改商品数量

会员可以在购物车显示页面选中要修改的商品，跳转到修改商品数量页面设置商品数量。为CartController控制器的Edit方法添加视图，选择Edit模板、tb_cart模型类以及CosmeticsEntities数据上下文类创建Edit.cshtml页面。

Edit模板自动生成购物车修改商品页的主要标签并实现模型字段的绑定，进行适当修改实现购物车修改商品数量的功能，修改后视图代码如下。

```
@model MeiZhuangPro.Models.tb_cart
<h2>修改商品数量</h2>
```

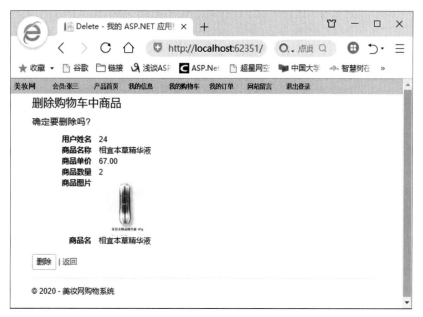

图 9.34　删除购物车商品测试运行效果

```
@using(HTML.BeginForm())
{
    @HTML.AntiForgeryToken()
<div class="form-horizontal">
        @HTML.ValidationSummary(true, "", new { @class = "text-danger" })
        @HTML.HiddenFor(model =>model.cid)
<div class="form-group">
            @HTML.LabelFor(model =>model.nums, HTMLAttributes: new { @class =
"control-label col-md-2" })
<div class="col-md-10">
                @HTML.EditorFor(model =>model.nums, new { HTMLAttributes = new
{ @class = "form-control" } })
                @HTML.ValidationMessageFor(model =>model.nums, "", new { @class
= "text-danger" })
</div>
</div>
<div class="form-group">
<div class="col-md-offset-2 col-md-10">
<input type="submit" value="保存" class="btn btn-default" />
</div>
</div>
</div>
}


<div>
    @HTML.ActionLink("返回", "Index")
```

```
</div>
@section Scripts{
    @Scripts.Render("~/bundles/jqueryval")
}
```

修改购物车商品数量页面测试运行效果如图 9.35 所示。

图 9.35　修改购物车商品数量页面测试运行效果

9.6.6　商品订单功能

商品订单控制器 OrderController 中包含 Index、Delete 等 Action，对应显示订单、删除订单等功能。

1. 显示订单信息

在订单信息页面可以向会员显示个人的订单信息，可以向管理员显示所有会员的订单信息。为 OrderController 控制器的 Index 方法添加视图，选择 List 模板、tb_order 模型类以及 CosmeticsEntities 数据上下文类创建 Index.cshtml 页面。

List 模板自动生成订单信息页面的主要标签并实现模型字段的绑定，适当修改后视图代码如下。

```
@model IEnumerable<MeiZhuangPro.Models.tb_orders>
<h2>订单首页</h2>
<table class="table">
<tr>
<th>
        @HTML.DisplayNameFor(model =>model.uname)
</th>
<th>
        @HTML.DisplayNameFor(model =>model.orderTime)
</th>
<th>
        @HTML.DisplayNameFor(model =>model.allPrice)
```

```
        </th>
        <th>
                @HTML.DisplayNameFor(model =>model.pcounts)
        </th>
        <th>
                @HTML.DisplayNameFor(model =>model.address)
        </th>
        <th>
                @HTML.DisplayNameFor(model =>model.tel)

        </th>
        <th></th>
        </tr>
@foreach (var item in Model)
{
<tr>
<td>
                @HTML.DisplayFor(modelItem =>item.uname)
</td>
<td>
                @HTML.DisplayFor(modelItem =>item.orderTime)
</td>
<td>
                @HTML.DisplayFor(modelItem =>item.allPrice)
</td>
<td>
                @HTML.DisplayFor(modelItem =>item.pcounts)
</td>
<td>
                @HTML.DisplayFor(modelItem =>item.address)
</td>
<td>
                @HTML.DisplayFor(modelItem =>item.tel)
</td>
        @{
            if (Session["Role"] !=null)
            {
<td>
        @HTML.ActionLink("详情", "Index", "OrderDetail", new { id = item.oid }, null) |
        @HTML.ActionLink("删除", "Delete", new { id = item.oid })
</td>
            }
        }
</tr>
}
```

```
</table>
```

订单信息显示页面测试运行效果如图 9.36 所示。

图 9.36　订单信息显示页面测试运行效果

2. 删除订单

管理员和会员都可以在订单信息页面选中要删除的订单,为 OrderController 控制器的 Delete 方法添加视图,选择 Delete 模板、tb_order 模型类以及 CosmeticsEntities 数据上下文类创建 Delete.cshtml 页面。

Delete 模板自动生成删除订单页的主要标签并实现模型字段的绑定,适当修改视图代码如下。

```
@model MeiZhuangPro.Models.tb_orders
<h2>确定要删除订单吗?</h2>
<div>
<dl class="dl-horizontal">
<dt>
        @HTML.DisplayNameFor(model =>model.uname)
</dt>

<dd>
        @HTML.DisplayFor(model =>model.uname)
</dd>

<dt>
        @HTML.DisplayNameFor(model =>model.orderTime)
</dt>

<dd>
        @HTML.DisplayFor(model =>model.orderTime)
</dd>
```

```
<dt>
            @HTML.DisplayNameFor(model =>model.allPrice)
</dt>

<dd>
            @HTML.DisplayFor(model =>model.allPrice)
</dd>

<dt>
            @HTML.DisplayNameFor(model =>model.address)
</dt>

<dd>
            @HTML.DisplayFor(model =>model.address)
</dd>

<dt>
            @HTML.DisplayNameFor(model =>model.tel)
</dt>

<dd>
            @HTML.DisplayFor(model =>model.tel)
</dd>

</dl>

    @using(HTML.BeginForm()) {
        @HTML.AntiForgeryToken()

<div class="form-actions no-color">
<input type="submit" value="删除" class="btn btn-default" />|
            @HTML.ActionLink("返回", "Index")
</div>
    }
</div>
```

删除订单页面测试运行效果如图 9.37 所示。

9.6.7　订单详情显示功能

在订单详情控制器 OrderDetailController 中包含 Index、Details、Delete 等 Action，对应详细订单列表、查看订单详情、删除订单商品等功能。

一个订单中可以包含若干订单项，会员和管理员均可以查看某一订单中包含的订单项详情。为 OrderDetailController 控制器的 Index 方法添加视图，选择 List 模板、tb_

图 9.37　删除订单页面测试运行效果

orderDetails 模型类以及 CosmeticsEntities 数据上下文类创建 Index.cshtml 页面。

List 模板自动生成订单项列表页的主要标签并实现模型字段的绑定,修改视图代码如下。

```
@model IEnumerable<MeiZhuangPro.Models.tb_orderDetails>
<h2>订单详细信息</h2>
<table class="table">
<tr>
<th>
        @HTML.DisplayNameFor(model =>model.oid)
</th>
<th>
        @HTML.DisplayNameFor(model =>model.uname)
</th>
<th>
        @HTML.DisplayNameFor(model =>model.pname)
</th>
<th>
        @HTML.DisplayNameFor(model =>model.price)
</th>
<th>
        @HTML.DisplayNameFor(model =>model.nums)
</th>
<th>
        @HTML.DisplayNameFor(model =>model.photo)
</th>
<th>
        @HTML.DisplayNameFor(model =>model.states)
</th>
```

```
<th></th>
</tr>
@foreach (var item in Model){
<tr>
<td>
        @HTML.DisplayFor(modelItem =>item.oid)
</td>
<td>
        @HTML.DisplayFor(modelItem =>item.uname)
</td>
<td>
        @HTML.DisplayFor(modelItem =>item.pname)
</td>
<td>
        @HTML.DisplayFor(modelItem =>item.price)
</td>
<td>
        @HTML.DisplayFor(modelItem =>item.nums)
</td>
<td>
<img src="@item.photo" height="50" />
</td>
<td>
        @HTML.DisplayFor(modelItem =>item.states)
</td>
<td>
        @HTML.ActionLink("Details", "Details", new { id = item.id })
        //如果是管理员则设置具有修改权限
        @if (Session["Role"].ToString() =="admin")
        {
            @HTML.Label("|")
            @HTML.ActionLink("Delete", "Delete", new { id = item.id })
        }
</td>
</tr>
}
</table>
```

会员权限对应的订单详细信息页面测试运行效果如图 9.38 所示。管理员权限对应的订单详细信息页面测试运行效果如图 9.39 所示。

9.6.8　网站留言功能

在网站留言的控制器 MessageController 中包含 Index、Create、Delete 等 Action,对应显示留言、新增留言、删除留言等功能。网站留言的显示功能与商品列表显示、订单显示等

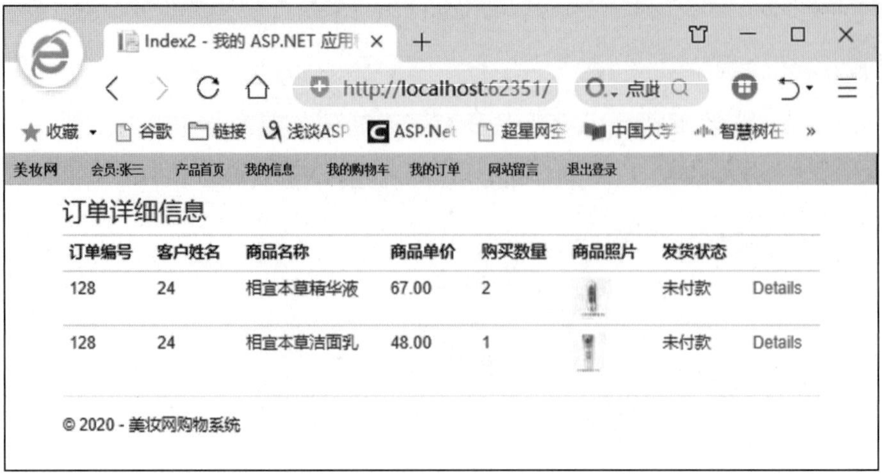

图 9.38　会员权限对应的订单详细信息页面测试运行效果

图 9.39　管理员权限对应的订单详细信息页面测试运行效果

功能的实现类似,新增留言功能与添加商品等功能的实现类似,删除留言与删除商品、删除订单等功能的实现类似,不再单独介绍网站留言功能中各视图的设计和实现。

第10章

图书借阅管理系统的设计与实现

本章导读

设计图书借阅管理系统时,首先需要对系统的业务逻辑进行分析,然后对项目数据库进行设计,对系统中各功能模块进行详细设计,按功能模块对 ASP.NET MVC 架构中对每个控制器中代码进行设计,最后对系统进行视图设计,实现网站的基本功能。本章以实例的形式学习上述知识点。

本章要点

- 图书借阅管理系统创建的业务流程
- 图书借阅管理系统中数据库的创建方法
- ASP.NET MVC 应用程序的创建方法
- 功能模块的设计与实现

10.1　系统基本设计

10.1.1　功能模块划分

图书借阅管理系统是一个在线图书借阅的管理平台,其核心思想是为图书管理员提供一个以图像和文字为主的界面,管理图书和读者借阅信息的平台。其中,包含图书信息管理、权限管理、借阅管理等功能模块。各主要功能模块如下。

视频讲解

（1）管理员登录模块,包含对管理员身份的验证操作。

（2）读者信息录入模块,包含读者身份信息的录入操作。

（3）图书信息管理模块,包含图书类型和图书信息的管理操作。

（4）图书借阅管理模块，包含图书借阅以及还书、报损、挂失等操作。

（5）权限管理模块，包含读者权限和借阅权限的设置操作。

10.1.2　系统业务流程

视频讲解

　　管理员首先登录系统，若管理员名与密码通过验证，则登录成功；如果管理员名不存在或密码不正确，则提示重新登录。管理员成功登录之后，进入系统主页面进行图书管理、借阅信息管理、续借管理、挂失管理、破损管理、读者管理等操作。办理图书借阅时需先录入读者信息，输入读者的账号及认证码，认证成功后为读者办理图书借阅。

　　系统业务流程如图 10.1 所示。

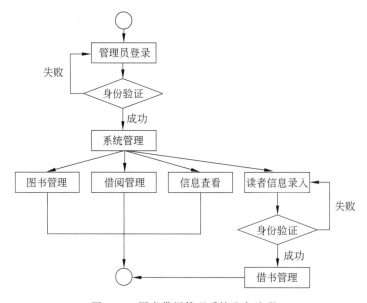

图 10.1　图书借阅管理系统业务流程

10.1.3　系统概要设计

　　根据系统流程图中的逻辑模型，将流程图中各功能模块进一步分解为含义明确、功能单一的单元功能模块。系统功能模块的结构如图 10.2 所示，功能模块用例如图 10.3 所示。

图 10.2　系统功能模块结构

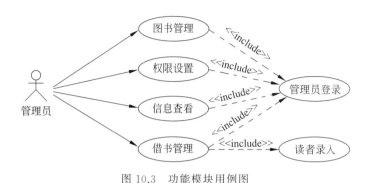

图 10.3 功能模块用例图

视频讲解

10.2 数据库设计

10.2.1 概念设计

概念设计阶段将需求分析得到的需求抽象为信息结构,作为数据模型共同基础,其比数据模型更独立于机器、抽象,更加稳定,可将数据要求清晰明确地表达出来。

管理员信息属性如图 10.4 所示;读者信息属性如图 10.5 所示。

图 10.4 管理员信息属性图 | 图 10.5 读者信息属性图

图书信息属性如图 10.6 所示;图书借阅信息属性如图 10.7 所示。

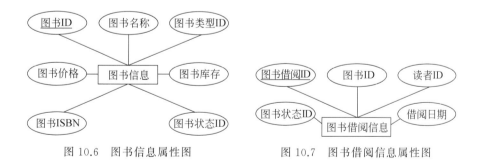

图 10.6 图书信息属性图 | 图 10.7 图书借阅信息属性图

图书类型属性如图 10.8 所示;图书状态属性如图 10.9 所示。

图 10.8　图书类型属性图　　　　图 10.9　图书状态属性图

读者类型属性如图 10.10 所示。借阅规则属性如图 10.11 所示。

图 10.10　读者类型属性图　　　　图 10.11　借阅规则属性图

10.2.2　逻辑设计

将概念设计中属性及属性之间关系转换成为关系模型。

管理员信息表(管理员 ID,管理员名,密码)

读者信息表(读者 ID,读者名,验证码,读者类型 ID,借阅数量)

图书信息表(图书 ID,图书名称,图书类型 ID,图书价格,图书库存,图书 ISBN,图书状态)

图书借阅信息表(图书借阅 ID,图书 ID,读者 ID,借阅日期,图书状态 ID)

图书类型信息表(图书类型 ID,图书类型名)

图书状态信息表(图书状态 ID,图书状态名)

读者类型信息表(读者类型 ID,读者类型名)

借阅规则信息表(借阅规则 ID,读者类型 ID,可借阅天数,可借阅数量)

10.2.3　物理设计

数据库物理设计目的是选择存储结构、确定存取方法、选择存取路径、确定数据的存放位置。系统使用 SQL Server 2012 作为数据库管理系统,从逻辑设计上转换实体以及实体之间关系模式,形成数据库中表以及各表之间关系,确定各数据表如下。

管理员信息如表 10.1 所示。

表 10.1　管理员信息表

字段名	说　明	类　型	可否为空	主　键	外　键
admin_id	管理员 ID	int	否	是	否
admin_name	管理员名	varchar(50)	否	否	否

续表

字段名	说　明	类　型	可否为空	主　键	外　键
admin_pwd	管理员密码	varchar(50)	否	否	否

读者信息如表 10.2 所示。

表 10.2　读者信息表

字段名	说　明	类　型	可否为空	主　键	外　键
user_id	读者 ID	int	否	是	否
user_name	读者名称	varchar(50)	否	否	否
user_pwd	读者验证码	varchar(50)	否	否	否
user_typeid	读者类型 ID	int	否	否	是
user_borrowcounts	借阅数量	int	否	否	否

图书信息如表 10.3 所示。

表 10.3　图书信息表

字段名	说　明	类　型	可否为空	主　键	外　键
book_id	图书 ID	int	否	是	否
book_name	图书名称	varchar(50)	否	否	否
booktype_id	图书类型 ID	varchar(50)	否	否	是
book_price	图书价格	decimal	否	否	否
book_counts	图书库存	int	否	否	否
book_isbn	图书 ISBN	int	否	否	否
bookstate_id	图书状态 ID	int	否	否	是

图书借阅信息如表 10.4 所示。

表 10.4　图书借阅信息表

字段名	说　明	类　型	可否为空	主　键	外　键
borrow_id	借阅 ID	int	否	是	否
book_id	图书 ID	int	否	否	是
user_id	读者 ID	int	否	否	是
borrow_date	借阅日期	datetime	否	否	否
bookstate_id	图书状态 ID	int	否	否	是

图书类型信息如表 10.5 所示。

表 10.5　图书类型信息表

字段名	说　明	类　型	可否为空	主　键	外　键
booktype_id	图书类型 ID	int	否	是	否
booktype_name	图书类型名	varchar(50)	否	否	否

图书状态信息如表 10.6 所示。

表 10.6　图书状态信息表

字段名	说　明	类　型	可否为空	主　键	外　键
bookstate_id	图书状态 ID	int	否	是	否
bookstate_name	图书状态名	varchar(50)	否	否	否

读者类型信息如表 10.7 所示。

表 10.7　读者类型信息表

字段名	说　明	类　型	可否为空	主　键	外　键
usertype_id	读者类型 ID	int	否	是	否
usertype_name	读者类型名	varchar(50)	否	否	否

借阅规则信息如表 10.8 所示。

表 10.8　借阅规则信息表

字段名	说　明	类　型	可否为空	主　键	外　键
borrowtype_id	读者类型 ID	int	否	是	否
usertype_id	读者类型名	varchar(50)	否	否	是
borrowtype_counts	可借阅数量	int	否	否	否
borrowtype_days	可借阅天数	int	否	否	否

10.3　数据模型构建

在 SQL Server 2012 中创建 Library 数据库,在 Visual Studio 2017 中创建 ASP.NET MVC 项目,对应创建模型中的各实体类,并为各属性添加必要的约束。

10.3.1　Library 数据库对象设计

视频讲解

创建 Library 数据库,并按表 10.1～表 10.8 中的要求设置数据表以及表之间关系如图 10.12 所示。

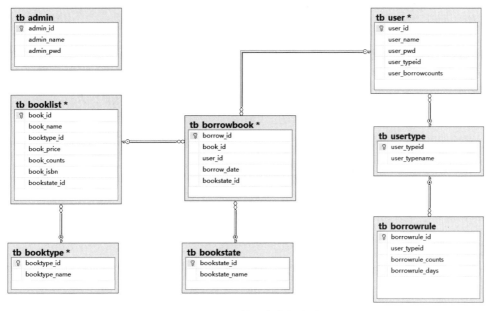

图 10.12　Library 数据库数据表关系图

10.3.2　实体的属性约束及验证

在系统的实体数据模型中按模块功能以及对象之间的关系创建实体类,为各实体类添加约束及验证属性。

1. 管理员信息类

基于数据库中 tb_admin 表对应创建 Model 中的 Admin 类,按表 10.1 中说明和类型信息添加显示属性以及类型检查,根据系统功能添加验证属性等约束,编辑代码如下。

视频讲解

Admin.cs 代码:

```
using System.ComponentModel;
using System.ComponentModel.DataAnnotations;
using System.ComponentModel.DataAnnotations.Schema;

namespace Models
{
    [Table("tb_admin")]
    public partial class Admin
    {
        [Key]
        public int admin_id { get; set; }
        [DisplayName("管理员名")]
        public string admin_name { get; set; }
        [DisplayName("管理员密码")]
        [Required(AllowEmptyStrings = false, ErrorMessage = "密码不能为空")]
```

```
        public string admin_pwd { get; set; }
    }
```

2. 读者信息类

基于数据库中 tb_user 表创建 Model 中 User 类,按表 10.2 中的说明和类型信息添加显示属性以及类型检查,根据系统功能添加验证属性等约束,编辑代码如下。

User.cs 代码:

```csharp
using System.ComponentModel;
using System.ComponentModel.DataAnnotations;
using System.ComponentModel.DataAnnotations.Schema;

namespace Models
{
    [Table("tb_user")]
    public partial class User
    {
        [Key]
        public int user_id { get; set; }
        [DisplayName("读者姓名")]
        public string user_name { get; set; }
        [DisplayName("读者密码")]
        public string user_pwd { get; set; }
        public int user_typeid { get; set; }
        [NotMapped]
        public string user_typename { get; set; }
        [DisplayName("已借阅数量")]
        public int user_borrowcounts { get; set; }
    }
}
```

3. 图书信息类

基于数据库中 tb_booklist 表创建 Model 中 Booklist 类,按表 10.3 中的说明和类型信息添加显示属性以及类型检查,根据系统功能添加验证属性等约束,编辑代码如下。

BookList.cs 代码:

```csharp
using System.ComponentModel;
using System.ComponentModel.DataAnnotations;
using System.ComponentModel.DataAnnotations.Schema;

namespace Models
{
    [Table("tb_booklist")]
    public partial class BookList
    {
        [Key]
```

```csharp
        [DisplayName("图书编号")]
        public int book_id { get; set; }
        [DisplayName("图书名称")]
        public string book_name { get; set; }
        [DisplayName("图书类型 ID")]
        public int booktype_id { get; set; }
        [NotMapped]
        [DisplayName("图书类型名")]
        public string booktype_name { get; set; }
        [DisplayName("图书价格")]
        [DataType(DataType.Currency, ErrorMessage = "价格格式输入错误")]
        public decimal book_price { get; set; }
        [DisplayName("图书数量")]
        public int book_counts { get; set; }
        [DisplayName("图书 ISBN")]
        public string book_isbn { get; set; }
        [DisplayName("图书状态 ID")]
        public int bookstate_id { get; set; }
        [NotMapped]
        [DisplayName("图书状态名")]
        public string bookstate_name { get; set; }
    }
}
```

4. 图书借阅信息类

基于数据库中 tb_borrowbook 表创建 Model 中 BorrowBook 类,按表 10.4 中的说明和类型信息添加显示属性以及类型检查,根据系统功能添加验证属性等约束,编辑代码如下。

BorrowBook.cs 代码:

```csharp
using System.ComponentModel;
using System.ComponentModel.DataAnnotations;
using System.ComponentModel.DataAnnotations.Schema;

namespace Models
{
    [Table("tb_borrowbook")]
    public partial class BorrowBook
    {
        [Key]
        [DisplayName("图书借阅 ID")]
        public int borrow_id { get; set; }
        [DisplayName("图书编号 ID")]
        public int book_id { get; set; }
        [DisplayName("读者编号 ID")]
        public int user_id { get; set; }
        [NotMapped]
```

```
        [DisplayName("借阅图书名")]
        public string borrow_bookname { get; set; }
        [NotMapped]
        [DisplayName("借阅图书读者名")]
        public string borrow_username { get; set; }
        [DisplayName("图书借阅时间")]
        public string borrow_date { get; set; }
        [DisplayName("图书状态 ID")]
        public int bookstate_id { get; set; }
        [NotMapped]
        [DisplayName("图书状态名")]
        public string bookstate_name { get; set; }
    }
}
```

5. 图书类型信息类

基于数据库中 tb_booktype 表创建 Model 中 BookType 类,按表 10.5 中的说明和类型信息添加显示属性以及类型检查,根据系统功能添加验证属性等约束,编辑代码如下。

BookType.cs 代码:

```
using System;
using System.ComponentModel;
using System.ComponentModel.DataAnnotations;
using System.ComponentModel.DataAnnotations.Schema;

namespace Models
{
    [Serializable]
    [Table("tb_booktype")]
    public partial class BookType
    {
        [Key]
        [DisplayName("图书类型 ID")]
        public int booktype_id { get; set; }
        [DisplayName("图书类型名")]
        public string booktype_name { get; set; }
    }
}
```

6. 图书状态信息类

基于数据库中 tb_bookstate 表创建 Model 中 BookState 类,按表 10.6 中的说明和类型信息添加显示属性以及类型检查,根据系统功能添加验证属性等约束,编辑代码如下。

BookState.cs 代码:

```
using System.ComponentModel;
using System.ComponentModel.DataAnnotations;
```

```
using System.ComponentModel.DataAnnotations.Schema;

namespace Models
{
    [Table("tb_bookstate")]
    public  class BookState
    {
        [Key]
        [DisplayName("图书状态 ID")]
        public int bookstate_id { get; set; }
        [DisplayName("图书状态名")]
        public string bookstate_name { get; set; }
    }
}
```

7. 读者类型信息类

基于数据库中 tb_usertype 表创建 Model 中 UserType 类,按表 10.7 中的说明和类型信息添加显示属性以及类型检查,根据系统功能添加验证属性等约束,编辑代码如下。

UserType.cs 代码：

```
using System.ComponentModel;
using System.ComponentModel.DataAnnotations;
using System.ComponentModel.DataAnnotations.Schema;

namespace Models
{
    [Table("tb_usertype")]
    public class UserType
    {
        [Key]
        [DisplayName("读者类型 ID")]
        public int user_typeid { get; set; }
        [DisplayName("读者类型名")]
        public string user_typename { get; set; }
    }
}
```

8. 借阅规则信息类

基于数据库中 tb_borrowrule 表创建 Model 中 BorrowRule 类,按表 10.8 中的说明和类型信息添加显示属性以及类型检查,根据系统功能添加验证属性等约束,编辑代码如下。

BorrowRule.cs 代码：

```
using System.ComponentModel;
using System.ComponentModel.DataAnnotations;
using System.ComponentModel.DataAnnotations.Schema;
```

```
namespace Models
{
    [Table("tb_borrowrule")]
    public partial class BorrowRule
    {
        [Key]
        [DisplayName("借阅规则 ID")]
        public int borrowrule_id { get; set; }
        [DisplayName("读者类型 ID")]
        public int user_typeid { get; set; }
        [DisplayName("可借阅天数")]
        public int borrowrule_days { get; set; }
        [DisplayName("可借阅数量")]
        public int borrowrule_counts { get; set; }
    }
}
```

10.4　系统设置

10.4.1　拦截器设置

视频讲解

图书借阅管理系统需要登录管理员权限才可使用，在过滤器中添加对 Session ["admin"]对象的判断，如果未登录则强制跳转到管理员登录页面。编辑系统 App_Start 文件夹中 FilterConfig.cs 代码如下。

```
using System.Web.Mvc;
namespace WebApplication
{
    public class FilterConfig
    {
        public static void RegisterGlobalFilters(GlobalFilterCollection filters)
        {
            filters.Add(new MyCheckFilterAttribute() { IsCheck = true });
        }
    }
    // 检测是否登录全局拦截器
    public class MyCheckFilterAttribute : ActionFilterAttribute
    {
        //IsCheck 用于不需要检测的界面的字段
        public bool IsCheck { get; set; }
        public override void OnActionExecuting(ActionExecutingContext filterContext)
        {
```

```
            base.OnActionExecuting(filterContext);
            if (IsCheck)
            {
                //检测读者是否登录
                if (filterContext.HttpContext.Session["admin"] ==null)
                {
                    //跳转到"/Admin/Login"页面
                    filterContext.HttpContext.Response.Redirect("/Admin/Login");
                }
            }
        }
    }
}
```

10.4.2　选择式菜单设置

为图书借阅管理系统构建选择式菜单,编辑 AdminMenuConfig.xml 代码如下。

```
<?xml version="1.0" encoding="utf-8" ?>
<AdminMenuConfig>
  <AdminMenuGroups>
    <AdminMenuGroup name="录入读者" url="/User/Login" icon="icon-home" info="读
者信息录入!">
  </AdminMenuGroup>
    <AdminMenuGroup name="图书管理" icon="icon-leaf">
      <AdminMenuArray>
        <AdminMenu name="图书分类" url="/BookTypeManage/Index"  />
          <AdminMenu name="图书列表" url="/BooksManage/Index"  />
      </AdminMenuArray>
        </AdminMenuGroup>
    <AdminMenuGroup name="借阅管理" icon="icon-sitemap">
    <AdminMenuArray>
      <AdminMenu name="借阅图书" url="/BorrowBooks/Borrow"  />
        <AdminMenu name="借阅列表" url="/BorrowBooks/Index"/>
      </AdminMenuArray>
      </AdminMenuGroup>
    <AdminMenuGroup name="权限管理" icon="icon-cog">
    <AdminMenuArray>
      <AdminMenu name="用户权限" url="/User/Index" />
        <AdminMenu name="借阅权限" url="/BorrowRule/Index" />
        </AdminMenuArray>
      </AdminMenuGroup>
    </AdminMenuGroups>
  </AdminMenuConfig>
```

系统菜单样式如图 10.13 所示。

图 10.13　系统选择式菜单

10.5　管理员登录功能模块

图书借阅管理系统使用时需要进行管理员登录,登录后才具有其他权限。通过对比 tb_admin 表中的管理员名和密码进行管理员登录。

10.5.1　控制器设计

管理员登录模块包含登录、注销等功能。在 Controllers 文件夹中创建 AdminControllers 控制器,新建 Login()和 Logout()等 Action,编辑代码如下。

AdminControllers.cs 代码:

```
using Models;
using MvcApplication;
using System.Linq;
using System.Web.Mvc;

namespace WebApplication.Controllers
{
    public class AdminController : Controller
    {
        //管理员登录
```

```
        public ActionResult Login()
        {
            return View();
        }
        [HttpPost]
        public ActionResult Login(Admin model)
        {
            string adminName = model.admin_name;
            string adminPwd = model.admin_pwd;
            var admin = new Admin();
            using(var dbContext = new BookDataContext())
            {
                admin = dbContext._admin.FirstOrDefault(u => u.admin_name ==
adminName && u.admin_pwd ==adminPwd);
                if (admin ==null)
                    return RedirectToAction("Login");
                Session["admin"] = admin.admin_name;
            }
          return RedirectToAction("Index","User");
        }
        //管理员注销
        public ActionResult Logout()
        {
            Session.Remove("admin");
            return View("Login");
        }
    }
}
```

10.5.2　视图设计

　　管理员登录模块视图主要包含管理员登录页面，在该页面中实现管理员的登录操作，在
Views 文件夹的 Admin 子文件夹中新建 Login.cshtml 页面，编辑代码如下。

　　Login.cshtml 代码：

```
<html>
<head>
    <title>读者登录 </title>
</head>
<body class="login">
    <h2>图书借阅管理系统</h2>
    <div class="content">
        @using (Html.BeginForm("Login", "Admin", FormMethod.Post))
        {
```

```
            <h3 class="form-title">请输入管理员账号和密码</h3>
                <button class="close" data-dismiss="alert"></button>
            <div class="control-group">
                <label class="control-label visible-ie8 visible-ie9">Username
</label>
                <div class="controls">
                    @Html.TextBox("admin_name", string.Empty, new { @class = "m-
wrap placeholder-no-fix", placeholder = "管理员名", data_val_required = "管理员名
不能为空", data_val = "true" })
                    <span class="help-block">@Html.ValidationMessage("admin_name")
</span>
                </div>
            </div>
            <div class="control-group">
                    <label class="control-label visible-ie8 visible-ie9">
Password</label>
                <div class="controls">
                    <div class="input-icon left">
                        <i class="icon-lock"></i>
                            @Html.Password("admin_pwd", string.Empty, new { @
class = "m-wrap placeholder-no-fix", placeholder = "密码", data_val_required =
"密码不能为空", data_val = "true" })
                    </div>
                    <span class="help-block">@Html.ValidationMessage("admin_
pwd")</span>
                </div>
            </div>
            <div class="form-actions">
                <button type="submit" class="btn green pull-right">
                    登录<i class="m-icon-swapright m-icon-white"></i>
                </button>
                <div>@Html.ValidationMessage("error") </div>
            </div>
        }
    </body>
    </html>
```

10.5.3 运行演示

管理员登录页面初始运行时显示输入管理员名和密码的文本框,输入后将信息提交到 AdminController 控制器中对应的 Login()方法,通过调用 EF 中方法实现数据查找操作。

管理员登录页面测试运行效果如图 10.14 所示。

图 10.14 管理员登录页面测试运行效果

10.6 读者信息录入功能模块

管理员登录图书借阅管理系统具有操作权限后,可以为读者进行图书借阅操作,此时需要先进行读者信息录入,通过对比 tb_user 表中的读者名和验证码进行读者信息录入。

10.6.1 控制器设计

读者信息录入模块主要包含读者信息录入功能,通过读者名和验证码录入读者信息。在 UserControllers 文件夹中创建 UserControllers 控制器,新建 Login() 等 Action,编辑代码如下。

UserControllers.cs 代码:

```csharp
using Models;
using MvcApplication;
using System.Linq;
using System.Web.Mvc;

namespace WebApplication.Controllers
{
    public class AdminController : Controller
    {
        //读者信息录入
        public ActionResult Login()
        {
            return View();
        }
        [HttpPost]
        public ActionResult Login(User model)
        {
            string username = model.user_name;
```

```
                string userpwd = model.user_pwd;
                var user = new User();
                using(var dbContext = new BookDataContext())
                {
                    user = dbContext._user.FirstOrDefault(u => (u.user_name ==
username && u.user_pwd ==userpwd));
                    if (user ==null)
                        return RedirectToAction("Login");
                    Session["username"] = user.user_name;
                    Session["userid"] = user.user_id;
                }
                return RedirectToAction("Borrow", "BorrowBooks");
            }
        }
    }
```

10.6.2　视图设计

读者信息录入模块视图主要包含读者信息录入页面，在 Views 文件夹的 User 子文件夹中新建 Login.cshtml 页面，编辑代码如下。

Login.cshtml 代码：

```
<html lang="en">
<head>
    <title>读者登录 </title>

</head>
<body class="login">
    <div class="content">
        @using (Html.BeginForm("Login", "User", FormMethod.Post))
        {
            <h3 class="form-title">请输入读者账号和验证码</h3>
            <div class="alert alert-error hide">
                <button class="close" data-dismiss="alert"></button>
            </div>
            <div class="control-group">
                <label class="control-label visible-ie8 visible-ie9">Username
</label>
                <div class="controls">
                    <div class="input-icon left">
                        <i class="icon-user"></i>
                        @Html.TextBox("user_name", string.Empty, new { @class
= "m-wrap placeholder-no-fix", placeholder = "用户名", data_val_required = "用户
名不能为空", data_val = "true" })
                    </div>
                    < span class="help-block">@Html.ValidationMessage("user_
```

```
name")</span>
                </div>
            </div>
            <div class="control-group">
                <label class="control-label visible-ie8 visible-ie9">Password
</label>
                <div class="controls">
                    <div class="input-icon left">
                        <i class="icon-lock"></i>
                        @Html.TextBox("user_pwd", string.Empty, new { @class = "m
-wrap placeholder-no-fix", placeholder = "验证码", data_val_required = "验证码不
能为空", data_val = "true" })
                    </div>
                    <span class="help-block">@Html.ValidationMessage("user_
pwd")</span>
                </div>
            </div>
            <div class="form-actions">
                <button type="submit" class="btn green pull-right">
                    录入<i class="m-icon-swapright m-icon-white"></i>
                </button>
                <div>@Html.ValidationMessage("error")</div>
            </div>
        }
    </div>
</body>
</html>
```

10.6.3　运行演示

读者信息录入页面初始时向管理员显示输入信息的文本框,管理员输入读者名和验证码后将信息提交到 UserController 控制器中对应的 Login()方法,通过调用 EF 中方法实现数据查找操作。

读者信息录入页面测试运行效果如图 10.15 所示。

图 10.15　用户信息录入页面测试运行效果

10.7　图书管理功能模块

　　管理员登录图书借阅管理系统具有操作权限后，通过对 tb_booklist、tb_bookstate 和 tb_booktype 表中的数据处理实现对图书类型以及图书信息进行添加、修改、删除、查找等操作。

10.7.1　控制器设计

1. 图书类型管理子模块

　　图书类型管理子模块包含图书类型的列表显示、新增、编辑、删除等功能。在 Controllers 文件夹中创建 BookTypeManageController.cs 控制器，新建 Index()、GetBookTypeList()、Create()等 Action，编辑代码如下。

　　BookTypeManageController.cs 代码：

```
using Models;
using System.Collections.Generic;
using System.Data.Entity.Migrations;
using System.Linq;
using System.Web.Mvc;
namespace MvcApplication.Controllers
{
    public class BookTypeManageController : BaseController
    {
        //图书分类列表
        public ActionResult Index()
        {
            var result = new List<BookType>();
            using(var dbContext = new BookDataContext())
            {
                IQueryable<BookType>cates = dbContext._booktype;
                foreach (var en in cates)
                {
                    result.Add(en);
                }
            }
            return View(result);
        }

        //新增图书分类
```

```
public ActionResult Create()
{
    var model = new BookType();

    return View("Edit", model);
}
[HttpPost]
public ActionResult Create(BookType entity)
{
    using(var dbContext = new BookDataContext())
    {
        if (entity.booktype_id > 0)
        {
            dbContext._booktype.AddOrUpdate(entity);
            dbContext.SaveChanges();
        }
        else
        {
            dbContext._booktype.Add(entity);
            dbContext.SaveChanges();
        }
    }
    return this.RefreshParent();
}
//编辑图书分类
public ActionResult Edit(int id)
{
    var model = new BookType();
    using(var dbContext = new BookDataContext())
    {
        model = dbContext._booktype.FirstOrDefault(u => u.booktype_id == id);
    }
    return View("Edit", model);
}
[HttpPost]
public ActionResult Edit(BookType model)
{
    using(var dbContext = new BookDataContext())
    {
        if (model.booktype_id > 0)
        {
            dbContext._booktype.AddOrUpdate(model);
            dbContext.SaveChanges();
```

```
                }
                else
                {
                    dbContext._booktype.Add(model);
                    dbContext.SaveChanges();
                }
            }
            return RedirectToAction("Index");
        }


        //删除图书分类
        public ActionResult Delete(List<int>ids)
        {
            using(var dbContext = new BookDataContext())
            {
                var entity = new BookType();
                foreach (var id in ids)
                {
                    entity=dbContext._booktype.FirstOrDefault(u =>u.booktype_id ==id);
                    dbContext._booktype.Remove(entity);
                    dbContext.SaveChanges();
                }
            }
            return RedirectToAction("Index");
        }
    }
}
```

2. 图书信息管理子模块

图书信息管理子模块包含图书信息的列表显示、新增、编辑、删除等功能。在 Controllers 文件夹创建 BooksManageControllers.cs 控制器,新建 Index()、GetBookTypeList()、Create()等 Action,编辑代码如下。

BooksManageControllers.cs 代码:

```
using Models;
using System.Collections.Generic;
using System.Data.Entity.Migrations;
using System.Linq;
using System.Web.Mvc;

namespace MvcApplication.Controllers
{
    public class BooksManageController : BaseController
```

```
{
    //图书列表页面
    public ActionResult Index()
    {
        var result = new List<BookList>();
        using(var dbContext = new BookDataContext())
        {
            var result2 = from u in dbContext._booklist
                join g in dbContext._bookstate on u.bookstate_id equals g.bookstate_id
                join f in dbContext._booktype on u.booktype_id equals f.booktype_id
                    select new
                    {
                        u.book_id,
                        u.book_name,
                        u.book_isbn,
                        u.book_price,
                        u.book_counts,
                        f.booktype_name,
                        g.bookstate_name,
                        u.bookstate_id,
                        u.booktype_id
                    };
            foreach(var one in result2.ToList())
            {
                BookList book = new BookList();

                book.book_id = one.book_id;
                book.book_name = one.book_name;
                book.book_isbn = one.book_isbn;
                book.book_counts = one.book_counts;
                book.book_price = one.book_price;
                book.bookstate_id = one.bookstate_id;
                book.bookstate_name = one.bookstate_name;
                book.booktype_id = one.booktype_id;
                book.booktype_name = one.booktype_name;
                result.Add(book);
            }
        }
        ViewData["booktype"] = GetBookTypeList();
        return View(result);
    }

    //构建图书类型列表
```

```
public List<SelectListItem>GetBookTypeList()
{
    List<SelectListItem>list = new List<SelectListItem>();
    using(var dbContext = new BookDataContext())
    {
        IQueryable<BookType>types = dbContext._booktype;
        foreach (var en in types)
        {
            list.Add(new SelectListItem() { Text = en.booktype_name, Value
= en.booktype_id.ToString() });
        }
    }
    return  list;
}


//添加图书
public ActionResult Create()
{
    var model = new BookList();
    ViewData["booktype"] = GetBookTypeList();
    return View("Edit", model);
}
[HttpPost]
public ActionResult Create(BookList entity)
{
    entity.bookstate_id = 1;
    using(var dbContext = new BookDataContext())
    {
        if (entity.book_id >0)
        {
            dbContext._booklist.AddOrUpdate(entity);
            dbContext.SaveChanges();
        }
        else
        {
            dbContext._booklist.Add(entity);
            dbContext.SaveChanges();
        }
    }
    return this.RefreshParent();
}


//编辑图书
```

```
public ActionResult Edit(int id)
{
    ViewData["booktype"] = GetBookTypeList();
    var model = new BookList();
    using(var dbContext = new BookDataContext())
    {
        model = dbContext._booklist.FirstOrDefault(u =>u.book_id ==id);
    }
    return View("Edit", model);
}
[HttpPost]
public ActionResult Edit(BookList model)
{
    using(var dbContext = new BookDataContext())
    {
        if (model.book_id >0)
        {
            dbContext._booklist.AddOrUpdate(model);
            dbContext.SaveChanges();
        }
        else
        {
            dbContext._booklist.Add(model);
            dbContext.SaveChanges();
        }
    }
    return this.RefreshParent();
}


//删除图书
public ActionResult Delete(List<int>ids)
{
    using(var dbContext = new BookDataContext())
    {
        var entity = new BookList();
        foreach (var id in ids)
        {
            entity = dbContext._booklist.FirstOrDefault(u =>u.book_id ==id);
            dbContext._booklist.Remove(entity);
            dbContext.SaveChanges();
        }
    }
    return RedirectToAction("Index");
```

```
        }

        //查找图书
        [HttpGet]
        public ActionResult Search(string  book_name, int book_type)
        {
            List<SelectListItem>list = GetBookTypeList();
            list.Add(new SelectListItem() { Text = "所有", Value = "0" });
            ViewData["booktype"] = list;
            var result = new List<BookList>();
            using(var dbContext = new BookDataContext())
            {
                if (book_type !=0)
                {
                    var prod = from u in dbContext._booklist
                                where u.book_name.Contains(book_name)
                                && u.booktype_id ==book_type
                                select u;
                    return View("Index", prod.ToList());
                }
                else if (book_type ==0)
                {
                    var prod = from u in dbContext._booklist
                                where u.book_name.Contains(book_name)
                                select u;
                    return View("Index", prod.ToList());
                }
                else
                {
                    var prod = from u in dbContext._booklist
                                where 1 ==1
                                select u;
                    return View("Index", prod.ToList());
                }
            }
        }
    }
```

10.7.2　视图设计

图书管理模块视图主要包含图书类型管理和图书信息管理两大功能，图书类型管理页面对应在 Views 文件夹的 BookTypeManage 子文件夹中创建的 Index.cshtml 和 Edit. cshtml 页面，图书信息管理页面对应在 Views 文件夹的 BooksManage 子文件夹中创建的 Index.cshtml 和 Edit.cshtml 页面。

1. 图书类型管理

编辑 Index.cshtml 页面代码如下。

```
@model List<Models.BookType>
@{
    Layout = "~/Views/Shared/_Layout.cshtml";
}
<div class="row-fluid">
        <div>
            <a class="btn red" id="delete" href="javascript:;"><i class="icon-
trash icon-white"></i>删除</a>
             <a class="btn blue thickbox" title='添加分类' href="@Url.Action
("Create")?TB_iframe=true&height=350&width=500"><i class="icon-plus icon-
white"></i>新增</a>
        </div>
</div>
@using (Html.BeginForm("Delete", "BookTypeManage", FormMethod.Post, new { id = "
mainForm" }))
{
    <table class="table table-striped table-hover ">
        <thead>
            <tr>
                <th style="width: 8px;">
                    <input type="checkbox" id="checkall" class="group-checkable" />
                </th>
                <th>
                    编号
                </th>
                <th>
                    分类名称
                </th>
                <th>
                    操作
                </th>
            </tr>
        </thead>
        <tbody>
        @foreach (var m in Model)
        {
            <tr>
                <td>
                    <input type="checkbox" class="checkboxes" name='ids'
```

```
value='@m.booktype_id' />
                        </td>
                        <td>
                            @m.booktype_id
                        </td>
                        <td>
                            @m.booktype_name
                        </td>
                        <td>
                            <a class="btn mini purple thickbox" title='编辑' href="@
Url.Action("Edit", new { id = m.booktype_id })?TB_iframe=true&height=350&width=
500">
                                <i class="icon-edit"></i>
                                编辑
                            </a>
                        </td>
                    </tr>
                }
            </tbody>
        </table>
}
```

编辑 Edit.cshtml 页面代码如下。

```
@modelModels.BookType
@{
    Layout = "~/Views/Shared/_Layout.Edit.cshtml";
}
@section MainContent{
    <div class="row-fluid">
            <div class="control-group">
                <label class="control-label"><span class="required"> * </span>分类
名称: </label>
                <div class="controls">
                    @if (Model.booktype_id ==0)
                    {
                        @Html.TextBoxFor (m =>m.booktype_name, new { @class = "m-wrap
small" })
                            <span class="help-inline">@Html.ValidationMessageFor(m
=>m.booktype_name)</span>
                    }
                    else
                    {
                        @Html.TextBoxFor(m =>m.booktype_name, new { @class = "m-wrap
small" })
                            <span class="help-inline">@Html.ValidationMessageFor(m
```

```
=>m.booktype_name)</span>
                        @Html.HiddenFor(m=>m.booktype_id)
                        }
            </div>
        </div>
    </div>
}
```

2. 图书信息管理

编辑 Index.cshtml 页面代码如下。

```
@model List<Models.BookList>
@{
    Layout = "~/Views/Shared/_Layout.cshtml";
}
<div class="row-fluid">
    <div class="span4">
        <div>
            <a class="btn red" id="delete" href="javascript:;"><i class="icon-
trash icon-white"></i>删除</a>
            <a class="btn blue thickbox" title='添加图书' href="@Url.Action("
Create")?TB_iframe=true&height=350&width=500"><i class="icon-plus icon-
white"></i>新增</a>
        </div>
    </div>
    <div class="span8">
        @using (Html.BeginForm("Search", "BooksManage", null, FormMethod.Get,
new { id = "search" }))
        {
            <div class="dataTables_filter">
                <label>
                    <button type="submit" class="btn">搜索 <i class="icon-
search"></i></button>
                </label>
                <label>
                    <span>书名：</span>
                    @Html.TextBox("book_name", null, new { @class = "m-wrap
small" })
                </label>
                <label>
                    <span>分类：</span>
                    @Html.DropDownList("book_type", ViewData["booktype"] as List
<SelectListItem>)
                </label>
            </div>
        }
```

```
            </div>
        </div>
        @using (Html.BeginForm("Delete", "BooksManage", FormMethod.Post, new { id =
"mainForm" }))
        {
            <table class="table table-striped table-hover ">
                <thead>
                    <tr>
                        <th style="width: 8px;">
                            <input type="checkbox" id="checkall" class="group-
checkable" />
                        </th>
                        <th>
                            书号
                        </th>
                        <th>
                            书名
                        </th>
                        <th>
                            分类
                        </th>
                        <th>
                            ISBN
                        </th>
                        <th>
                            价格
                        </th>
                        <th>
                            数量
                        </th>
                        <th>
                            操作
                        </th>
                    </tr>
                </thead>
                <tbody>
                    @foreach (var m in Model)
                    {
                        <tr>
                            <td>
                                <input type="checkbox" class="checkboxes" name='ids'
value='@m.book_id' />
                            </td>
                            <td>
                                @m.book_id
```

```
                </td>
                <td>
                    @m.book_name
                </td>
                <td>
                    @m.booktype_name
                </td>
                <td>
                    @m.book_isbn
                </td>
                <td>
                    @m.book_price
                </td>
                <td>
                    @m.book_counts
                </td>
                <td>
                    <a class="btn mini purple thickbox" title='编辑' href="@
Url.Action("Edit", new { id = m.book_id })?TB_iframe=true&height=350&width=
500">
                        <i class="icon-edit"></i>
                        编辑
                    </a>
                </td>
            </tr>
        }
    </tbody>
</table>
}
```

编辑 Edit.cshtml 页面代码如下。

```
@modelModels.BookList
@{
    Layout = "~/Views/Shared/_Layout.Edit.cshtml";
}
@section MainContent{
    < div class =" portlet - body form - horizontal form - bordered form - row -
stripped">
        <div class="row-fluid">
            @Html.HiddenFor(m =>m.book_id)
            @Html.HiddenFor(m =>m.bookstate_id)
            <div class="control-group">
                <label class="control-label"><span class="required"> * </span>分类
名称: </label>
                <div class="controls">
```

```html
                    <div class="control-group">
                        <label class="control-label">图书名称：</label>
                        <div class="controls">
                          @Html.TextBoxFor(m =>m.book_name, new { @class = "m-wrap
small" })
                            <span class="help-inline">@Html.ValidationMessageFor(m =
>m.book_name)</span>
                        </div>
                    </div>
                    <div class="control-group">
                        <label class="control-label"><span class="required"> *
</span>图书分类：</label>
                        <div class="controls">
                            @Html.DropDownListFor(m =>m.booktype_id, ViewData
["booktype"] as List<SelectListItem>)
                                   <span class="help-inline">@Html.
ValidationMessageFor(m =>m.booktype_id)</span>
                        </div>
                    </div>
                    <div class="control-group">
                        <label class="control-label">图书价格：</label>
                        <div class="controls">
                        @Html.TextBoxFor(m =>m.book_price, new { @class = "m-wrap
small" })
                                   <span class="help-inline">@Html.
ValidationMessageFor(m =>m.book_price)</span>
                        </div>
                    </div>
                    <div class="control-group">
                        <label class="control-label">图书数量：</label>
                        <div class="controls">
                        @Html.TextBoxFor(m =>m.book_counts, new { @class = "m-wrap
small" })
                            <span class="help-inline">@Html.ValidationMessageFor(m
=>m.book_counts)</span>
                        </div>
                    </div>
                <div class="control-group">
                    <label class="control-label">图书 IBSN: </label>
                    <div class="controls">
                      @Html.TextBoxFor(m =>m.book_isbn, new { @class = "m-wrap
small" })
                        <span class="help-inline">@Html.ValidationMessageFor
(m =>m.book_isbn)</span>
                    </div>
```

```
                    </div>
                </div>
            </div>
        </div>
    </div>
}
```

10.7.3　运行演示

图书类型管理页面初始运行时向管理员显示图书类型列表,可以选择指定类别进行编辑或删除。单击"新增"按钮可以在添加分类页面输入新的图书分类。所有信息将提交到 BookTypeManageController 控制器中对应的方法,调用 EF 中方法实现数据相关操作。

图书信息分类显示页面测试运行效果如图 10.16 所示。

图 10.16　图书分类显示页面

图书分类编辑页面测试运行效果如图 10.17 所示。

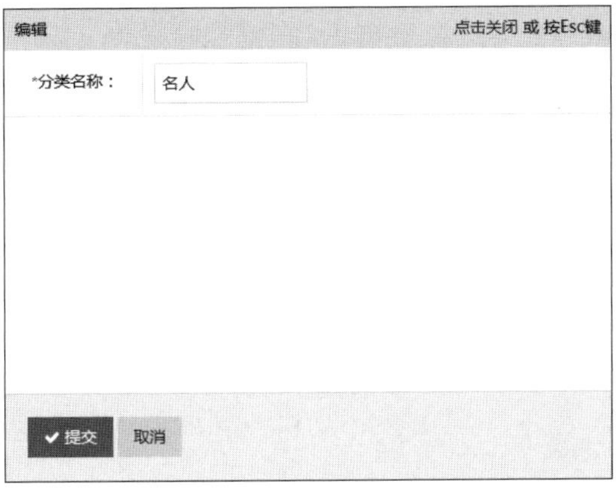

图 10.17　图书分类编辑页面

图书分类添加页面测试运行效果如图 10.18 所示。

图书信息管理页面初始时向管理员显示图书信息列表,可以选择指定图书进行编辑或

图 10.18　图书分类添加页面

删除。单击"新增"按钮可以在添加图书页面输入新的图书信息,可以根据图书分类和书名进行图书搜索。所有信息将提交到 BooksManageController 控制器中对应的方法,调用 EF中方法实现数据相关操作。

图书信息显示页面测试运行效果如图 10.19 所示。

图 10.19　图书信息显示页面

图书信息编辑页面测试运行效果如图 10.20 所示。

图 10.20　图书信息编辑页面

图书信息添加页面测试运行效果如图 10.21 所示。

图 10.21　图书信息添加页面

图书信息搜索页面测试运行效果如图 10.22 所示。

图 10.22　图书信息搜索页面

10.8　借阅管理功能模块

管理员登录图书借阅管理系统具有操作权限后,通过对 tb_borrowbook 和 tb_bookstate 表中的数据处理实现图书借阅操作,对借阅的图书可以进行续借、挂失、归还等操作。

10.8.1　控制器设计

图书借阅模块包含图书搜索、图书借阅、借阅列表显示、图书续借、图书归还等功能。在 Controllers 文件夹中创建 BorrowBooksControllers.cs 控制器,新建 Index()、Borrow()、SearchBooks()等操作,编辑代码如下。

BorrowBooksControllers.cs 代码:

```
using Models;
using System;
using System.Collections.Generic;
using System.Data.Entity.Migrations;
using System.Linq;
using System.Web.Mvc;
```

```
namespace MvcApplication.Controllers
{
    public class BorrowBooksController : BaseController
    {
        //查询图书借阅列表
        public List<BorrowBook>GetBorrowBookList(int? userid, int? bookid)
        {
            var result = new List<BorrowBook>();
            using(var dbContext = new BookDataContext())
            {
                var result2 = from u in dbContext._borrowbook
                    join g in dbContext._bookstate on u.bookstate_id equals g.bookstate_id
                        join f in dbContext._booklist on u.book_id equals f.book_id
                        where f.book_id==bookid&&u.user_id==userid
                        select new
                        {
                            u.book_id,
                            u.borrow_id,
                            u.user_id,
                            u.borrow_date,
                            u.bookstate_id,
                            f.book_name,
                            g.bookstate_name,
                        };
                foreach(var one in result2.ToList())
                {
                    BorrowBook book = new BorrowBook();
                    book.book_id = one.book_id;
                    book.borrow_id = one.borrow_id;
                    book.borrow_bookname = one.book_name;
                    book.user_id = one.user_id;
                    book.borrow_date = one.borrow_date;
                    book.bookstate_id = one.bookstate_id;
                    book.bookstate_name = one.bookstate_name;
                    result.Add(book);
                }
            }
            return result;
        }

        //图书借阅列表
```

```
public ActionResult Index()
{
        var result = new List<BorrowBook>();
        using(var dbContext = new BookDataContext())
        {
            var result2 = from u in dbContext._borrowbook
            joing in dbContext._bookstate on u.bookstate_id equals g.
bookstate_id
            join f in dbContext._booklist on u.book_id equals f.book_id
                        select new
                        {
                            u.book_id,
                            u.borrow_id,
                            u.user_id,
                            u.borrow_date,
                            u.bookstate_id,
                            f.book_name,
                            g.bookstate_name,
                        };
            foreach(var one in result2.ToList())
            {
                BorrowBook book = new BorrowBook();
                book.book_id = one.book_id;
                book.borrow_id = one.borrow_id;
                book.borrow_bookname = one.book_name;
                book.user_id = one.user_id;
                book.borrow_date = one.borrow_date;
                book.bookstate_id = one.bookstate_id;
                book.bookstate_name = one.bookstate_name;
                result.Add(book);
            }
        }
        return View(result);
}

//借阅图书
public ActionResult Borrow()
{
    var result = new List<BookList>();
    var user = new User();
    if (Session["userid"] ==null)
        return RedirectToAction("Login", "User");
    int userid = (int)Session["userid"];
```

```
        using(var dbContext = new BookDataContext())
        {
            user = dbContext._user.FirstOrDefault(u =>u.user_id ==userid);
        }
        ViewData["user"] = user;
        using(var dbContext = new BookDataContext())
        {
            IQueryable<BookList>books = dbContext._booklist;
            foreach (var en in books)
            {
                result.Add(en);
            }
        }
        ViewData["user"] = user;
        return View(result);
    }


    //按书名查找图书
    public ActionResult SearchBooks(string book_name)
    {
        var user = new User();
        int userid = (int)UserId;
        using(var dbContext = new BookDataContext())
        {
            user = dbContext._user.FirstOrDefault(u =>u.user_id ==userid);
        }
        ViewData["user"] = user;
        var result = new List<BookList>();
        using(var dbContext = new BookDataContext())
        {
            if (book_name !="" || book_name !=null)
            {
                var prod = from u in dbContext._booklist
                        where u.book_name.Contains(book_name)
                        select u;
                return View("BorrowBook", prod.ToList());
            }
            else
            {
                var prod = from u in dbContext._booklist
                        where 1 ==1
                        select u;
                return View("BorrowBook", prod.ToList());
```

```
        }
    }
}


///查询图书借阅信息
public ActionResult SearchIndex(int? userid, int ?bookid)
{
    var result = GetBorrowBookList(userid, bookid);
    return View("Index", result.ToList());
}


//图书借阅
public ActionResult BorrowBook(int book_id)
{
    using(var dbContext = new BookDataContext())
    {
        int userid =(int) Session["userid"];
        var model = dbContext._user.FirstOrDefault(u =>u.user_id ==userid);
        var book = dbContext._booklist.FirstOrDefault(u =>u.book_id ==book_id);
        model.user_borrowcounts = model.user_borrowcounts +1;
        dbContext._user.AddOrUpdate(model);
        dbContext.SaveChanges();
        book.book_counts = book.book_counts -1;
        dbContext._booklist.AddOrUpdate(book);
        dbContext.SaveChanges();
        BorrowBook borrow = new BorrowBook();
        borrow.book_id = book_id;
        borrow.borrow_date = DateTime.Now.ToShortDateString();
        borrow.user_id = model.user_id;
        borrow.bookstate_id = 2;
        dbContext._borrowbook.Add(borrow);
        dbContext.SaveChanges();
    }
    return RedirectToAction("Index");
}


//图书状态修改
public ActionResult EditBorrowBook(int borrow_id)
{
    var model = new BorrowBook();
    using(var dbContext = new BookDataContext())
    {
        model = dbContext._borrowbook.FirstOrDefault(u => u.borrow_id ==
```

```
borrow_id);
            }
            return View("EditBorrowBook", model);
        }
        [HttpPost]
        public ActionResult EditBorrowBook(BorrowBook model)
        {
            using(var dbContext = new BookDataContext())
            {
                if (model.bookstate_id ==2)
                    model.borrow_date = DateTime.Now.ToShortDateString();
                if(model.bookstate_id==1)
                {
            var book = dbContext._booklist.FirstOrDefault(u =>u.book_id ==model.
    book_id);
                    book.book_counts +=1;
                    dbContext._booklist.AddOrUpdate(book);
                }
                dbContext._borrowbook.AddOrUpdate(model);
                dbContext.SaveChanges();
            }
            return this.RefreshParent();
        }
    }
}
```

10.8.2　视图设计

图书管理模块视图主要包含图书借阅管理和图书借阅列表显示两大功能,在 Views 文件夹的 BorrowBooks 子文件夹中创建 Index.cshtml、Borrow.cshtml、EditBorrowBook.cshtml 和 Returning.cshtml 页面。

编辑 Index.cshtml 页面代码如下。

```
@model List<Models.BorrowBook>
@{
    Layout = "~/Views/Shared/_Layout.cshtml";
}
<div class="row-fluid">
    <div class="span8">
        @using (Html.BeginForm("SearchIndex", "BorrowBooks", null, FormMethod.
Get, new { id = "search" }))
        {
            <div class="dataTables_filter">
```

```
            <label>
                <button type="submit" class="btn">搜索 <i class="icon-
search"></i></button>
            </label>
            <label>
                <span>读者 ID: </span>
                @Html.TextBox("userid", null, new { @class = "m-wrap small" })
            </label>
            <label>
                <span>图书 ID: </span>
                @Html.TextBox("bookid", null, new { @class = "m-wrap small" })
            </label>
        </div>
    }
    </div>
</div>
    <table class="table table-striped table-hover ">
        <thead>
            <tr>
                <th>
                    借阅编号
                </th>
                <th>
                    读者号
                </th>
                <th>
                    图书编号
                </th>
                <th>
                    图书名
                </th>
                <th>
                    借阅日期
                </th>
                <th>
                    借阅状态
                </th>
            </tr>
        </thead>
        <tbody>
            @foreach (var m in Model)
            {
            <tr>
                <td>
                    @m.borrow_id
```

```
        </td>
        <td>
            @m.user_id
        </td>
        <td>
            @m.book_id
        </td>
        <td>
            @m.borrow_bookname
        </td>
        <td>
            @m.borrow_date
        </td>
        <td>
            <a   class="btn mini purple thickbox"   href="@Url.Action
("EditBorrowBook", new { borrow_id = m.borrow_id }) ">
                @m.bookstate_name
            </a>
        </td>
    </tr>
    }
    </tbody>
</table>
```

编辑 Borrow.cshtml 页面代码如下。

```
@model List<Models.BookList>
@{
    Layout = "~/Views/Shared/_Layout.cshtml";
    var modeluser = ViewData["user"] as Models.User;
}
<div class="row-fluid">
    <div class="span4">
        <div class="portlet-body form-horizontal form-bordered form-row-
stripped">
            <div class="row-fluid">
                读者信息
                <div class="control-group">
                    <label class="control-label">读者号: </label>
                    <div class="controls">
                        @modeluser.user_id
                    </div>
                </div>
                <div class="control-group">
                    <label class="control-label">读者名: </label>
                    <div class="controls">
```

```html
                            @modeluser.user_name
                        </div>
                    </div>
                    <div class="control-group">
                        <label class="control-label">已借书数量：</label>
                        <div class="controls">
                            @modeluser.user_borrowcounts
                        </div>
                    </div>
                    <div class="control-group">
                        <label class="control-label">读者类型：</label>
                        <div class="controls">
                            @if (modeluser.user_typeid ==1)
                            {
                                <span>教师</span>
                            }
                            else if (modeluser.user_typeid ==2)
                            {
                                <span>学生</span>
                            }
                            else
                            {
                                <span>临时读者</span>
                            }
                        </div>
                    </div>
                </div>
            </div>
        </div>
        <div class="span8">
            @using (Html.BeginForm("SearchBooks", "BorrowBooks", null, FormMethod.
    Get, new { id = "search" }))
            {
                <div class="dataTables_filter">
                    <label>
                        <button type="submit" class="btn">搜索 <i class="icon-
    search"></i></button>
                    </label>
                    <label>
                        <span>书名：</span>
                        @Html.TextBox("book_name", null, new { @class = "m-wrap small" })
                    </label>
                </div>
            }
        </div>
```

```
    </div>
    <div class="row-fluid">
        <table class="table table-striped table-hover ">
            <thead>
                <tr>
                    <th style="width: 8px;">
                        <input type="checkbox" id="checkall" class="group-checkable" />
                    </th>
                    <th>
                        图书编号
                    </th>
                    <th>
                        图书名称
                    </th>
                    <th>
                        图书分类
                    </th>
                    <th>
                        图书 ISBN
                    </th>
                    <th>
                        操作
                    </th>
                </tr>
            </thead>
            <tbody>
                @foreach (var m in Model)
                {
                    <tr>
                        <td>
                         <input type="checkbox" class="checkboxes" name='ids' value=
'@m.book_id' />
                        </td>
                        <td>
                            @m.book_id
                        </td>
                        <td>
                            @m.book_name
                        </td>
                        <td>
                            @m.booktype_id
                        </td>
                        <td>
                            @m.book_isbn
                        </td>
```

```
                        <td>
<a title='借阅图书' href="@Url.Action("BorrowBook", new { book_id = m.book_id })">
                            借阅
                        </a>
                    </td>
                </tr>
            }
        </tbody>
    </table>
</div>
```

编辑 EditBorrowBook.cshtml 页面代码如下。

```
@modelModels.BorrowBook
@{
    Layout = "~/Views/Shared/_Layout.Edit.cshtml";
}
@section MainContent{
<div class="portlet-body form-horizontal form-bordered form-row-stripped">
    <div class="row-fluid">
        <div class="control-group">
            <label class="control-label"><span class="required"> * </span>借阅
ID: </label>
            <div class="controls">
                @Html.TextBoxFor(m => m.borrow_id, new { @class = "m-wrap
small" })
                <span class="help-inline">@Html.ValidationMessageFor(m =>
m.borrow_id)</span>
            </div>
        </div>
        <div class="control-group">
            <label class="control-label"><span class="required"> * </span>读者
ID: </label>
            <div class="controls">
                @Html.TextBoxFor(m =>m.user_id, new { @class = "m-wrap small" })
                <span class="help-inline">@Html.ValidationMessageFor(m =>
m.user_id)</span>
            </div>
        </div>
        <div class="control-group">
            <label class="control-label"><span class="required"> * </span>图书
ID: </label>

            <div class="controls">
                @Html.TextBoxFor(m =>m.book_id, new { @class = "m-wrap small" })
                <span class="help-inline">@Html.ValidationMessageFor(m =>
m.book_id)</span>
            </div>
```

```
        </div>
        <div class="control-group">
            <label class="control-label"><span class="required"> * </span>借阅
日期: </label>
            <div class="controls">
                @Html.TextBoxFor(m => m.borrow_date, new { @class = "m-wrap
small" })
            </div>
        </div>
        <div class="control-group">
            <label class="control-label"><span class="required"> * </span>读者
类型: </label>
            <div class="controls">
                @Html.RadioButtonFor(m =>m.bookstate_id, "1")归还
                @Html.RadioButtonFor(m =>m.bookstate_id, "2")续借
                @Html.RadioButtonFor(m =>m.bookstate_id, "4")挂失
                @Html.RadioButtonFor(m =>m.bookstate_id, "5")破损
            </div>
        </div>
    </div>
</div>
}
```

编辑 Returning.cshtml 页面代码如下。

```
@model List<Models.BorrowBook>
@{
    Layout = "~/Views/Shared/_Layout.cshtml";
}
<div class="row-fluid">
    <div class="span8">
        @using (Html.BeginForm("SearchBooks", "BorrowBooks", null, FormMethod.
Get, new { id = "search" }))
        {
            <div class="dataTables_filter">
                <label>
                    <button type="submit" class="btn">搜索 <i class="icon-
search"></i></button>
                </label>
                <label>
                    <span>读者编号: </span>
                    @Html.TextBox("user_id", null, new { @class = "m-wrap small" })
                </label>
                <label>
                    <span>图书编号: </span>
                    @Html.TextBox("book_id", null, new { @class = "m-wrap small" })
                </label>
            </div>
        }
```

```
            </div>
    </div>
        <div class="row-fluid">
            <table class="table table-striped table-hover ">
                <thead>
                    <tr>
                        <th style="width: 8px;">
                            <input type="checkbox" id="checkall" class="group-checkable" />
                        </th>
                        <th>
                            书名
                        </th>
                        <th>
                            日期
                        </th>
                        <th>
                            还书
                        </th>
                        <th>
                            超期改正常
                        </th>
                    </tr>
                </thead>
                <tbody>
                    @foreach (var m in Model)
                    {
                        <tr>
                            <td>
                    <input type="checkbox" class="checkboxes" name='ids' value='@m.borrow_id' />
                            </td>
                            <td>
                                @m.borrow_bookname
                            </td>
                            <td>
                                @m.borrow_date
                            </td>
                            <td>
                        <a   href="@Url.Action("ReturnBook", new { borrow_id = m.borrow_id })">
                                    还书
                                </a>
                            </td>
                            <td>
                        <a   href="@Url.Action("NormalBook", new { borrow_id = m.borrow_id })">
                                    正常
                                </a>
```

```
                </td>
              </tr>
          }
        </tbody>
      </table>
  </div>
```

10.8.3　运行演示

图书借阅管理页面初始时向管理员显示图书类型列表和录入的读者信息,可以选择指定图书进行借阅。借阅列表页面显示已借阅的图书信息,可以选择图书进行续借、归还、挂失等操作。所有信息将提交到 BorrowBooksController 控制器中对应的方法,调用 EF 中方法实现数据相关操作。

图书借阅页面测试运行效果如图 10.23 所示。

图 10.23　图书借阅页面

图书借阅列表页面测试运行效果如图 10.24 所示。

图 10.24　图书借阅列表页面

图书借阅状态编辑页面测试运行效果如图 10.25 所示。

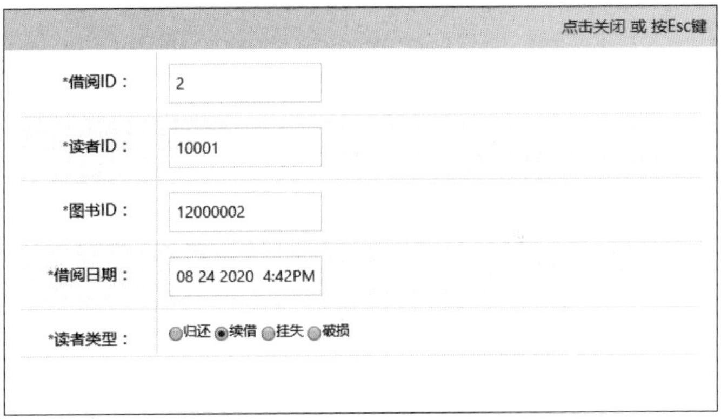

图 10.25 图书借阅状态编辑页面

10.9 权限管理功能模块

管理员登录图书借阅管理系统具有操作权限后，通过对 tb_user、tb_usertype 和 tb_borrowrule 表中的数据处理实现读者信息进行添加、修改、删除、查找等操作以及借阅规则的修改操作。

10.9.1 控制器设计

1. 读者权限管理

读者权限管理子模块包含读者信息的列表显示、新增、编辑、删除等功能。在 Controllers 文件夹中创建 UserController 控制器，新建 Index（）、Edit（）、Create（）等 Action，编辑代码如下。

UserController.cs 代码：

```
using Models;
using MvcApplication;
using MvcApplication.Controllers;
using System.Collections.Generic;
using System.Data.Entity.Migrations;
using System.Linq;
using System.Web.Mvc;

namespace WebApplication.Controllers
{
    [MyCheckFilterAttribute(IsCheck = true)]
    public class UserController : BaseController
```

```
    {
        //构建读者类型列表
        public List<SelectListItem>GetUserTypeList()
        {
            List<SelectListItem>list = new List<SelectListItem>();
            using(var dbContext = new BookDataContext())
            {
                IQueryable<UserType>types = dbContext._usertype;
                foreach (var en in types)
                {
                    list.Add(new SelectListItem() { Text = en.user_typename, Value
= en.user_typeid.ToString() });
                }
            }
            return list;
        }

        // 获取读者信息
        public ActionResult Index()
        {
            var result = new List<User>();
            using(var dbContext = new BookDataContext())
            {
                var result2 = from u in dbContext._user
                              join g in dbContext._usertype on u.user_typeid
equals g.user_typeid
                              select new
                              {
                                  u.user_id,
                                  u.user_name,
                                  u.user_pwd,
                                  u.user_typeid,
                                  u.user_borrowcounts,
                                  g.user_typename,
                              };
                foreach(var one in result2.ToList())
                {
                    User user = new User();
                    user.user_borrowcounts = one.user_borrowcounts;
                    user.user_id = one.user_id;
                    user.user_name = one.user_name;
                    user.user_pwd = one.user_pwd;
                    user.user_typeid = one.user_typeid;
                    user.user_typename = one.user_typename;
                    result.Add(user);
```

```
        }
    }
    ViewData["states"] = GetUserTypeList();
    return View(result);
}


//新增读者信息
public ActionResult Create()
{
    var model = new User();
    List<SelectListItem>list = new List<SelectListItem>();
    return View("Create", model);
}
[HttpPost]
public ActionResult Create(User entity)
{
    entity.user_borrowcounts = 0;
    using(var dbContext = new BookDataContext())
    {
        dbContext._user.Add(entity);
        dbContext.SaveChanges();
    }
    return this.RefreshParent();
}
//编辑读者信息
public ActionResult Edit(int id)
{
    var model = new User();
    using(var dbContext = new BookDataContext())
    {
        model = dbContext._user.FirstOrDefault(u =>u.user_id ==id);
    }
    return View("Edit", model);
}
[HttpPost]
public ActionResult Edit(User model)
{
    using(var dbContext = new BookDataContext())
    {
        dbContext._user.AddOrUpdate(model);
        dbContext.SaveChanges();
    }
    return this.RefreshParent();
}
```

```csharp
//删除读者信息
public ActionResult Delete(List<int>ids)
{
    using(var dbContext = new BookDataContext())
    {
        var entity = new User();
        foreach (var id in ids)
        {
            entity = dbContext._user.FirstOrDefault(u =>u.user_id ==id);
            dbContext._user.Remove(entity);
            dbContext.SaveChanges();
        }
    }
    return RedirectToAction("Index");
}


//查找读者信息
[HttpGet]
public ActionResult Search(string user_name, int user_type)
{
    ViewData["states"] = GetUserTypeList();
    var result = new List<User>();
    using(var dbContext = new BookDataContext())
    {
        if (user_type !=0)
        {
            var prod = from u in dbContext._user
                        where u.user_name.Contains(user_name)
                        && u.user_typeid ==user_type
                        select u;
            return View("Index", prod.ToList());
        }
        else if (user_type ==0)
        {
            var prod = from u in dbContext._user
                        where u.user_name.Contains(user_name)
                        select u;
            return View("Index", prod.ToList());
        }
        else
        {
            var prod = from u in dbContext._user
                        where 1 ==1
                        select u;
            return View("Index", prod.ToList());
```

```
                }
            }
        }
    }
}
```

2. 借阅权限管理

借阅权限管理子模块包含借阅规则的修改编辑功能,创建 BorrowRuleController 控制器,包含 Index()、Edit()等 Action。编辑 Controllers 文件夹中 BorrowRuleController 代码如下。

```
using Models;
using System.Collections.Generic;
using System.Data.Entity.Migrations;
using System.Linq;
using System.Web.Mvc;

namespace MvcApplication.Controllers
{
    public class BorrowRuleController : BaseController
    {
        //借阅规则
        public ActionResult Index()
        {
            var result = new List<BorrowRule>();
            using(var dbContext = new BookDataContext())
            {
                result = dbContext._borrowrule.ToList();
            }
            return View(result);
        }


        //借阅规则编辑
        public ActionResult Edit(int id)
        {
            var model = new BorrowRule();
            using(var dbContext = new BookDataContext())
            {
                model = dbContext._borrowrule.FirstOrDefault(u =>u.borrowrule_
id ==id);
            }
            return View("Edit", model);
        }
        [HttpPost]
        public ActionResult Edit(BorrowRule model)
        {
```

```
            using(var dbContext = new BookDataContext())
            {
                if (model.borrowrule_id >0)
                {
                    dbContext._borrowrule.AddOrUpdate(model);
                    dbContext.SaveChanges();
                }
                else
                {
                    dbContext._borrowrule.Add(model);
                    dbContext.SaveChanges();
                }
            }
            return RedirectToAction("Index");
        }
    }
}
```

10.9.2 视图设计

权限管理模块视图主要包含读者权限管理和借阅规则管理两大功能。读者权限管理页面对应 Views 文件夹的 User 子文件夹中的 Index.cshtml、Create.cshtml、Edit.cshtml 等页面。借阅权限管理页面对应于 Views 文件夹的 BorrowRule 子文件夹中的 Index.cshtml 和 Edit.cshtml 页面。

1. 读者权限管理

编辑 Index.cshtml 页面代码如下。

```
@model List<Models.User>
@{
    Layout = "~/Views/Shared/_Layout.cshtml";
}
<div class="row-fluid">
        <a class="btn red" id="delete" href="javascript:;"><i class="icon
-trash icon-white"></i>删除</a>
        <a class="btn blue thickbox" title='添加读者' href="@Url.Action
("Create")?TB_iframe=true&height=350&width=500"><i class="icon-plus icon-
white"></i>新增</a>
    </div>
    <div class="span8">
        @using (Html.BeginForm("Search", "User", null, FormMethod.Get, new { id
= "search" }))
        {
            <div class="dataTables_filter">
                <label>
```

```
                <button type="submit" class="btn">搜索<i class="icon-
search"></i></button>
            </label>
            <label>
                <span>读者姓名：</span>
                @Html.TextBox("user_name", null, new { @class = "m-wrap small" })
            </label>
            <label>
                <span>读者类型：</span>
                @Html.DropDownList("user_type", ViewData["states"] as List<
SelectListItem>)
            </label>
        </div>
    }
</div>
@using (Html.BeginForm("Delete", "User", FormMethod.Post, new { id =
"mainForm" }))
{
    <table class="table table-striped table-hover">
        <thead>
            <tr>
                <th style="width: 8px;">
                    <input type="checkbox" id="checkall" class="group-
checkable" />
                </th>
                <th>
                    读者账号
                </th>
                <th>
                    读者姓名
                </th>
                <th>
                    读者类型
                </th>
                <th>
                    借书数量
                </th>
                <th>
                    操作
                </th>
            </tr>
        </thead>
        <tbody>
            @foreach (var m in Model)
            {
```

```
            <tr>
                <td>
        <input type="checkbox" class="checkboxes" name='ids' value='@m.
user_id' />
                </td>
                <td>
                    @m.user_id
                </td>
                <td>
                    @m.user_name
                </td>
                <td>
                    @m.user_typename
                </td>
                <td>
                    @m.user_borrowcounts
                </td>
                <td>
                    <a class="btn mini purple thickbox" title='编辑' href="@
Url.Action("Edit", new { id = m.user_id })?TB_iframe=true&height=350&width=
500">
                        <i class="icon-edit"></i>
                        编辑
                    </a>
                </td>
            </tr>
        }
    </tbody>
    </table>
}
```

编辑 Create.cshtml 页面代码如下。

```
@modelModels.User
@{
    Layout = "~/Views/Shared/_Layout.Edit.cshtml";
}
@section MainContent{
    < div class =" portlet - body form - horizontal form - bordered form - row -
stripped">
        <div class="row-fluid">
            <div class="control-group">
            <label class="control-label"><span class="required"> * </span>读者
账号: </label>
                <div class="controls">
                    @Html.Label("自动生成")
```

```
                </div>
            </div>
            <div class="control-group">
            <label class="control-label"><span class="required"> * </span>读者
名: </label>
                <div class="controls">
                    @Html.TextBoxFor(m =>m.user_name, new { @class = "m-wrap small" })
                    <span class="help-inline">@Html.ValidationMessageFor(m =>
m.user_name)</span>
                </div>
            </div>
            <div class="control-group">
        <label class="control-label"><span class="required"> * </span>读者认证
码: </label>
                <div class="controls">
                    @Html.TextBoxFor(m =>m.user_pwd, new { @class = "m-wrap
small" })
                     <span class="help-inline">@Html.ValidationMessageFor(m =>m.
user_pwd)</span>
                </div>
            </div>
            <div class="control-group">
        <label class="control-label"><span class="required"> * </span>读者类
型: </label>
                <div class="controls">
                    @Html.RadioButtonFor(m =>m.user_typeid, "1")教师
                    @Html.RadioButtonFor(m =>m.user_typeid, "2")学生
                    @Html.RadioButtonFor(m =>m.user_typeid, "3")临时读者
                </div>
            </div>
        </div>
    </div>
}
```

编辑 Edit.cshtml 页面代码如下。

```
@modelModels.User
@{
    Layout = "~/Views/Shared/_Layout.Edit.cshtml";
}
@section MainContent{
    <div class="portlet-body form-horizontal form-bordered form-row-
stripped">
        <div class="row-fluid">
            <div class="control-group">
            <label class="control-label"><span class="required"> * </span>读者
```

```
        ID: </label>
                <div class="controls">
                    @Html.TextBoxFor(m => m.user_id, new { @class = "m-wrap
small" })
                    <span class="help-inline">@Html.ValidationMessageFor(m =>
m.user_id)</span>
                    @Html.HiddenFor(m =>m.user_pwd)
                    @Html.HiddenFor(m =>m.user_borrowcounts)
                </div>
            </div>
            <div class="control-group">
            <label class="control-label"><span class="required"> * </span>读者名：
</label>
                <div class="controls">
                    @Html.TextBoxFor(m =>m.user_name, new { @class = "m-wrap
small" })
                    <span class="help-inline">@Html.ValidationMessageFor(m =>
m.user_name)</span>
                </div>
            </div>
            <div class="control-group">
            <label class="control-label"><span class="required"> * </span>读者类
型：</label>
                <div class="controls">
                    @Html.RadioButtonFor(m =>m.user_typeid, "1")教师
                    @Html.RadioButtonFor(m =>m.user_typeid, "2")学生
                    @Html.RadioButtonFor(m =>m.user_typeid, "3")临时读者
                </div>
            </div>
        </div>
    </div>
}
```

2. 借阅权限管理

编辑 Index.cshtml 页面代码如下。

```
@model List<Models.BorrowRule>
@{
    Layout = "~/Views/Shared/_Layout.cshtml";
}
@using (Html.BeginForm("Index", "BorrowRule", FormMethod.Post, new { id =
"mainForm" }))
{
    <table class="table table-striped table-hover ">
        <thead>
            <tr>
                <th style="width: 8px;">
                    <input type="checkbox" id="checkall" class="group-
```

```
checkable" />
                </th>
                <th>
                    编号
                </th>
                <th>
                    读者分类编号
                </th>
                <th>
                    可借阅数量
                </th>
                <th>
                    可借阅天数
                </th>
                <th>
                    操作
                </th>
            </tr>
        </thead>
        <tbody>
        @foreach (var m in Model)
        {
        <tr>
            <td>
        <input type="checkbox" class="checkboxes" name='ids' value='@m.
borrowrule_id' />
            </td>
            <td>
                @m.borrowrule_id
            </td>
            <td>
                @m.user_typeid
            </td>
            <td>
                @m.borrowrule_counts
            </td>
            <td>
                @m.borrowrule_days
            </td>
            <td>
                <a class="btn mini purple thickbox" title='编辑' href="@
Url.Action("Edit", new { id = m.borrowrule_id })?TB_iframe=true&height=350&width
=500">
                    <i class="icon-edit"></i>
                    编辑
                </a>
            </td>
        </tr>
```

```
        }
    </tbody>
</table>
}
```

编辑 Edit.cshtml 页面代码如下。

```
@modelModels.BorrowRule
@{
    Layout = "~/Views/Shared/_Layout.Edit.cshtml";
}
@section MainContent{
    <div class="portlet-body form-horizontal form-bordered form-row-stripped">
        <div class="row-fluid">
            <div class="control-group">
            <label class="control-label"><span class="required">*</span>借阅规则 ID:</label>
                <div class="controls">
                    @Html.TextBoxFor(m =>m.borrowrule_id, new { @class = "m-wrap small" })
                    <span class="help-inline">@Html.ValidationMessageFor(m =>m.borrowrule_id)</span>
                </div>
            </div>
            <div class="control-group">
            <label class="control-label"><span class="required">*</span>读者类型 ID:</label>
                <div class="controls">
                    @Html.TextBoxFor(m =>m.user_typeid, new { @class = "m-wrap small" })
                    <span class="help-inline">@Html.ValidationMessageFor(m =>m.user_typeid)</span>
                </div>
            </div>
            <div class="control-group">
                <label class="control-label">可借阅数量:</label>
                <div class="controls">
                @Html.TextBoxFor(m =>m.borrowrule_counts, new { @class = "m-wrap small" })
                    <span class="help-inline">@Html.ValidationMessageFor(m =>m.borrowrule_counts)</span>
                </div>
            </div>
            <div class="control-group">
                <label class="control-label">可借阅天数:</label>
                <div class="controls">
                    @Html.TextBoxFor(m =>m.borrowrule_days, new { @class = "m-wrap small" })
```

```
            <span class="help-inline">@Html.ValidationMessageFor(m
=>m.borrowrule_days)</span>
                </div>
            </div>
        </div>
    </div>
}
```

10.9.3　运行演示

读者权限管理页面初始运行时向管理员显示读者信息列表,可实现读者信息的修改、删除及新增等操作。所有信息将提交到 UserController 控制器中对应的方法,调用 EF 中的方法实现数据相关操作。

读者信息页面测试运行效果如图 10.26 所示;读者信息编辑页面测试运行效果如图 10.27 所示;读者信息添加页面测试运行效果如图 10.28 所示。

图 10.26　读者信息页面

图 10.27　读者信息编辑页面

借阅权限管理页面初始时向管理员显示借阅规则信息列表,可实现借阅规则的修改操

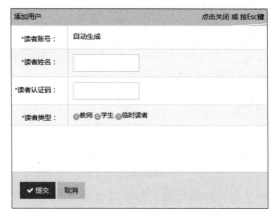

图 10.28　读者信息添加页面

作。所有信息将提交到 BorrowRuleController 控制器中对应的方法,调用 EF 中的方法实现数据相关操作。

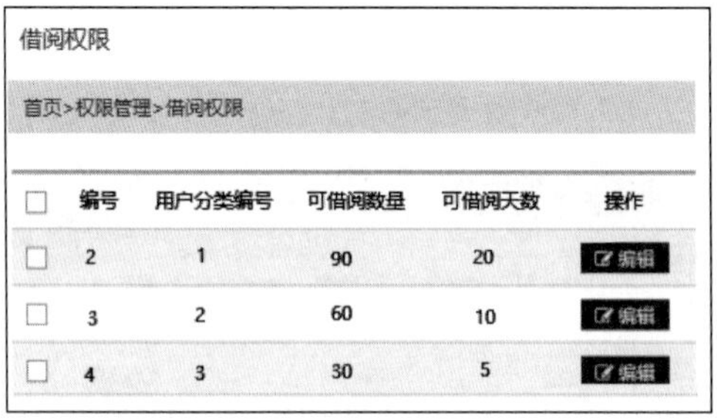

图 10.29　图书借阅规则显示页面

　　图书借阅规则显示页面测试运行效果如图 10.29 所示;图书借阅规则编辑页面测试运行效果如图 10.30 所示。

图 10.30　图书借阅规则编辑页面

参 考 文 献

[1]　朱晔. ASP.NET 第一步——基于 C♯ 和 ASP.NET 2.0[M]. 北京:清华大学出版社,2007.

[2]　黄保翕. ASP.NET MVC4 开发指南[M]. 北京:清华大学出版社,2013.

[3]　董宁. ASP.NET MVC 程序开发[M]. 北京:人民邮电出版社,2014.

[4]　赵鲁涛,李晔. ASP.NET MVC 实训教程[M]. 北京:机械工业出版社,2015.

[5]　demo,小朱,陈传兴,等. ASP.NET MVC 5 网站开发之美[M]. 北京:清华大学出版社,2015.

[6]　李春葆,等.ASP.NET 4.5 动态网站设计教程[M]. 北京:清华大学出版社,2016.

[7]　博客园. https://www.cnblogs.com [DB,OL],2019.

[8]　陶永鹏. ASP.NET 网站设计教程[M]. 北京:清华大学出版社,2018.

[9]　脚本之家. https://www.jb51.net [DB,OL],2020.

图 书 资 源 支 持

感谢您一直以来对清华版图书的支持和爱护。为了配合本书的使用，本书提供配套的资源，有需求的读者请扫描下方的"书圈"微信公众号二维码，在图书专区下载，也可以拨打电话或发送电子邮件咨询。

如果您在使用本书的过程中遇到了什么问题，或者有相关图书出版计划，也请您发邮件告诉我们，以便我们更好地为您服务。

我们的联系方式：

地　　址：北京市海淀区双清路学研大厦 A 座 714

邮　　编：100084

电　　话：010-83470236　　010-83470237

客服邮箱：2301891038@qq.com

QQ：2301891038（请写明您的单位和姓名）

资源下载：关注公众号"书圈"下载配套资源。

资源下载、样书申请

书 圈

图书案例

清华计算机学堂

观看课程直播